산불방재학

이시영 지음

도서출판 동화기술

머리말

우리나라는 국토의 64%가 산림인 국가여서, 우리의 생활은 산과 밀접한 관계를 가지고 있다. 특히, 봄·가을철의 산불은 사회재난으로 국가적인 관심의 대상이다.

우리나라는 과거에 비해 산림이 많이 울창해져 있고, 기후변화와 불의 사용이 증가함에 따라 산불이 발생하면 대형화될 위험성과 인명피해가 크게 우려된다. 특히, 산림이 인접한 마을은 피해의 범위가 증가하고 있다.

1996년 발생한 고성 산불과 2000년에 동해안 산불, 2002년 청양·예산 산불 그리고 2005년 천년고찰인 낙산사를 전소시켰던 양양 산불, 2011년에 울진·안동 산불, 2017년 강릉·삼척 산불과 2019년 고성·속초 산불, 2022년 경북·강원 동해안 산불, 2023년 강릉 산불 등 대형산불로 많은 산림·시설 그리고 환경적 피해를 주었고, 특별재난지역 선포가 여러 번 있었다.

산불은 사전에 예방하는 것이 무엇보다 중요하지만, 산불이 발생했을 때 소형산불부터 초대형산불까지 신속하고 체계적으로 대응하는 것은 산불로 인한 인명, 재산 그리고 환경적 피해를 최소화시키는데 또한 중요하다.

저자는 현재까지 약 39년간 산불연구와 후학양성을 해왔다. 그동안 우리나라의 산불방지 기술은 많은 발전을 이루었고, 나름 작은 기여를 해왔다고 생각하며, 그동안 연구한 논문과 현장경험 그리고 해외 학회 교류를 통해 얻은 자료를 바탕으로 이 책을 집필하였다.

본 교재는 총 13장으로 제1장 연소와 화재이론, 제2장 산불의 기초이론, 제3장 산불의 영향인자, 제4장 산불의 예방, 제5장 산불의 행동특성, 제6장 산불의 진화, 제7장 산불진화 자원, 제8장 전략과 전술, 제9장 산불의 안전조치, 제10장 산림/도시 경계지역 산불, 제11장 산불의 조사 감식, 제12장 산불피해 복구, 제13장 산불피해 복원생태를 다루었다.

그동안 본 저서가 집필되기까지 도움을 준 동료와 제자들, 사랑하는 가족 그리고 도서출판 동화기술 직원 여러분께 고마운 마음을 전하며, 본 저서가 산불학문에 관심이 있는 분들과 산불정책을 수립하고 현장에서 수고하시는 실무자분들에게 많은 도움이 되기를 기대한다.

저자 씀

Contents

차 례

Chapter

9 산불의 안전조치 193

Chapter

10 산림/도시 경계지역 산불 207

Contents

Chapter 1

연소와 화재이론

학습목표

이 장을 통하여 연소와 화재에 대한 이론을 이해하여야만 한다.

- 연소의 정의에 대해 알아본다.
- 연소의 3요소에 대해 알아본다.
- 불의 확산에 대해 알아본다.
- 화재의 특성에 대해 알아본다.
- 화재의 분류에 대해 알아본다.

1 연소이론

1) 연소의 정의

일반적으로 연소란 열과 빛을 수반하는 산화반응을 말한다. 즉 산소, 탄소, 수소와 다른 유기물질과 같은 구성요소들의 급격한 결합에 의해서 불꽃, 열, 빛을 생성하게 된다.

이런 영향으로 산불은 식물의 경우 광합성의 역반응이 된다. 광합성 반응에서 식물은 물과 이산화탄소를 섭취하고 빛에너지를 이용하여 그들의 세포조직인 유기물질을 생성하며 반응의 부산물로 산소를 배출한다.

식물의 분자는 원자들 간의 화학적 결합으로 되어 있으며, 그 결합들은 위치에너지(potential energy)로서의 태양열을 저장한다.

광합성 반응의 예 : $6CO_2$ + $6H_2O$ + 태양열 ➡ $C_6H_{12}O_6$ + $6O_2$

이 식의 유기분자($C_6H_{12}O_6$)는 나무의 주요 구성요소인 셀룰로오스에 가까운 포도당(글루코오스, glucose)으로 되어 있다.

화재 반응에서 식물의 물질이 연소점 이상으로 가열되면 산소는 유기물질과 급격하게 결합을 시작하는 산화작용이 일어난다.

따라서 광합성 작용에서 반응했던 탄소와 수소 사이에 화학결합이 깨지면서 탄소와 산소 그리고 수소와 산소 사이에 새로운 결합이 형성되면서 축적된 에너지를 열로 발산하는데, 이때 급격한 산화작용을 연소라고 한다. 이런 연소반응의 메커니즘은 광합성 역반응과 동일하다.

$C_6H_{12}O_6$ + $6O_2$ ➡ $6CO_2$ + $6H_2O$ + 열 방출

따라서, 식물의 성장 동안에 저장된 태양에너지는 산불에 의해서 다시 자연으로 되돌아간다.

한편, 연소를 산화정도에 따라 분류하면 완전연소와 불완전연소로 나누어지는데, 완전연소는 산소의 공급이 충분하여 연소의 온도가 높으며 가연성 원소가 완전히 산화되어 CO_2 등의 연소생성물이 발생하는 연소로 완전연소의 반응식은 다음과 같다.

$$C + O_2 = CO_2 + 97.2\ kcal$$

그리고 불완전연소는 산소의 공급이 불충분하여 연소의 온도가 낮으며 가연성 원소가 완전히 산화되지 못하여 CO 등의 연소생성물이 발생하는 연소로 불완전연소의 반응식은 다음과 같다.

$$C + 1/2\ O_2 = CO + 29.2\ kcal$$

2) 연소의 3요소

불은 연료(가연물), 열(점화원), 공기(산소) 등 3가지 조건이 갖추어져야만 발생이 가능한 것으로 이 3가지를 "불의 3요소"라 부르고, "연쇄반응"을 포함하면 4요소라 한다.

(1) **연료(가연물)** : 고체연료, 액체연료, 기체연료

(2) **열(점화원)** : 전기적, 화학적, 기계적인 열로 구분되며 점화원의 종류는 라이터 등의 불꽃발화(나화; 裸火), 고온표면, 단열압축열, 자연발화, 정전기, 전기열, 복사열, 충격열, 마찰열 등이 있다.

(3) **공기(산소)** : 공기는 산소 21%와 질소 79% 그리고 ±1%로의 희박한 기체로 되어 있다.

3) 불의 확산

불(연소)은 대기 중에서 산소를 공급받아 다른 가연물질을 태우면서 확대해 나간다. 이러한 확대현상은 직접 물질이 화염에 접촉하면서 진행하는 것이 대부분이나 열의 이동이나 불꽃(불티)이 날아가 불이 붙는 현상(비화)도 있다.

이 두 가지 물리적인 상태가 단독 또는 중복해서 불이 진행하게 되는데 이중에서 특히 열의 이동에 의해서 확대하는 경우에 전도, 대류, 복사의 3가지 작용에 의하여 진행하는데 이들 중 하나에만 의하지 않고 3가지가 동시에 작용한다.

(1) 전도

전도(conduction)는 물질의 접촉으로 열이 이동하는 현상이다. 열의 전도는 주로 고체끼리 직접 접촉에 의해서 일어나며, 열이 이동하는 양은 이동하는 거리, 시간, 물질의 열전도율에 따라 달라진다.

열전도율 k는 1 cm^3의 육면체의 두 부분에 1℃의 온도 차이를 유지하는데 1초당 이동하는 열의 양을 말한다.

예를 들어 은은 열전도율이 가장 높은 $k=1$로 열전도율의 기준이 되며, 공기의 열전도율이 가장 낮다.

예컨대, 구리는 목재에 비하여 열전도율이 2,000배 이상 높으므로 합선이 된 곳으로부터 상당히 먼 지점에서 용융 현상을 발견할 수 있는 반면, 목재는 불꽃과 직접 접촉하는 부분에서만 연소하므로 전도열은 산불확산에 주요 요인은 아니며, 열전도율은 화재원인을 찾는 데 도움이 된다.

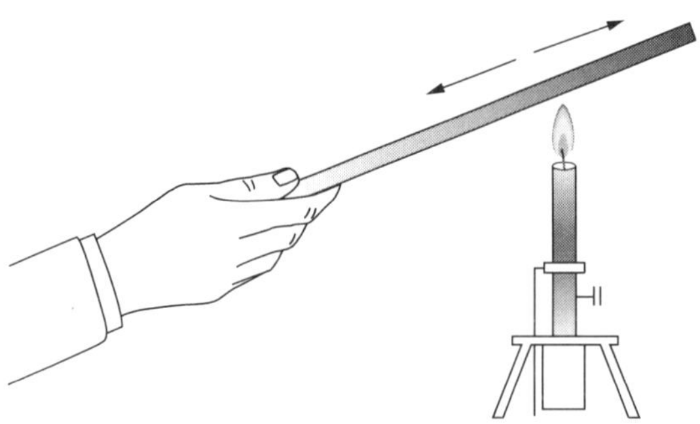

그림 1-1 전도열

출처: Fire weather(1970)

(2) 대류

대류(convection)는 열의 변화에 따라 발생하는 물질의 밀도 차이에서 오는 기계적인 운동이다. 따라서 유체, 즉 액체나 기체에서만 일어나고 고체에서는 일어나지 않는다.

액체나 기체는 열의 전도율이 매우 낮으므로 열을 받는 부분만 급격히 온도가 올라가 분자운동이 심해지므로, 밀도가 낮아지게 된다.

밀도가 낮다는 것은 같은 물질의 다른 부분에 비하여 가벼워진다는 것을 의미하므로 뜨거운 부분은 위로 이동하고, 차갑고 무거운 부분이 아래로 내려온다.

대류는 산불의 이동 경로, 연소 확대, 화재의 형태나 특성에 가장 큰 영향을 미친다.

특히, 대형산불의 대부분은 대류 때문에 발생한다고 해도 과언이 아니다.

대류현상은 대형산불에서 발생한 화재에서 화재폭풍을 일으키기도 한다. 화재폭풍은 급격한 대류현상으로 발생한 바람이 지상부분의 가벼운 물질들을 산불 속으로 빨아들이고, 연소하는 가스 덩어리와 부스러기들을 수백 미터 공중까지 밀어 올려, 마치 폭풍우가 몰아치듯 불타는 부스러기들이 날아다니거나 쏟아지는 화재폭풍 현상이 발생한다.

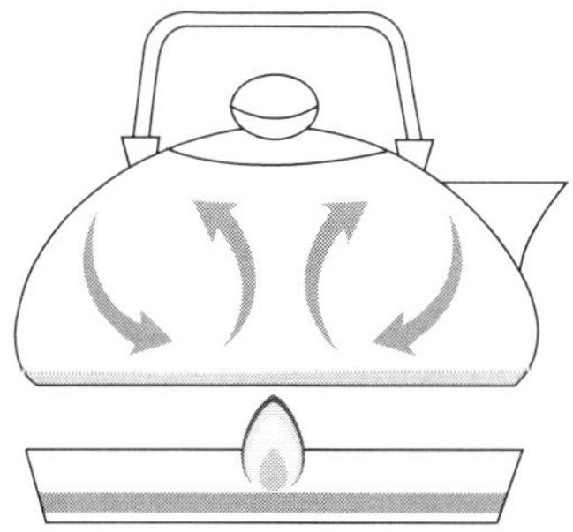

그림 1-2 대류열

출처: Fire weather(1970)

(3) 복사

복사(radiation)에너지는 물체에서 방출하는 전자기파를 직접 물체가 흡수하여 열로 변했을 때의 에너지를 말하며, 라디오파, 마이크로파, 적외선, 가시관선, 자외선, X선, 감마선 등이 모두 전자기파이다. 또한, 대류나 전도와 같은 현상을 거치지 않고 열이 직접 전달되기 때문에 열의 전달이 순간적으로 일어난다. 예를 들어, 히터 쪽으로 손을 향할 때 공기는 가열되지 않아도 열을 느낄 수 있고, 열은 주택의 닫힌 창을 통과해서 전달되어 헝겊에 불이 붙을 수도 있다.

또한, 복사는 열적외선(heat infrared)의 한 형태로, 복사열을 흡수하는 정도는 열선(heat rays)에 노출된 표면적과 반사하는 정도에 따라 달라진다. 여기에서 물체가 빛을 받았을 때 반사하는 정도를 나타내는 단위가 알베도(Albedo)이며, 내린지 얼마 되지 않은 눈은 95%, 지구 34%, 침엽수림 15%, 활엽수림 20%의 값을 가진다. 어두운 색은 복사열을 많이 흡수하고, 거울은 복사열의 대부분을 반사하는 것이 그 예이다. 복사열은 화재의 진화와 원인조사 활동에 장애가 된다.

복사열은 소방관들의 접근을 어렵게 할 뿐만 아니라, 복사열은 화원으로부터 상당히 멀리 떨어진 곳의 물질에도 불을 붙게 하므로 화재 발생지점의 추정을 어렵게 한다.

이론적으로 모든 물질은 절대온도(absolute zero), 즉 −237℃(−460°F)가 아니면 복사열을 끊임없이 방출하고 있다. 어떤 환경에서 모든 물질의 온도가 같다면 모든 물질들이 똑같은 비율로 복사열을 방출하고, 동시에 똑같은 비율로 복사열을 흡수하고 있는 것이다.

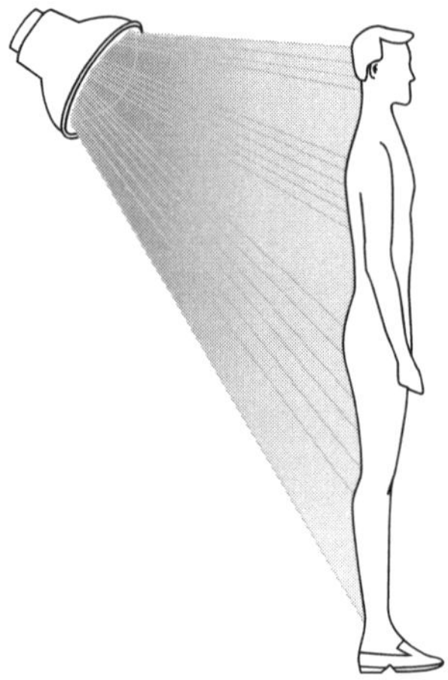

그림 1-3 복사열

출처: Fire weather(1970)

2 화재이론

1) 화재의 특성

(1) 구성요소

화재의 구성요소는 화염(flame)과 불기둥 및 연소생성물, 즉 연기(smoke)이다.

(2) 연소과정

① 고온의 연소가스는 대류열에 의하여 위로 상승

② 주위의 공기는 연소가스가 상승한 자리를 채우면서 유입됨과 동시에 연료 증기와 혼합

③ 연료 증기와 혼합 증기는 연소라고 불리는 화학반응으로 열이 발생
④ 발생된 열의 대부분은 연소 영역 내의 가스 및 입자에 흡수되어 온도가 상승
⑤ 온도가 크게 상승된 연소가스는 다시 부력에 의하여 위 방향으로 상승
⑥ 다시 주위의 공기를 유입시키면서 불기둥을 형성

(3) 연소과정 생성물

① 발열반응으로 연소 시 CO_2, CO 및 H_2O 등 연소생성물 생성
② 열과 빛을 발생

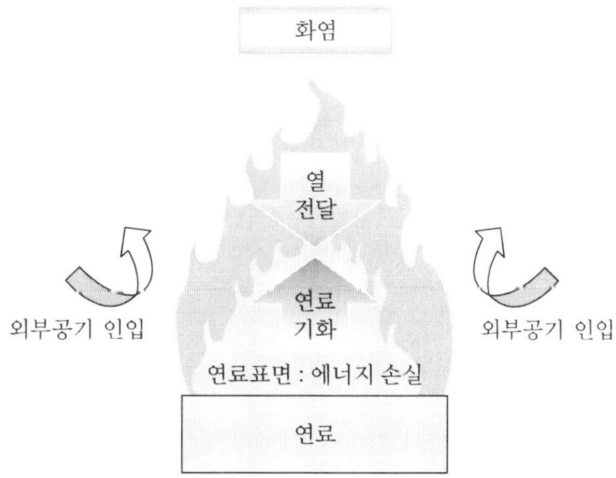

그림 1-4 연소과정

2) 화재의 분류

(1) 대상 물체에 따른 분류

① **산림화재** : 산림, 들 또는 이들 위에 자라고 있는 수목이나 풀들의 화재
② **건물화재** : 건물 또는 그 수용물의 화재
③ **실험실화재** : 실험실내의 도구, 장치, 원료, 물질 등이 연소되는 화재
④ **열차화재** : 기계구조상 결함, 충돌, 철로이탈, 연쇄추돌 등이 발생될 경우 화재
⑤ **차량화재** : 차량, 피견인차 또는 이들이 적재한 물체의 화재

⑥ **선박화재** : 선박 또는 선박이 적재한 물체의 화재
⑦ **항공기화재** : 항공기 또는 항공기에 적재한 물체의 화재
⑧ **위험물화재** : 유류, 가연성 가스, 방사선 동위원소, 화공약품 등의 연소 또는 폭발에 의한 화재

(2) 연소물질에 따른 분류

화재는 물질의 종류와 성상에 따라 화재의 종류별 급수를 정하고 있으며, 산불은 목재 등이 타는 불로서 A급 화재에 해당한다.

① **A급 화재** : 종이, 목재, 섬유, 플라스틱 제품 등 보통의 가연물질의 화재 (연소 후 재가 남는 화재)
② **B급 화재** : 가연성 액체, 가스, 유류화재 (연소 후 재가 없는 화재)
③ **C급 화재** : 변압기, 개폐기, 전기다리미 등의 화재 (전기가 부화된 상태에서의 화재)
④ **D급 화재** : 티타늄, 지르코늄, 핵연료, 철, 칼슘, 바륨, 마그네슘 등에 의한 화재 (금속과 물이 접촉하면 열을 내며 분해되어 폭발하는 화재)

Chapter 2

산불의 기초이론

학습목표

이 장을 통하여 산불의 기초이론을 이해하여야만 한다.

- 산불의 정의에 대해 알아본다.
- 산불의 연소에 대해 알아본다.
- 산불의 이동에 대해 알아본다.
- 상승기류 발생원인에 대해 일아본다.

1 산불의 정의

산불은 연소 환경 내에서 열, 산소, 연료의 상호작용에 의해 발생하며, 산불의 확산은 연료, 지형, 기상 등의 매개변수에 의해 영향을 받는다.

특히, 대형산불에서의 기상요소는 연료와 산소의 결합을 유도하고 열보다는 전체적인 불의 행동을 결정하는 주요인자로 변한다.

여기에서 산불(山火, 山林火災, forest fire, wildland fire)이란 산림 내의 낙엽, 낙지, 초류, 임목 등의 가연물질이 산소와 열과 화합하여 열과 빛을 발생하게 하는 산화반응의 작용에 의한 현상이다.

2 산불의 연소

1) 산불의 3요소

산불은 낙엽 등 산림 내의 탈 수 있는 셀룰로오스 등을 함유한 물질이 산소와 화합하여 열과 빛을 수반하는 화학변화의 현상이 진행하는 것이며 다음과 같이 설명할 수 있고, 이와 같이 산불은 연료, 산소(공기), 열이 있어야 발생하며 이를 산불의 3요소라고 한다.

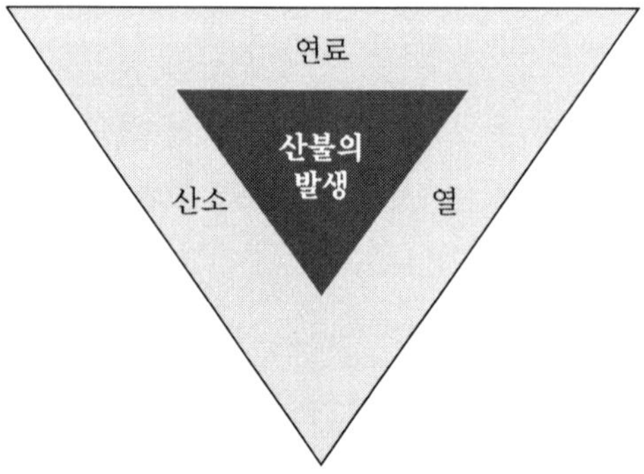

그림 2-1 산불의 3요소

(1) **연료** : 불이 계속적으로 진행하도록 제공되는 불에 탈 수 있는 가연성 물질
(2) **산소** : 가연물이 연소하기 위해서는 일정농도의 산소가 있어야 하며, 공기 중에는 산소가 21% 있고 15% 이하이면 연소반응이 어려움
(3) **열** : 어떠한 가연물과 산소에 연소반응을 일으킬 수 있는 최소한의 에너지원

2) 산불의 화학반응

불은 열과 빛을 만들기 위해 연료와 산소를 결합하는 급속적이고 지속적인 화학반응이다. 불이 붙기 위해서는 불씨라고 불리는 외부적 열의 원천이 이 반응을 시작하기 위하여 주로 필요하다.

스노모빌(snowmobile) 엔신에서 휘발유 연료와 공기에서 온 산소는 연료와 산소 혼합물에 점화하여 엔진을 가동시키기 위해 전기적 스파크의 열을 요구한다.

숲이나 평원에서, 식물들(생연료와 사연료)과 공기 중의 산소는 불이 붙기 위하여 역시 불씨를 필요로 한다. 이 불씨는 사람 혹은 번개 등에 의해 공급될 수 있다. 동물의 신진대사처럼 불의 화학반응은 계속적으로 존재하기 위해 연료와 산소 모두가 요구된다. 그 화학결합에서 저장된 에너지를 방출하기 위해서는 연료와 산소 둘 다 필요하다. 만약 불이 연료와 산소를 다 쓰면 꺼지게 된다.

산림 내 가연물의 성분 중 90~95%는 셀룰로오스, 헤미셀룰로오스, 리그닌으로 구성되며, 연료·산소·열에 의해 산불발생 시 연료에서 연소로 방출되는 연기 성분의 90% 이상은 이산화탄소(CO_2)와 물(H_2O)이며, 에너지로서는 열과 빛이 발생한다. 만약, 산불발생의 3요소 중 한 가지만 없다면 산불은 시작되지 않을 것이고, 이 세 가지 중 하나만 제거되면 산불은 소멸된다.

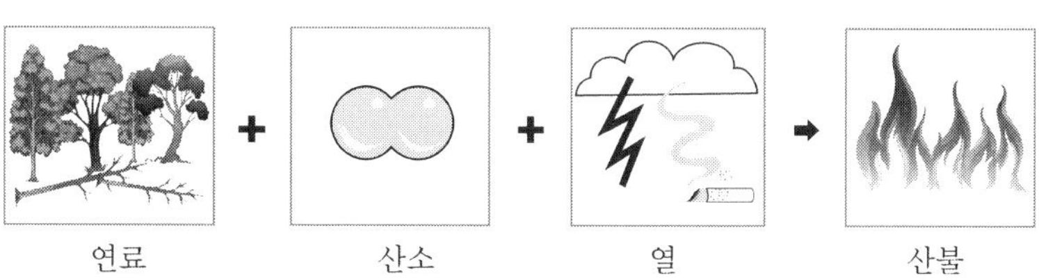

그림 2-2 산불의 화학반응

출처: William H. Cottrell Jr.(2004)

3) 열분해 과정

산불로부터 나오는 강력한 열복사는 연료를 열분해시킨다. 이것은 연소 사슬이 더 작은 입자로 분해되는 것을 의미한다. 연료의 열분해는 크고 둥근 나무보다 쪼개진 불쏘시개가 더 잘 타는 것처럼, 연료를 더 타기 쉽게 만든다.

열분해는 커다란 연료 분자를 2~4개 길이의 탄소 입자로 줄여준다. 그 후, 산소 분자와 혼합되는 반응대로 들어간다. 연료와 산소의 화학적 결합이 분해되면 이산화탄소와 물은 빠져나온다.

4) 연기의 순환

불꽃 막 안의 몇몇 타지 않은 탄소 원자는 검은 연기(sooty smoke)라 불리는 눈덩이 같은 입자로 뭉치게 된다. 이 연료 조각의 뭉치와 연료 내부 안에서 순환하는 혼합물로부터 나온 다른 화학물질은 불꽃 막 안으로 고루 퍼지게 된다.

그을음 연기 입자는 반응대로 들어가서 열과 이산화탄소와 물을 만들며 연소되어지거나, 혹은 불꽃 막을 나와서 즉시 검고 그을음 연기로 냉각되어지기도 한다.

5) 연소현상

연소에는 2가지 유형이 있으며 불꽃연소(flaming)와 작열/훈소연소(glowing/smoldering)가 있다.

불꽃연소는 연소 시 나무연료에서 나오는 가스가 공기 중의 산소와 섞여 연료 표면 위에서 타면서 불꽃이 발생하는 연소현상을 말한다.

작열연소(glowing)와 훈소연소(smoldering)는 불꽃 없이 빛만을 내는 연소현상으로 숯, 목탄과 나무뿌리, 그루터기 같은 고체연료가 타는 것이다.

6) 연소단계

산불연료는 착화 전 단계(pre-ignition), 착화(ignition), 연소(combustion) 등 3개의 연소단계를 거친다. 많은 연료는 처음에 연료가스가 타는 불꽃연소로 타기 시작하고, 그 다음 고체연료에서 작열연소와 훈소연소가 일어난다. 고체연료 연소는 나무 조각이 타는 방식을 관찰함으로써 잘 이해될 수 있다.

(1) 착화 전 단계

불씨는 우선 연료를 건조시킨다. 그 다음 가연성 가스와 타르 방울을 형성하며 연료를 열분해한다. 연료는 표면이 숯으로 변한다.

(2) 착화단계

연소 반응대는 연료 연기를 형성하고 막을 형성한다. 연료는 이제 스스로 유지 가능하고 불씨는 더 이상 필요가 없게 된다.

(3) 연소단계

불꽃연소는 나무, 잎, 다른 연료로부터 형성된 연료가스를 소비한다. 불꽃은 근처의 타지 않은 연료를 예열하는데 이것이 더 많은 기체연료를 발산한다. 이 연료 연기가 착화되면 불이 확산된다. 불꽃이 이 단계에서 주도적 역할을 한다. 반응대가 연료 표면으로 정착될 때 작열연소와 훈소연소가 생긴다. 숯으로 변한 연료는 산소와 결합하여 작열연소 형태로 타오른다. 그 연료를 완전히 태우기 위하여 열과 산소가 충분하지 않을지라도 숯과 타르 연기를 생성하며 열분해는 계속된다.

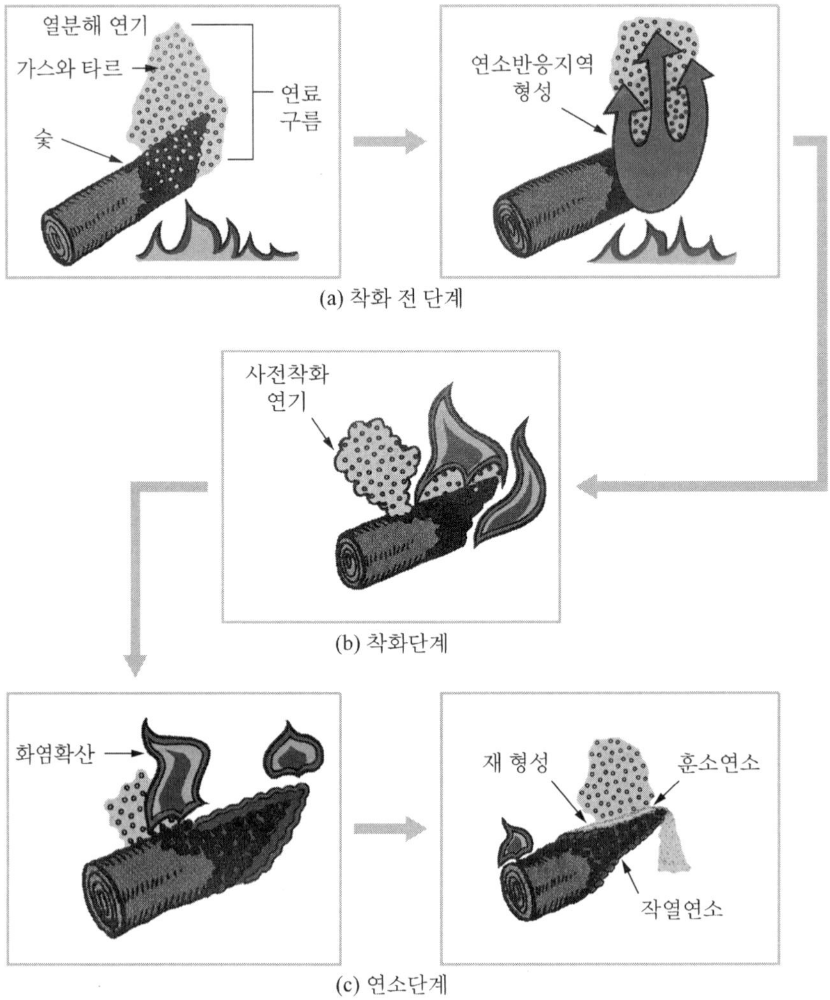

그림 2-3 산불의 연소단계

출처: William H. Cottrell Jr.(2004)

7) 발염착화

공기 중에서 물질이 연소하기 위해서는 그 물질의 온도가 어느 정도 이상으로 높아지지 않으면 안 된다. 연소가 시작되는 이 온도를 발화온도(착화온도) 또는 발화점(ignition point, 착화점)이라 한다. 또한 착화할 때 불꽃을 발하여 착화하는 경우를 발염착화, 향이나 목탄과 같이 불꽃을 내지 않고 착화하는 경우를 무염착화라고 한다. 연소가 계속되기 위해서는 연료가 되는 물질과 산소가 계속 보충되어야 하며, 그 연료의 온도가 발화온도 이상으로 올라가야 한다.

산소는 공기 중에 21% 정도 들어 있기 때문에 보통의 경우라면 산소 부족 현상은 생기지 않는다. 따라서 연소가 계속되려면 공급되는 연료의 온도를 발화온도 이상으로 높여 주어야 한다.

물질을 연소시킬 때 성냥이나 라이터 등의 발화용구를 사용하는 것은 이것들로 물질 일부분의 온도를 발화온도 이상으로 높여주기 위해서이다. 물질이 일부분만이라도 발화온도 이상이 되면 그로부터 연소가 시작된다.

연소가 일단 시작되면 그 곳에서 많은 연소열이 발생되어 이곳에 접해 있는 다른 부분의 온도가 발화온도 이상으로 높아지고, 다른 곳으로 옮겨 가면서 연소는 계속된다. 이렇게 하여 연소는 점점 확산된다.

8) 생엽의 발염온도

(1) 150～180℃에서 눋고
(2) 200℃에서 탄화(炭化)
(3) 380℃에서 연소회화(燃燒灰火)
(4) 400℃가 넘으면 대개는 발염

이 때 발염할 때까지의 지속되는 시간은 생엽 내의 함수량 및 잎의 두께와 관계가 있다. 다음은 임내 가연물들의 발염온도를 나타낸 것이다.

표 2-1 임내 가연물의 발염온도(℃)

발염온도(℃)	임내 가연물의 특징
250～300	건조하고 부식이 진행된 가지나 수간, 건조한 부식질 토양
301～400	조금 부식된 가지나 수간, 부식질 토양
401～450	소나무, 삼나무, 노송나무 등의 낙엽
451～600	낙엽활엽수의 생엽
601～750	상록활엽수의 생엽, 숲의 가장자리에 난 풀의 생엽
751 이상	함수율이 높은 초본류의 생엽

출처: 일본 소방청 소방연구소(1988)

9) 연소가스

산림 내 가연물의 90~95%는 셀룰로오스, 헤미셀룰로오스, 리그닌으로 구성되며 이 중 41~53%가 셀룰로오스이고, 산불발생 시 임내 가연물의 연소로 방출되는 연기 성분의 90% 이상이 이산화탄소(CO_2)와 물(H_2O)이다. 그 외 일산화탄소(CO), 연기 미립자, 메탄(CH_4), 에틸렌(C_2H_4), 시안화(HC)류, NO_x, SO_x류가 대부분으로 이들 가스의 독성에 유의하여야 한다. 대량 발생하는 일산화탄소는 독성이 크면서도 색이 없고 냄새도 없으므로 더욱 위험하다. 화재 시 가스 중독의 대부분은 일산화탄소에 의해 발생한다.

표준 체력을 가진 사람이 1.5%의 일산화탄소를 7분만 계속 호흡하면 생명을 잃게 된다. 일산화탄소는 인체의 혈액과의 친화력이 산소의 210배이며, 혈액 중의 헤모글로빈과 결합하여 산소와의 결합을 방해하기 때문에 산소 부족으로 체내에서 질식상태가 되므로 신경계통이 마비되어 혼수상태에 빠지고 결국 중독으로 사망하게 된다. 그리고 사람은 10% 이상의 탄산가스에도 의식을 상실하게 된다. 연기 입자는 매우 작아 낙하 속도가 매우 느리다. 따라서 연기 입자는 연소에 의해 가열된 공기와 같이 운동한다고 할 수 있다.

예를 들어, 산림에서 산불이 발생하고 있는 상향 능선을 생각할 때, 연기를 포함한 고온의 공기는 사면의 정상을 향해 올라가고, 그 반대로 신선한 찬 공기는 상층에서 연소가 진행 중인 곳을 향해서 내려오게 된다. 따라서 연기는 항상 위쪽의 농도가 짙다. 산불피난 시에 이러한 상황을 응용하면 큰 도움이 된다.

표 2-2 산불발생 연기의 성분 및 인체에의 영향

성 분	방출량 (kg/연료1 ton)	잠재적 영향
CO_2	907~1,588	직접영향 없음
H_2O	227~680	시각
CO	9~227	인체
연기 미립자	9~82	시각+인체
HC류	5~18	시각+인체
기타	미규명	시각+인체
NO_x	0.5~4	시각+인체
SO_x	미량	인체

출처: USDA For. Serv. Gen. Tech. Rep. SE-10(1976)

그림 2-4 산불발생 당시 연소가스

3 산불의 이동

산불의 3요소 중에서 연료는 불이 계속적으로 연소 진행하도록 제공하여 주는 가연성 물질을 말한다. 또한, 열의 종류는 2종류가 있으며 하나는 불을 발생하게 하는 열이며, 두 번째 열은 일단 불이 발생하면 200~370℃까지 상승하여 계속적으로 강렬히 연소 진행하는 2차적 열이다. 공기 중에는 21%의 산소가 함유되어 있기 때문에 산소 부족 현상은 생기지 않으며, 연소가 계속되려면 공급되는 연료의 온도를 발화온도 이상으로 높여 주어야 한다.

따라서 성냥과 같은 발화용구를 사용하여 물질의 일부분의 온도를 발화온도 이상으로 높여 주는 것으로 그로부터 연소가 시작되게 된다. 연소가 일단 시작되면 그 곳에서 많은 연소열이 발생되어 이곳에 접해 있는 다른 부분의 온도가 발화온도 이상으로 높아진다.

이때 연소는 계속 진행되어 전도(conduction), 대류(convection), 복사(radiation)열의 형태로 점점 확대하게 된다. 특히, 산불발생 시에는 대류현상에 의한 상승기류의 발생으로 대류기둥이 발생하면서 동시에 비화가 발생하여 확대되는 특징이 있다.

미시적으로 관찰하면 불꽃의 접촉도 전도, 대류, 복사의 열 이동현상에 의존한다는 것을 알 수 있지만, 실제의 산불에서 위 세 가지 외에 타고 있는 연소물의 불씨에 의해 직접 접촉하여 화재가 확대되는 경우가 많다.

어떤 물체에 불꽃이 접촉되면 접촉된 물질이 가열되고, 가열된 물질은 열분해 물질을 생성하여 방출한다. 이와 같은 열분해 물질이 발화점에 이르면 연소하기 시작하고 더 많은 열을 발생하여 불꽃이 커진다. 이러한 현상이 연쇄적으로 반복되어 연소의 속도가 기하급수적으로 빨라지게 된다.

그림 2-5 대류현상에 의한 불씨의 이동

그림 2-6 불씨의 직접접촉에 의한 이동

4 상승기류 발생원인

1) 열 상승

지표면에서 가열된 공기가 강한 열로 바로 상승한 결과이다. 열을 받은 습한 공기는 적운이 생성되기 충분한 환경의 고도로 상승한다.

2) 산악지형 상승

산악지에서 경사에 의해 공기가 상승하는 것으로서 열 상승과 산악지형 상승은 때때로 산악지역에서 함께 일어나기도 하는데, 가끔 열 상승에 의한 공기와 합쳐져서 산악지에서 적운을 형성하게 된다.

3) 전면부 상승

이동하는 보다 차가운 기단이 보다 따뜻한 기단의 밑에서 헤치고 올라올 때 발생한다.

4) 집중 상승

집중에 의한 상승은 지역 내부의 수평적 대기 움직임이 지역 외의 수평적 대기 움직임보다 많을 때 발생한다. 이것이 발생할 때, 공기는 상승 압박을 받는다. 이것은 항상 저기압 지대 주변에서 발생한다.

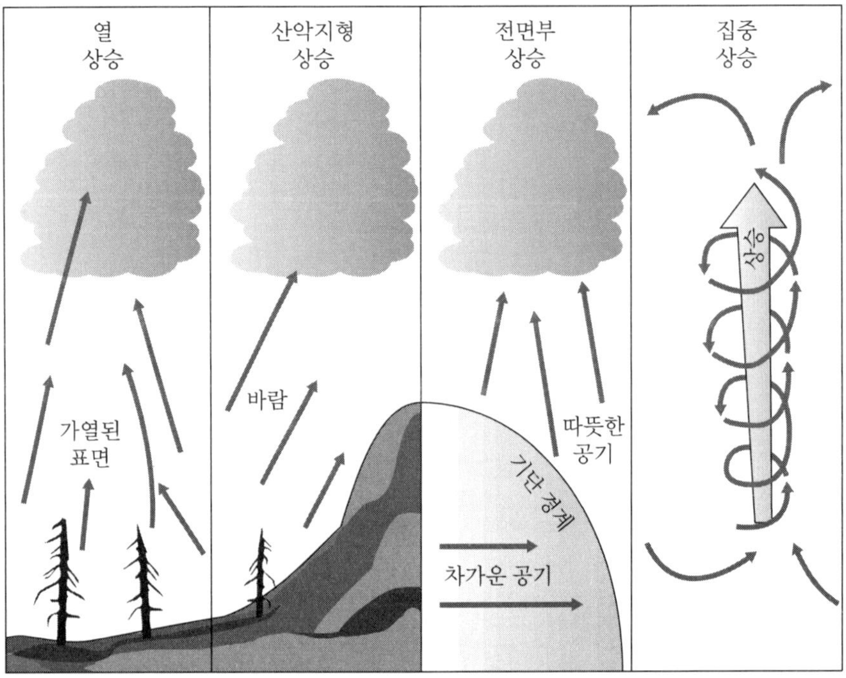

그림 2-7 상승기류의 발생형태

출처: Joseph D. Lowe(2001)

Chapter 3

산불의 영향인자

학습목표

이 장은 이 책에서 가장 중요한 부분 중의 하나이다. 이 장을 통하여 산불의 특성을 이해하여야만 한다.

- 산불과 연료와의 관계에 대해 알아본다.
- 산불과 지형과의 관계에 대해 알아본다.
- 산불과 기상과의 관계에 대해 알아본다.
- 극단적인 산불의 영향인자에 대해 알아본다.

1 서론

산불은 가연물의 존재, 산소의 공급, 착화에 필요한 에너지에 의해서 발생한 열 덩어리가 이동을 하게 되는데, 이때 산불의 행태와 확산은 연료, 지형 및 기상요소 등에 의해서 결정된다.

특히, 기상과 같이 지형과 연료는 산불행태에 직접적인 영향을 미친다. 그러나 지형과 연료는 기상과는 달리 기본적인 특징은 변하지 않는다는 것이다. 그럼에도 불구하고, 지형과 연료의 영향은 다른 요인들과 반응할 때 다양하게 나타난다.

예를 들면, 협곡 또는 능선부에서의 산불행태는 바람의 속도와 방향 또는 이러한 특성들이 다른 요인과의 관계에 따라서 산불행태에 변화가 생긴다. 서로 다른 지역에 있는 동일한 종류의 연료는 대기의 상대습도뿐만 아니라 태양복사에너지가 도달하는 각도와 양에 따라서 서로 다른 양상으로 타버린다.

지형적 위치와 연료 환경이 동일한데도 불구하고 어떻게 기상과 다른 요인들이 산불행태에 다른 영향을 미치는지에 대해 이해하는 것이 가장 중요하다.

2 연료의 구분

1장과 2장에서 배운 화학반응과 연소의 원리는 산불이 어떻게 잎이나 잔가지, 나무, 숲을 태우는지 이해하는데 중요하다. 즉, 숲의 구조와 연료의 다양성은 산불 중 가장 복잡하고 강력한 산불을 만들어내기 때문이다. 따라서 이 장에서는 산불이 나무꼭대기를 태울 것인지, 지표층을 태울 것인지, 지표층 아래의 땅속을 태울 것인지, 어떤 종류의 연기가 생성될 것인지를 배우게 된다.

1) 산림의 구조

산림에서는 나무가 가장 우세한 식물의 군집을 이루고 있다. 나무의 꼭대기 혹은 수관(crown)은 땅의 일부나 전체를 덮는 최상층을 형성하고, 나무의 줄기는 수간(stem)

으로서 나무의 기둥을 형성한다. 그림 3-1은 수관, 수간, 흉고직경, 수고, 지하고 등의 나무의 구조와 명칭을 나타낸 것이다.

산림의 수직적 구조는 나무의 가장 윗부분인 교목층, 바로 아래층인 아교목층, 키가 작은 나무들로 구성되어 있는 관목층과 그 아래 초본층과 지표층으로 구성되며, 최근과 과거 몇 년 동안 죽어서 분해되었거나, 분해되고 있는 부식층과 그 아래 광물질 토양층을 포함한 지중층으로 구성되어 있다(그림 3-2).

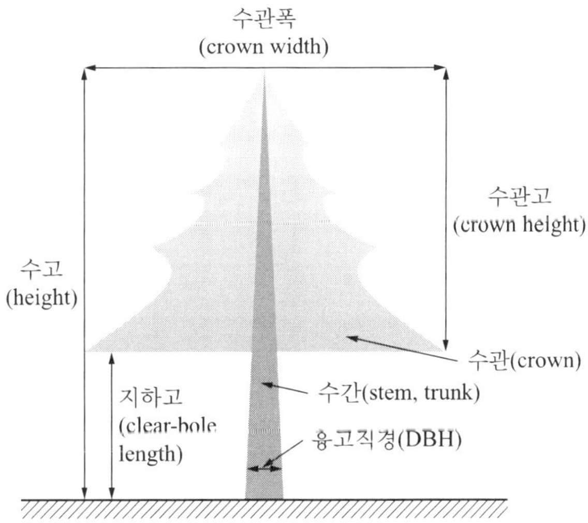

그림 3-1 나무의 구조와 명칭

출처: 이경준, 수목생리학, 서울대학교 출판부

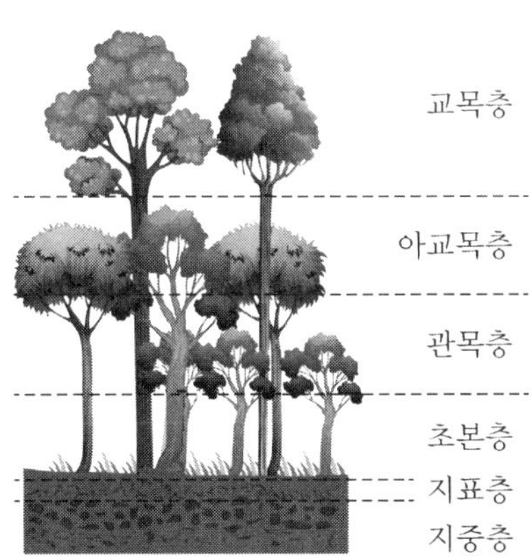

그림 3-2 산림의 수직적 구조

2) 연료의 구분

산불연료는 그림 3-3에서와 같이 지표연료, 공중연료, 지중연료로 구분된다.

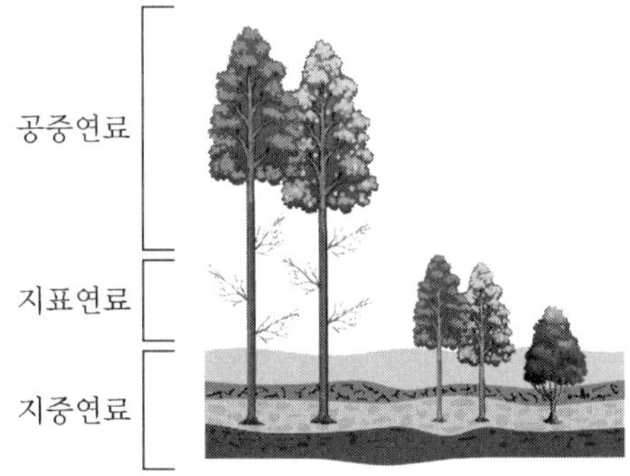

그림 3-3 산불연료의 구분
출처: William H. Cottrell Jr.(2004)

(1) 지표연료

지표연료(surface fuels)는 수고가 약 1.8 m 정도 이하의 초본류, 낙엽층, 관목류 및 덤불과 같은 것들이 여기에 해당된다. 지표연료 층은 보통 산불이 시작하는 장소로서, 산불의 발생은 지표연료 중 섬세한 미세연료에서부터 시작되며, 점차 큰 대경연료로 발전하여 나가면서 산불을 확산시키고 불을 공중연료로 옮기는 주범이다. 지표연료는 산불을 빨리 번지게 한다.

그림 3-4 지표연료

(2) 공중연료

공중연료(aerial fuels)는 수고 1.8 m 이상에 위치하는 연료인데, 여기에는 큰 가지, 나뭇잎, 수간, 수관, 서있는 고사목, 나무 위에 덮여 있는 이끼류가 해당된다. 산불이 크게 발생하면 수관화로 발전하게 되는데, 이는 지표연료가 사다리 역할을 하고 경사도 및 바람의 영향을 받아 점차 큰 대류열이 발생하게 되며 솔방울, 수피 조각, 소나무잎 및 잔가지 끝 등이 대류에 휩쓸려 먼 거리까지 날려가 비산화를 발생하게 된다.

공중연료의 밀폐도(수관울폐도)는 산불행태에 중요한 영향을 미친다. 만약 임관이 울폐되어 있으면, 매우 적은 태양복사에너지가 지표면에 도달하게 된다. 임내에 도달하는 태양복사에너지가 적은 조건에서는 지표연료가 직사광선에 의해 마르지 않고 연료 습도가 매우 높기 때문에 산불의 강도가 약해진다. 그러나 만약 기상조건과 지표화가 충분한 열을 제공하게 된다면 울폐된 임관이 수관화의 가능성을 높이는 역할을 한다.

그림 3-5 공중연료

(3) 지중연료

지중연료(ground fuels)는 지표면 아래의 연소가능 물질인 부식된 낙엽, 뿌리, 부식된 나뭇가지 및 기타 목질물을 지중연료라 하며, 일반적으로 치밀하게 엉켜 있어 지중화가 발생 시 진행속도가 가장 늦으며, 산불의 행태에 큰 영향을 미치지 않는다.

나무뿌리는 불씨를 산불진화선 아래로 옮길 수 있으며, 심지어 눈이 쌓인 겨울에도 바람이 불기만 하면 불씨를 계속 가지고 있다. 산불진화선을 구축할 때에는 이러한 요인들을 잘 고려해야 하며, 지표화가 일단 진화된 후 뒷불정리를 소홀히 하면 2~3일 후까지도 지중에서 연소되는 경우가 있다.

그림 3-6 지중연료(부식층과 토양층)

3 연료의 내화성

일반적으로 침엽수는 활엽수에 비하여 피해가 심하다. 왜냐하면, 침엽수는 줄기와 잎에 수지를 함유하여 타기 쉬운 까닭이다. 특히, 침엽수의 유령림으로서 마른 가지와 마른 잎이 부착해 있는 것은 가장 위험하다. 소나무림이나 해송림 등은 줄기와 침엽에 수지분이 많으며, 밑가지가 마르기 쉬우므로 가장 위험하다.

수종별로 비교한다면, 소나무, 자작나무 등 양수는 음수에 비교하여 임분의 폐쇄가 덜하고 하층식생도 많고, 일조량도 많아 건조하기 쉽기 때문에 산불위험성이 높다. 그러나 가문비나무·분비나무·전나무 등은 음수이어서 울폐된 임분을 형성하여 임내에 습기가 많고 잎도 비교적 타기 어려워 산불위험도가 낮다.

잎갈나무는 양수이지만 낙엽의 가연성이 적을 뿐만 아니라 낙엽이 쌓일 때에는 습기를 가져서 잘 타지 않으며, 또한 산불이 나기 쉬운 봄철에는 수분이 많은 새싹과 새잎들이 나 있어 수관에 연소가 잘 되지 않는다.

은행나무는 낙엽이 잘 타지 않을 뿐만 아니라 생가지에는 수분이 많아서 산불위험도가 낮다.

리기다소나무는 불에 타기는 하나 맹아력이 강해서 소생하는 적이 많으며, 미국산 대왕송(*Pinus palustris*)은 수피가 두껍고, 침엽이 잘 타지 않는 특징을 가지고 있으며, 어린 눈은 긴 침엽으로 둘러싸여 있어 산불이 나도 잘 견디어 내는 일이 많다. 삼나무·편백 등은 적송림 다음으로 불에 타기 쉽다.

활엽수 중에서는 일반적으로 상록수가 낙엽수보다 불에 강하다. 상록활엽수 중에서 불에 강한 것은 아왜나무(*Viburnum*)·붓순(*Illicium*) 등이며, 이러한 나무의 생엽은 결코 불꽃을 피우며 타는 일이 없다. 그 다음으로 동백나무류(*Camellia*)·가시나무류(*Cyclobalanopsis*)·빗죽이나무(*Cleyera*)·후피향나무(*Ternstroemia*)·사철나무(*Euonymus*) 등이 불에 강하다. 단, 상록활엽수 중에서도 녹나무·구실잣밤나무·유칼리 등은 타기 쉬운 나무들이다.

낙엽활엽수 중에서 굴참나무·상수리나무 등 참나무류와 같이 코르크층이 두꺼운 수피를 가진 것은 불에 강하다. 또한, 맹아력을 가지고 있는 것들은 산불의 피해를 받더라도 다시 맹아에 의하여 새로운 임분을 형성한다. 특히, 사시나무·떡갈나무·자작나무 등은 여러 번 산불을 만나도 뿌리는 살아 있어서 거듭 맹아가 나와 새 임분을 만든다. 그 밖에 피나무·고로쇠나무·고광나무·음나무 등도 불에 강한 수종으로 알려져 있다.

이상을 종합하여 보면 잎이 타기까지에는 상당한 시간이 걸리고 연소 시에도 불꽃을 내지 않는 수종, 즉 내화력이 강한 수종과 그와 반대되는 수종 즉, 내화력이 약한 수종으로 나눌 수 있으며 그 결과는 다음과 같다.

1) 내화력이 강한 수종

(1) **침엽수(針葉樹)** : 은행나무(*Ginkgo*), 잎갈나무(*Larix*), 분비나무(*Abies*), 가문비나무(*Picea*), 개비자나무(*Cephalotaxus*), 대왕송(*Pinus palustris*)
(2) **상록활엽수(常綠闊葉樹)** : 아왜나무(*Viburnum*), 굴거리나무(*Daphniphyllum*), 후피향나무(*Ternstroemia*), 붓순(*Illicium*), 협죽도(*Nerium*), 황벽나무(*Phellodendron*), 동백나무(*Camellia*), 빗죽이나무(*Sakakia*), 사철나무(*Euonymus*), 가시나무(*Cycloba-lanopsis*), 회양목(*Buxus*)
(3) **낙엽활엽수(落葉闊葉樹)** : 피나무(*Tilia*), 고로쇠나무(*Acer mono*), 마가목(*Sorbus*), 고광나무(*Philadelphus*), 가중나무(*Ailanthus*), 네군도단풍나무(*Acer negundo*), 난티나무(*Ulmus laciniata*), 참나무(*Quercus*), 사시나무(*Populus*), 음나무(*Kalopanax*), 수수꽃다리(*Syringa*)

2) 내화력이 약한 수종

(1) **침엽수(針葉樹)** : 소나무(*Pinus densiflora*), 곰솔(*Pinus thunbergii*), 삼나무(*Cryptomeria*), 편백(*Chamaecyparis*) 등.
(2) **상록활엽수(常綠闊葉樹)** : 녹나무(*Cinnamomum*), 구실잣밤나무(*Castanopsis*)
(3) **낙엽활엽수(落葉闊葉樹)** : 아카시아(*Robinia*), 벚나무(*Prunus*), 능수버들(*Salix*), 벽오동나무(*Firmiana*), 참죽나무(*Cederla*), 조릿대(*Sasa*)

4 연료형의 종류

우리나라의 산불연료형 모델은 아직 표준화되어 있지 않아 미국의 모델을 기술코자 한다. 즉, 미국의 산불연료형 모델은 “Fire line handbook”에서 13가지로 분류하였지만, "Wildland fire fighting practices"에서는 보다 실용적으로 산불행동을 계산하고 예측하기 위해서 다음과 같이 4가지의 연료형 모델로 분류하였다.

1) 초본형

초본형(grass model)은 산불의 주요 운반자이다. 연료층 깊이는 약 30 cm에서 76 cm로 다양하다. 초본류 상의 화염은 빠르게 타며, 연료는 일반적으로 완전히 연소한다. 바람은 초본류의 산불에 많은 영향을 미친다. 이러한 산불연료는 또한 상대습도 상에서의 변화에 빠르게 반응한다. 이 모델의 강도 수준은 다른 연료 모형과 비교할 때 일반적으로 낮은 등급이다.

그림 3-7 **초본형 연료**

2) 관목형

관목형(shrub model)은 약 61 cm에서 1.8 m 사이의 연료층 깊이를 가진 연료상으로서 잡목(shrub)이나 덤불(brush)이 해당된다. 이러한 연료의 대부분은 작은 잎을 가진 직경 2.5 cm 미만의 나무이다. 이러한 그룹 내의 연료는 보다 높은 연료습도를 가지고 있으면서 산불강도 수준은 초본형 강도보다 높다.

그림 3-8 관목형 연료

3) 교목형

교목형은 대부분 교목, 교목과 낙엽이 혼합된 연료 그리고 잔가지와 큰 가지로 구성되어 있다. 연료상의 밀집도는 빽빽한 것에서 다소 느슨한 것까지 존재한다. 산불은 일반적으로 지표화나 지중화가 일어난다. 그러나 산불이 많은 양의 죽은 연료 및 나무줄기에 가지가 많이 나 있는 연료(사다리형 연료, ladder fuels)와 연관되어질 때 수관화나 상층부로의 전이연소(torching)도 가능하다.

그림 3-9 교목형 연료

4) 벌목재형

벌목재형은 기본적으로 벌목작업 후에 남아 있는 잔류물이다. 벌목재는 또한 간벌이나 가지치기 작업에 의해서도 생긴다. 이런 형태의 연료형에서 산불은 빠른 확산속도를 가지며, 보다 강한 산불 강도를 생성하는 경향이 있다.

그림 3-10 **벌목재형 연료**

5 연료의 특성

연료의 특성은 산불발화나 연소방식에 영향을 미친다. 만약 연료의 크기가 클 경우 불이 붙으려면 좀 더 많은 열이 필요할 것이다. 그리고 만약 큰 덩어리가 탈 경우에도 좀 더 많은 열을 필요로 할 것이다. 또한, 서로 다른 방식의 산불행태가 나타나는데 있어서 7가지의 연료 특성이 있는데, 그것은 연료습도, 연료량, 연료밀도, 연료의 배열(수평적, 수직적), 화학적 성분, 크기와 규모이다.

표 3-1 산불연소에 영향을 미치는 7가지 연료 특성

<table>
<tr><th colspan="2" rowspan="2">구 분</th><th colspan="6">산불연소 영향인자</th></tr>
<tr><th>점화</th><th>속도</th><th>강도</th><th>번짐</th><th>회오리불</th><th>수관화</th></tr>
<tr><td colspan="2">연료습도</td><td>○</td><td>○</td><td>○</td><td>○</td><td>○</td><td>○</td></tr>
<tr><td colspan="2">연료량</td><td>○</td><td>○</td><td>○</td><td></td><td>○</td><td></td></tr>
<tr><td colspan="2">연료밀도</td><td>○</td><td>○</td><td>○</td><td></td><td></td><td></td></tr>
<tr><td rowspan="2">연료의 배열</td><td>수평적</td><td></td><td>○</td><td></td><td>○</td><td></td><td>○</td></tr>
<tr><td>수직적</td><td></td><td></td><td></td><td>○</td><td>○</td><td>○</td></tr>
<tr><td colspan="2">화학적 성분</td><td>○</td><td>○</td><td>○</td><td></td><td></td><td></td></tr>
<tr><td colspan="2">크기와 규모</td><td>○</td><td>○</td><td>○</td><td>○</td><td></td><td></td></tr>
</table>

1) 연료습도

연료습도는 연료가 가지고 있는 수분의 양을 의미한다. 연료는 생연료와 마른 연료로 구분되며, 두 가지 모두가 과거와 현재의 계절 및 기상조건과 사면방향에 따라 변하게 된다. 연료의 습도상태는 바로 산불의 발생, 강도 및 진행에 직접적인 영향을 미친다.

연료는 다양한 경로를 통해 수분을 흡수한다. 수분 흡수 경로는 습한 토양, 비 또는 이슬, 대기 중의 습도로부터 수분을 흡수했다가 증발을 통해 수분을 빼앗긴다. 증발은 건조한 공기 덩어리가 연료로의 이동, 태양광선, 지표화 또는 대류에 의해 발생한다. 직경이 0.6 cm 이하의 초본류 등의 연료는 산불의 주된 운반자이며 연료수분 변화가 가장 빠른 연료이다.

수분함유량이 매우 높은 살아 있는 연료조차도 불이 날 수 있다. 살아 있는 연료가 완전히 죽거나 주변 연료가 건조해지면 산불이 발생할 수 있다. 살아 있는 연료와 죽은 연료의 비율이 가장 중요한 요소이다. 즉, 살아 있는 연료와 비교할 때 죽은 연료의 양이 많을수록 불이 나기 쉽다. 다음은 살아 있는 연료와 죽은 연료의 일반적인 특성을 나타낸 것이다.

(1) 생연료(Live fuel)

생연료에는 초본과 목본의 두 가지 종류가 있다. 초본식물은 1년생 또는 다년생 초본처럼 목질이 없는 것이다. 우리가 관심을 가져야 할 목본식물은 잔가지, 잎 등이 있는데 이런 것은 산불 전면의 화염에 의해 연소될 것이다.

매년 가을에 낙엽이 지는 것을 낙엽수라 한다. 낙엽은 죽은 것이면 산불의 연료가 된다. 상록수종의 대부분은 매년 모든 잎이 지지 않지만 침엽수 가운데 잎갈나무와 같은 수종은 잎을 떨어뜨린다. 오래된 잎은 연료수분이 훨씬 적은데 반해 새로 난 잎은 연료수분이 훨씬 많다.

목본 수종의 잎에 함유된 수분은 신초, 새싹, 수간에서 발견된다. 이러한 연료에 포함된 연료수분의 정도는 보통 생장기가 진행됨에 따라 감소한다. 늦여름 또는 초가을에 수분함량이 가장 낮다. 죽은 연료의 수분함량 범위는 2~30%이고, 생연료의 수분함량은 30~300%까지이다.

새잎과 오래된 잎 그리고 죽은 연료 간 연료습도가 차이 나는 이유는 새잎 또는 오래된 잎에서 발견되는 것과 같은 살아 있는 세포가 많은 수분을 가질 수 있는 능력을 지녔기 때문이며 이것은 영양분을 생산하고 이동시키는데 사용한다. 죽은 세포는 탄력이 매우 적어 약 30% 정도만 흡수된다.

표 3-2 수분함량별 가연물의 종류

함수량(%)	가연물의 종류
300	새잎, 생육기, 초기
200	생장잎, 그러나 생장은 계속된다.
100	성숙잎, 발육이 끝난 1년생 잎
50	휴면중잎, 변색이 나타나고 일부는 낙하
30 미만	지상에 떨어진 죽은 낙엽

출처: 산림교육원(2014)

(2) 마른 연료(Dead fuel)

죽은 연료의 습도는 죽은 연료에 남아 있은 수분 양이다. 죽은 연료의 습도는 대기중의 습도에 의해 가장 먼저 변한다. 죽은 연료의 수분변화의 시간차(평형함수율)는 죽은 연료에 포함된 수분의 양과 주변공기의 수분 양이 같아지는데 걸리는 시간을 의미하며, 시차는 시간 단위로 표현할 수 있는데, 연료형이 주변 대기의 평형함수율의 60에서 70%에 도달하게 되면 평형함수율 변화가 완료되었다고 한다. 죽은 초본은 수분이 급격히 증가 또는 감소하는데 1시간정도 소요된다. 다음 표 3-3은 4가지 죽은 연료의 시차를 설명한 것이다.

표 3-3 연료의 종류와 시차(평형함수율)와의 관계

평형함수율 시차	연료의 직경	예
1시간 연료	0.6 cm 이하	1년생 초본
10시간 연료	0.6~2.5 cm	노간주나무속, 관목수풀
100시간 연료	2.5~7.6 cm	벌채 잔여물
1,000시간 연료	7.6~20.3 cm	통나무와 성숙 입목

출처: Introduction to wildland fire(1984)

마른 연료(죽은 연료)는 기상요소에 크게 영향을 받게 되는데 이는 강수, 온도, 상대습도, 바람 및 태양열을 말한다. 또한, 방위, 태양에 노출정도 및 고도에도 영향을 받게 되며 밤과 낮의 차이도 크게 된다. 그리고, 연료의 크기에 따라서 습도의 차이가 나타나게 되는데 이는 산불위험을 경고하는 척도로 사용된다. 다음은 임내퇴적물의 함수량과 가연성과의 관계를 나타낸 것이다.

표 3-4 임내퇴적물의 함수량과 가연성과의 관계

함수량(%)	가연성
26<	없음
19~25	아주 적음
14~18	적음 (모닥불은 위험)
11~13	보통 (성냥불은 위험)
8~10	위험 (성냥불은 항상 위험)
2~7	아주 위험 (모든 화기는 위험)

출처: 일본 삼림보험연구회(1983)

2) 연료량

연료축적량은 ha당 살아 있거나 죽은 연료의 건조중량을 말하며, 자연상태에서 식생이나 연료형에 따라 변화가 크며, 연료가 초본류 지역인 경우 매년 변화가 크다.

연료의 축적은 초본류와 잔여물, 잔가지와 작은 수간, 가지, 큰 수간과 큰 가지 등 4개의 크기 규모로 구분할 수 있다. 연료의 크기는 연료가 비, 이슬, 상대습도와 같은 다양한 형태의 습도에 어떻게 반응할 것인가에 영향을 미친다. 연료의 크기는 죽은 연료에 있어서 습도가 증발하는 속도에 영향을 미친다.

3) 연료의 밀도

연료의 밀집성은 연료 입자 사이의 공간을 뜻하는 것이다. 연료의 밀집성과 배치는 연료가 얼마나 쉽게 불이 붙는지 그리고 얼마나 잘 타는지에 모두 영향을 미친다. 만약에 연료가 매우 치밀하다면 불꽃에 노출된 표면적이 적기 때문에 불이 붙으려면 많은 산소공급이 필요하다. 이럴 경우 여러분은 산불진행속도가 줄어든다는 것을 예상할 수 있다.

그림 3-11 소나무의 밀생된 숲

4) 연료의 배열

연료의 배열은 연료의 수평적 또는 수직적 분포와 관련된다. 연료상의 깊이와 배치는 산불의 확산속도와 산불 강도뿐만 아니라 산불이 일어날 것인지를 예측하는데 있어서 매우 중요한 특성이다.

초본과 관목은 수직적 배열이고, 이러한 연료의 형태에서 산불 강도는 연료의 깊이에 따라 증가할 것이다. 입목의 작은 가지와 잔여물은 수평적으로 배열된 연료이고 연료 축적이 증가할 때 연료의 깊이가 천천히 증가한다.

(1) 연료의 수직적 배열

산림에서의 연료는 일반적으로 상층수관과 하층식생으로 구성되어 있으며, 이때 하층식생은 경사와 임목수고의 관계에서 쉽게 수관화로 발전하는 요인이 된다. 연료의 수직적 배열은 일반적으로 상층으로부터 교목층, 아교목층, 관목층, 초본층, 낙엽층, 유기물층, 토양층 등으로 구분할 수 있는데, 초본층 이상에서 밀도가 높고 나무줄기에 가지가 많이 나 있는 연료의 경우 이를 사다리형 연료(ladder fuels)라고 하며, 이 경우에는 지표화에서 수관화로 발전할 위험성이 매우 크다.

연료가 밀집상태로 수직배열 시에 열을 받으면 대류작용으로 상부의 연료가 가열되어 점화되므로 산불은 더욱 쉽게 확산하게 된다. 수직배열 연료는 열을 받는 대류가 불 파편을 운반함으로써 비화를 유발한다. 수직적 배열상태에서는 가지치기를 하거나 지상의 연소물질을 제거하여 줌으로써 불길이 수관에 미치지 못하도록 함이 진화작업 요령이다.

그림 3-12 사다리형 연료에서 연소과정

출처: Michael Thoele(1995)

낙엽층 이하의 유기물 층에서 산불이 오래 머무를 경우 뒷불의 위험성이 매우 높아지는 특징이 있어, 뒷불 가능성에 대하여 관심을 가져야 한다.

(2) 연료의 수평적 배열

자연지역을 조사하다 보면 곳에 따라 환경이 달라지는 것을 느낄 수 있고, 환경변화에 부합되어 식생 역시 달라지는 것을 관찰할 수 있다. 이와 같은 수평적인 식생의 변화는 수종구성의 분포상의 변화로 말미암아 별개의 군집을 형성한다. 가장 쉽게 관찰할 수 있는 예로 남쪽 사면과 북쪽 사면의 미세환경(micro-environment)의 차이로 인하여 산림의 상관이 확연히 구별되는 것을 들 수 있다.

남쪽 사면은 태양광선을 비교적 많이 받으므로 온도가 높고 그에 따라 증발산이 증가하여 건조해지기 쉽기 때문에 이러한 입지조건에 잘 견딜 수 있는 소나무 등과 같은 수종이 많은 자리를 차지하고 있는 반면, 북쪽 사면은 태양광선을 보다 적게 받으므로 온도가 낮고 수분조건이 양호하기 때문에 활엽수종 위주의 산림이 형성되며, 여러 가지 식물의 종들이 생육할 여지가 많아 군집구조가 비교적 복잡하다.

수평적 분포가 달라지는 양상에는 두 가지가 있다. 첫째, 배수가 불량한 습지의 습생식물군집과 같이 식물의 종구성이 인접한 지역과 전혀 달라서 확연히 구별되는 경우와, 둘째, 높은 산의 고도가 변하면서 산복을 따라 점진적으로 수종구성이 변해가는 것과 같이 구분되는 군집간의 경계가 불명확하게 되는 경우이다.

산림군집의 수평적 분포양상을 분석하기 위해서는 토양의 성질, 배수정도, 지형적 위치 등의 입지조건과 식물의 종구성 사이의 연관관계와 종자의 산포방법과 범위, 식물 개체간 또는 종간경쟁, 식물 종간상관관계 등의 생물학적 조건이 식물의 분포에 반영되는 정도가 평가되어야 한다.

산림의 수평적 분포양상에서 연료가 연속적으로 배열되어 있지 않으면 산불은 더 이상 진행되지 않는다. 연료가 연속적으로 배열되어 있을 때는 산불의 진행방향, 속도 및 지표화, 수관화에 대한 변화를 예측할 수 있게 된다.

수평적 배열상태에서의 일반적인 진화요령은 연료의 계속적인 배열상태를 차단하므로써 진화선을 구축한다.

그림 3-13 수평적 배열 연료의 피해

5) 연료의 화학적 성분

나무에서 나오는 송진, 수액, 오일, 왁스에서 분출되는 가스 또한 가연성이다. 이러한 화학물질의 연소와 분출된 가스는 뚜껑이 있는 캔에 가지들을 넣고 가열해 봄으로써 증명할 수 있다. 만약 캔 꼭대기에 작은 구멍이 열리면 가열된 연료로부터 방출된 가스에 불이 붙을 것이다. 따라서 우리가 가져야 할 관심사항은 산불이 발생했을 때 매우 높은 수준의 화학물질이 산불을 더욱 강력하게 만든다는 것이며, 이 경우 산불진화계획을 세울 때 이러한 사항을 반영해야 한다.

휘발성이 강한 연료는 더욱 높은 강도와 더욱 빠른 속도로 산불이 확대될 수 있는데, 이러한 모든 연료는 매우 어둡고 검은 연기를 내뿜는다. 이것은 연료가 가지고 있는 높은 휘발성 오일 때문이다.

6) 연료의 크기와 규모

연료의 크기와 형태 또한 연료가 연소하는 데 있어서 결정적 영향을 미친다. 두 종류의 연료를 비교할 때 작은 연료일수록 용적에 비하여 표면적이 크다. 즉, 크기가 작은 초본류와 나뭇잎과 같은 연료는 통나무처럼 규모가 큰 연료보다 부피 대비 표면적의 크기가 훨씬 크다. 따라서 표면적이 크게 되면 낮은 온도에서도 발화하기 쉽고 연소도 빠르게 이루어진다.

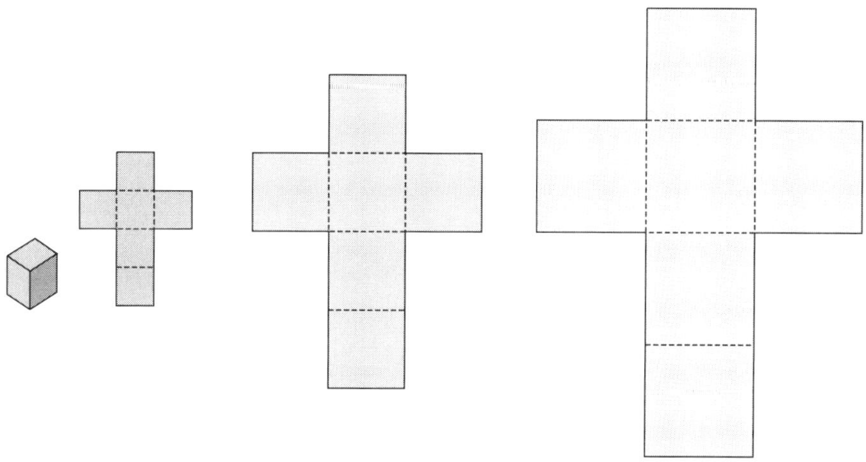

부피가 $1 \times 1 \times 1 = 1\ cm^3$인 정육면체의 표면적은 $1 \times 6 = 6\ cm^2$이므로 $\frac{표면적}{부피} = \frac{6}{1}$이다.

부피가 $2 \times 2 \times 2 = 8\ cm^3$인 정육면체의 표면적은 $4 \times 6 = 24\ cm^2$이므로 $\frac{표면적}{부피} = \frac{24}{8} = \frac{3}{1}$이다.

부피가 $3 \times 3 \times 3 = 27\ cm^3$인 정육면체의 표면적은 $9 \times 6 = 54\ cm^2$이므로 $\frac{표면적}{부피} = \frac{54}{27} = \frac{2}{1}$이다.

그림 3-14 연료의 표면적 대비 부피 비율의 예

일반적으로 특정지역에서 연료의 일정 부분만이 불에 탈 수 있다. 일반적으로 건조한 연료일수록, 불에 잘 타고 크기가 클수록 불에 잘 타지 않는 특성이 있다.

마른 초지에서 모든 연료가 완전연소 또는 100% 타버릴 수 있다. 초본은 쉽게 탈 수 있으며 매우 낮은 수분을 함유할 수 있다. 또한, 임분 내에서 우리가 발견하는 낙엽층은 대부분 완전연소 한다. 반면, 나무는 부분연소 한다.

벌채 잔여물 가운데 그루터기, 통나무 그리고 커다란 가지는 거의 완전연소 되지 않는다. 일반적으로 연소의 비율은 10～70%로 예측할 수 있다.

연료의 완전연소 여부는 연료습도와 연료 전체의 크기에 의해 좌우된다. 큰 연료는 일반적으로 연료에 수분이 많고, 크기가 크기 때문에 불이 붙기 위해서는 많은 열을 필요로 한다. 연료의 일반적인 배열 또한 매우 중요하다. 크기가 큰 연료의 공간은 넓을수록 좀 더 빨리 차가워지고 그렇게 되면 연소는 멈출 것이다.

6 산불과 지형

지형은 산불의 진행방향과 불의 확산속도에 중요한 영향을 미친다. 지형인자는 지표면의 모양이 언덕과 같은 구릉지 혹은 평탄지, 절벽 및 물(호수, 댐, 강, 개울)의 유무 같은 지표면의 물리적 특징으로 설명할 수 있으며, 경사, 방위, 지세, 고도로 분류한다.

1) 경사

경사는 산불의 연소작용에 있어서 가장 큰 영향을 미치는 인자로서 경사가 급해짐에 따라 산불진행속도는 복사열, 대류열의 영향을 받게 되므로 평지의 산불보다 신속히 진행한다. 특히, 급경사지의 산불진행은 산정으로 신속히 진행하는데 그 이유는 다음과 같다.

(1) 산불은 화두온도가 가장 높아 인접한 연료를 건조시켜 가면서 연소가 확대된다.
(2) 급경사지에서 발생된 산불은 골짜기 바람의 영향을 받아 산불의 불머리가 여러 개인 다두화로 발전 연소한다.
(3) 산불피해율은 경사별로 볼 때 험준한 경사가, 위치별로 볼 때 경사하부에서 발생한 산불의 피해가 가장 크다.
(4) 경사도별 산불진행 비율은 경사가 급할수록 빠르며, 급경사면에서 상향사면 연소속도는 하향사면보다 약 16배 빠르게 진행한다.

급경사에서 산불은 연료와 산불 화염이 근접되어 경사 상부 연료를 미리 가열하므로 보다 빠르게 확산된다. 그 후 경사 상부의 공중 불똥으로부터 비화로 민감하게 변화한다. 산불이 경사를 거슬러 올라가면, 연소의 부산물들은 상부 방향으로 이동하고 산불의 확장에 기여하는 화원으로 산소가 유입된다. 경사길이가 늘어나면, 확산율과 화염의 크기도 또한 늘어난다. 급경사면에서는 구를 수 있는 물체가 산불진화선을 너머 그 후면에 발화하여 여러분이 두 개의 화염에 갇힐 수 있으므로 산불을 주의하여야 한다. 경사면에서 산불이 시작된 장소는 확산 정도를 고려하였을 때 또한 중요한 요소이다. 경사 하부와 가까이에서 시작한 산불은 더 많은 연소 가능한 연료를 가지며, 경사 상부 연료의 온도를 미리 높인다. 경사면에서의 산불은 일반적인 주간의 상승기류의 영향을 받는다. 일반적으로 경사면의 상부에서 발생한 산불은 연소에 필요한 연료가 충분치 않아 대형산불로 발생하지 않는다.

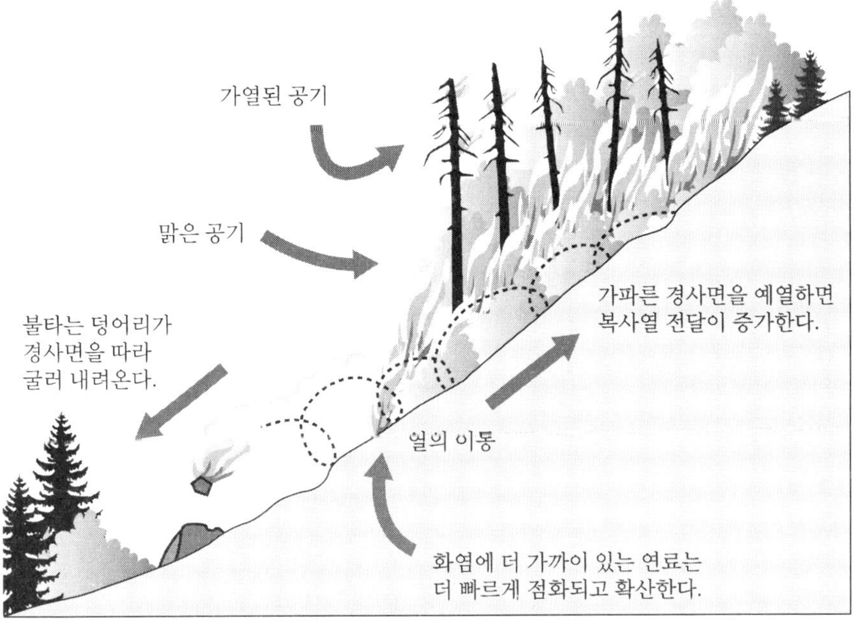

그림 3-15 상향 경사면에서의 연소진행
출처: Joseph D. Lowe(2001)

2) 방위

방위는 산불 행동을 평가할 때 고려되는 중요한 인자이다. 방위는 기준 방위점과 연관된 경사면의 방향이다. 방위별로 수광량과 풍향, 풍속이 다르기 때문에 연료습도에 크게 영향을 미친다. 남향과 남서향은 북향보다 수광량이 많고 고온이며 상대습도가 낮은 관계로 연료습도가 건조하여 산불발생 및 연소조건이 빨리 형성된다.

각각의 방위는 일중 어떤 때에 최고로 태양에너지의 영향을 받게 된다. 동쪽 방위(동쪽을 바라보는 경사면)는 약 9시에 최고점을 가지며, 남쪽 방위(남쪽을 바라보는 경사면)는 약 12시에 최고점을 가지며, 서쪽 방위는 오후 3시에 최고점이 된다. 북쪽 방위는 또한 12시에 최고점이 된다.

3) 지세

어떤 지형적 특징은 보다 높은 등급의 산불확산을 가져오게 한다. 지세는 공기의 흐름을 좌우한다. 산불이 진행하여 골짜기에 이르면 계곡풍의 영향을 받아 급속하게 방향을 바꾸게 된다. 다음은 산불확산 관점에서 본 여러 종류의 지형적 특징을 나타낸 것이다.

(1) 좁은 협곡

좁은 협곡은 가파른 협곡 벽이 서로 근접해 있고 비화와 복사열의 결과로 반대면에 산불이 쉽게 발생할 수 있기 때문에 산불진화대원은 주의해야 할 지역이다. 이러한 곳은 수초 안에 대형 협곡이 폭발하게 되는 점화지역을 만들 수 있다.

좁은 협곡과 배수구는 항상 산불을 진화하기에는 어렵고 위험한 장소이다. 협곡은 굴뚝과 같은 역할을 하고 바람의 속도를 증가시킨다. 낮 동안 바람은 협곡을 향해 불고, 바람을 끌어당기는데 이것은 침니(굴뚝형)지역에서 불이 났을 때도 같다. 일단 가열된 공기가 협곡으로 불면, 협곡의 입구로 더 많은 공기가 몰려온다. 이러한 바람이 협곡으로 불 때 바람의 속도도 증가하고 불안정한 조건이 발달하게 된다.

좁은 협곡은 반대사면 연료의 예열, 확산, 그리고 발화 가능성을 증가시키는 역할을 한다. 이러한 복잡한 요인으로 인해 협곡을 산불진화 장소로 선택하지 않는다.

그림 3-16 좁은 협곡

(2) 넓은 협곡

넓은 협곡에서 부는 바람은 골짜기 바람의 영향을 별로 받지 않으므로 산불이 발생하여도 돌풍과 강풍이 그다지 발생하지 않기 때문에 산불의 진행속도는 좁은 협곡에서 발생한 산불보다 느리게 진행한다.

(3) 상자형 협곡

상자형 협곡은 매우 강한 상승기류를 발생시키는 세 개의 가파른 벽을 가진 협곡이다. 이러한 지형에서 발생한 상승기류는 매우 빠른 산불의 확산 조건을 만든다. 대류기둥이 나타나면 협곡하부로부터 대기의 온도가 상승한다. 상자형 협곡은 굴뚝에서 연기를 내 뿜는 역할을 하므로 산불은 신속히 산정으로 진행하면서 매우 심각한 산불을 발생시킬 수 있는 장소이다.

그림 3-17 상자형 협곡

(4) 굴뚝형 지형

굴뚝형(chimney) 지형은 산불의 대류에너지의 통로 역할을 한다. 굴뚝형 지형에선 극단적인 산불의 확산과 비화가 일어나기 쉽다. 따라서 산불진화대원의 부상 또는 사망과 관련이 있는 지역이다. 이 지역은 경사가 급하고, 매우 협소하다. 이러한 곳은 지형, 기상, 그리고 연료가 조화를 이뤄 실제로 폭발할 수 있는 장소 중의 하나이다.

일반적으로 침니지역에서는 오르막 경사면에서 강한 공기가 발생하고 속도도 증가하게 된다. 만약 공기가 불안정하고 지표면 연소열이 오르막 경사로 이동하게 된다면, 더 많은 공기가 협곡의 아래쪽으로 더 많이 불어 들어오게 될 것이다. 공기의 유입이 더 많아지면 질수록 산불진행속도가 빨라지고 확산속도도 빨라진다. 좁은 침니지역은 산불의 속도를 더욱 가중시키고, 연료의 건조를 빠르게 하며, 확산속도도 증가시킨다. 만약 연료의 형태와 양이 산불확산에 도움이 된다면, 산불진화대원이 탈출할 수 있는 속도보다 빨리 산불이 번질 것이다.

그림 3-18 굴뚝형 지형

(5) 말안장 지형

말안장(saddle) 지형은 지형적 두 개의 고점 사이의 저점이다. 풍속은 일반적으로 바람이 좁은 공간을 통과하기 때문에 빠르며 바람이 불어가는 쪽으로 확산된다.

그림 3-19 말안장 지형

(6) 능선

능선은 다음과 같은 장점이 있기 때문에 진화작업을 가장 효과적으로 실시할 수 있는 지점이다. 첫째, 능선에 이르면 식생의 변화로 가연물이 적어진다. 둘째, 능선부에 이르면 반대쪽 바람도 불쪽으로 치불게 되므로 산불 진행을 쉽게 잡을 수 있다. 셋째, 능선의 반대쪽은 복사열이나 대류열의 영향을 받지 않고 불 파편이 굴러 내리는 위험이 적어 맞불을 놓는데 이상적인 지점이다.

4) 해발고도

고도는 연료형과 연소 능력에 영향을 미친다. 이것은 특히 고산지대에서와 같은 높은 고도지역 내에서의 날씨는 변화가 심하다. 완경사지역에서 초본형(grass models)이 연료형의 대부분을 차지한다. 고도가 높아짐에 따라 관목형(shrub models)이 발전하기 시작한다. 경사가 급해지면 교목형(timber models)이 발전한다. 높은 고도에서 발견되는 수목 한계선인 3,000 m는 고도가 증가하면서 나타나는 극단적 기상요소의 변화 결과로 산불연료가 거의 없게 된다.

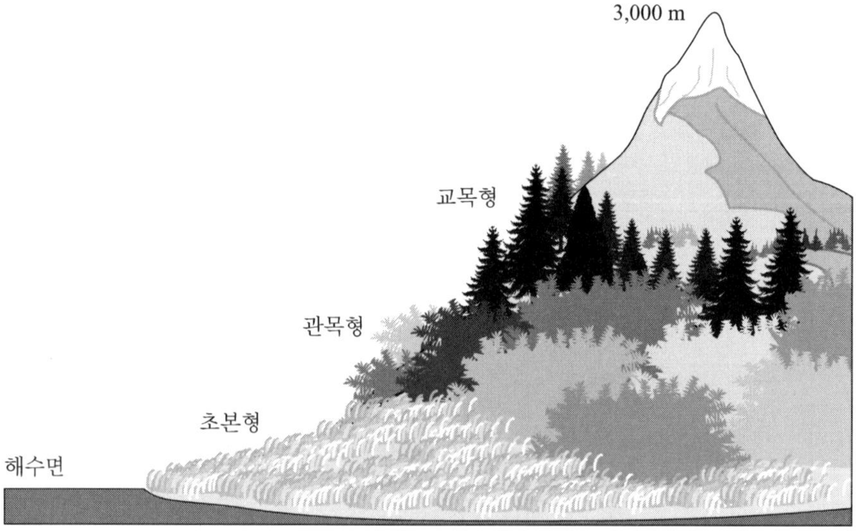

그림 3-20 고도에 따른 연료형 변화

한 지역의 해발고도 또는 고도 역시 산불이 일어나는 방식에 대해 직접적인 영향을 미치는 하나의 요소이다. 그 이유는 기상과 해발고도가 연료의 형태에 큰 영향을 미치기 때문이다. 해발고도가 미치는 영향은 다음과 같다.

(1) 강우량 차이

일반적으로 해발고도가 높을수록 강우량이 적다. 그러나 해발고도가 높을수록 평균기온이 낮기 때문에 눈이 지표면에 오래 머문다.

(2) 연료의 형태와 축적

일반적으로 해발고도가 높을수록 연료량이 적다. 이것은 해발고도가 높을수록 토양층의 깊이가 낮고, 온도 또한 낮기 때문이다.

(3) 식생 건조

해발고도가 높은 지역의 연료는 고도가 낮은 지역의 연료보다 건조되는 데 많은 시간이 소요된다.

(4) 산불발생 기간의 길이와 산불 위험성

위에 열거한 이유 때문에 해발고도가 높을수록 산불발생 기간이 짧고 산불강도가 낮다.

5) 사면위치

사면의 위치 또한 연료의 특성에 영향을 미친다. 일반적으로 계곡부나 산복부가 능선 또는 산정상부 보다 연료가 많이 축적된다. 이것은 산불이 발생할 규모에 직접적인 영향을 미친다고 할 수 있다. 만약 산불이 산복에서 시작하는 것이 아니라 계곡부에서 시작한다면 넓은 면적에서 산불이 발생할 것이다. 이러한 현상이 발생하는 이유는 계곡부에 가용한 연료가 많이 축적되어 있고, 사면장이 길기 때문이다.

6) 사면경사와 진행속도

산불이 발생하면 사면경사도가 산불진행속도에 있어서 많은 영향을 미친다. 사면경사는 연료의 예열과 발화에 기여한다. 바람이 없다면, 불꽃과 열은 수직으로 상승할 것이다. 실제로 급경사면은 연료를 불꽃에 가까운 거리에 위치하도록 하는 것과 같은 효과를 주기 때문에 발화 강도를 증가시켜 결국 연료가 불이 붙기 쉬운 상태로 만드는 역할을 한다. 반대로 불꽃의 아래쪽 방향에 있는 연료는 사면이 연료를 불꽃과 멀어지게 하는 효과로 열로부터 더욱 멀어지게 된다. 사면경사가 급하면 급할수록 연료는 불꽃에 더욱 가깝게 되고 결국 산불확산속도도 증가하게 된다.

사면경사와 관련된 또 다른 문제는 불타고 있는 연료가 경사면 아래로 굴러갈 수 있어서 산불확산속도에 기여하고 아래에서 진화하는 산불진화대원의 안전을 위협한다. 그러므로 산불을 진화할 때는 연료가 클수록 또는 경사면이 급할수록 신중히 진화해야 한다.

특정지점에 불이 났을 때 사면역전은 산정상부 또는 협곡의 바닥면과 같이 경사면이 변하는 장소이다. 이런 두 지역에서 산불의 진행속도가 바뀔 것이다. 만약 산불이 경사면을 따라 위로 올라가다가 산정상부에 도달하게 되면, 다음엔 아래로 내려가게 되고, 이때 산불진행속도는 느려지게 된다. 반대로, 협곡의 아래로 불이 진행된 후에, 산불이 반대사면으로 타올라가게 될 경우에 산불속도가 증가하게 될 것이다.

급경사지와 다른 경사지와의 연소속도에서 급경사지는 보통경사지보다 2배 빠르고, 급경사지는 완경사지보다 4배 빠른 경향을 나타낸다. 특히 급경사지 상향사면과 하향사면의 속도비는 16 : 1이며, 완경사면에서의 상향과 하향사면의 속도비는 3 : 1이다.

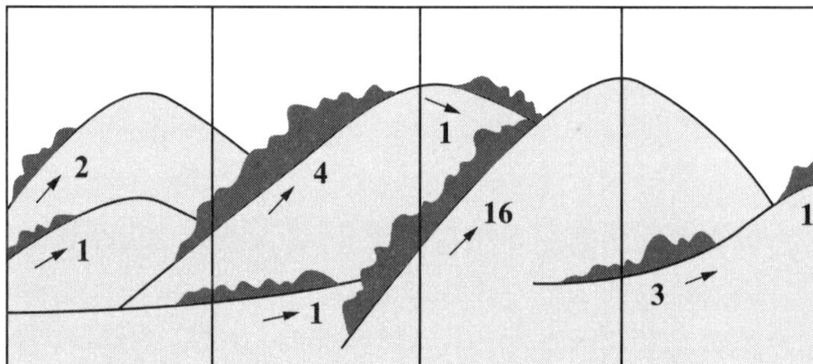

그림 3-21 경사 유형별 산불진행속도
출처: Manual for Forest Fire Fighters, Forest Service, USDA

7) 장애물

장애물은 연료공급을 중단하거나 연료의 형태를 변화시키고, 연료의 수분이나 밀도와 같은 연료의 상태를 변화시켜 결국 산불진행속도를 줄이거나 산불을 멈추게 하는 역할을 할 수 있다. 장애물에는 자연적으로 형성된 것과 인위적으로 만든 것 두 종류가 있다. 우리가 산불진화계획을 수립할 때 장애물을 이용하게 되면 시간과 돈을 절약할 수 있을 것이다. 가장 흔한 장애물의 종류는 다음과 같은 것들이 있다.

(1) 바위나 노출된 토양 조건

노출된 바위, 깎아 세운 듯한 바위, 노출된 땅과 같은 것은 산불에 적절한 장애물이 된다.

(2) 호수, 수계, 그리고 습한 토양 조건

가능한 한 호수를 장애물로 이용하는 것이 이상적이다. 수계는 산불이 진행되는 동안 측면에서 장애물 역할을 할 수 있다.

(3) 임도나 작은 작업로

임도나 작은 작업로의 경우 산불진화를 위해 이용되는 가장 흔한 인공적인 장애물이다. 우리는 산불을 임도나 작업로로부터 분리시킬 수 있으며, 과수원과 포도밭 같은 경우에도 장애물로 이용할 수 있다.

(4) 연료형태와 연료습도 조건의 변화

일반적으로 크기가 작은 연료에 불이 났을 때 진화하는 것이 크기가 큰 연료에 불이 났을 때 진화하는 것보다 효과적이다. 어떤 연료조건은 부분적으로 장애물 역할을 할 수 있다. 가벼운 연료는 오전에 수분함량이 높아 불이 잘 타지 않는다. 오전 중에 산불이 발생하였을 때 이러한 조건을 부분적으로 장애물로 이용하는 것을 고려해 볼 수 있다.

(5) 산불 흔적

이전에 산불이 났던 지역 또한 연료의 형태를 효과적으로 바꾸는 데 기여를 한다. 이러한 조건들을 이용한다면 분명 산불 진화에 도움이 될 수 있다.

7 산불과 기상

산불발생은 임내 가연물의 수분함유량의 다소에 따라 크게 관계가 있다. 수분함유량을 좌우하는 것은 기상요소 즉 강수량, 습도, 바람, 온도 및 일사 등이며, 특히 이러한 기상요소의 차이가 많이 나타나는 계절, 시각 등과 깊은 관계가 있다.

1) 강수량

강수량은 비와 눈을 말하는 것으로 강수량에 따라 임내 가연물의 함수량이 결정된다. 임야화재실무수인서(1983)에서 보면 강수량이 5 mm 이하에서는 강우 후 다음 날부터, 10 mm 이하에서는 3일 후부터, 10 mm 이상에서는 4~5일 후에 가연성 물질이 산불이 발생할 정도로 건조한다고 하였다.

2) 바람

(1) 바람은 낮에는 계곡부에서 산정으로 골바람이 불고, 밤에는 산정에서 계곡부로 산바람이 분다. 이것은 큰 계곡이나 인접한 평지 위의 동일 고도 간의 공기 온도 차이로 인해 발생된 지역적인 기압 차의 결과이다.

(2) 바람은 연료의 수분을 증발, 건조시킨다.

(3) 바람은 산소량을 증가시켜 연소를 강열하게 한다.

(4) 바람은 불의 진행속도를 가속화시키고 진행방향을 변화시켜 불머리가 여러 개인 다두화 산불로 발전시킨다.

(5) 일반적인 바람 혹은 경사풍은 저기압과 고기압간의 차이에서 기인하는 광범위한 규모의 압력차에 의해 발생되고, 온도변화의 결과로 나타나는 대규모의 바람이다. 저기압과 고기압 지역은 항상 서로 평형을 유지하려고 한다. 고기압 중심부의 공기는 바깥쪽 시계방향으로 이동하면서 상부의 찬 공기가 내려와 날씨가 맑게 되고, 저기압 중심부에서 대기는 시계반대방향인 내부로 이동하면서 지면의 따뜻한 공기를 상부로 이동시키면서 날씨가 나빠지는 경향이 발생한다. 일반적으로 고기압에서 저기압 쪽으로 바람이 이동한다.

그림 3-22 고기압과 저기압의 바람 이동방향

출처: Joseph D. Lowe(2001)

(6) 계곡에서는 바람 부는 상태를 잘 파악하고, 밤과 낮에 따라 바람의 방향을 측정하여 산불의 연소진행방향을 추정하고, 진화대원의 안전을 위하여 미리 대피로도 선정한다.

(7) 폭풍우는 산불의 발생과 낙뢰를 발생시키는 구름을 동반하면서, 돌발적인 바람을 발생시키고, 지표면과 맞닿아 퍼지는 강한 하강기류를 동반하며, 소수의 적운에서만 발생한다.

폭풍우의 발달과 쇠퇴는 세 가지 단계를 갖는데 집적, 성숙, 그리고 산란 단계이다. 집적단계는 습한 공기의 상승과 함께 시작한다. 상승하는 습한 공기의 기둥은 수직적으로 팽창하여 적운으로 발전한다. 성숙단계는 적란운에서 존재하는 강한 하강기류 때문에 화선과 가장 많은 연관성을 가지고 있어, 이것은 산불 활동을 증가시키거나 화선 너머로 산불을 보내며, 방향을 바꾸는 원인이 될 수 있다. 그리고 폭풍우는 산란단계로 없어진다.

(8) 회오리바람은 불과 비화물과 같은 물질이 소용돌이 운동으로 날리는 경향을 가진 중심부에 저기압성(더운 공기 상승)의 소용돌이가 치는 기단이며 수직과 수평의 두 가지 형태가 있고, 그 특징은 다음과 같다.

① 수직 회오리바람은 열에 의한 발생과 대류기둥 내의 일부분에서 대류 활동의 불균형에 의해 발생하고, 산정, 교목과 같은 바람 흐름의 물질적인 장애물에 의해 발생한다. 또한, 이 바람은 열과 연소물질의 교환을 통해 산불확산에 영향을 미친다.

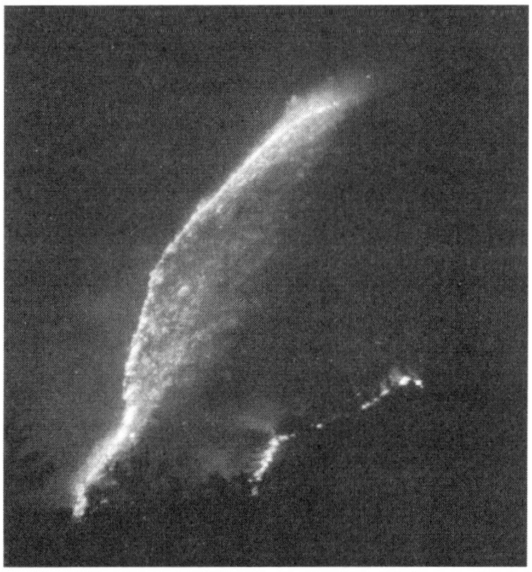

그림 3-23 산불 회오리바람

② 수평적 회오리바람은 극심한 연소조건하에서 산불의 측면을 따라 표면에서 발생하거나 대류기둥에서 발생하고, 산불 위의 항공진화에 영향을 미친다. 특히, 수평적인 회오리바람은 평지나 완만한 지형에서 보다 빠르게 형성되는 경향이 있다.

(9) 푄 바람은 산불과 밀접한 관련성을 가지는 고산지대에서 일어나는 일반적인 바람의 특별한 형태를 말한다. 푄 바람은 알프스 지방의 지역적인 이름을 가진다. 우리나라의 경우도 봄철에 중국 대륙에서 부는 편서풍이 태백산맥을 넘으면서 고온건조한 공기로 바뀌는 푄 현상이 발생한다. 즉, 습윤한 바람이 산을 오를 때 100 m당 평균 0.5℃가 하강을 하고, 넘어올 때는 100 m당 약 1℃가 상승을 하여 고온 건조한 바람으로 바뀌는 현상이다. 예를 들어 10℃의 공기덩어리가 1 km의 산을 넘어가면 15℃로 변해 건조해지는 현상이다. 그리고 순우리말인 높새바람은 북동풍으로서 남서쪽 방향에 푄 현상을 일으켜 바람이 불어가는 쪽에는 고온 건조한 현상이 나타난다. 그리고 양간지풍은 푄 현상에 의해 양양에서 간성 사이에 부는 주기적인 지역풍을 말하며, 우리나라는 봄철에, 이 바람에 의해 동해안에 대형산불이 발생하곤 한다.

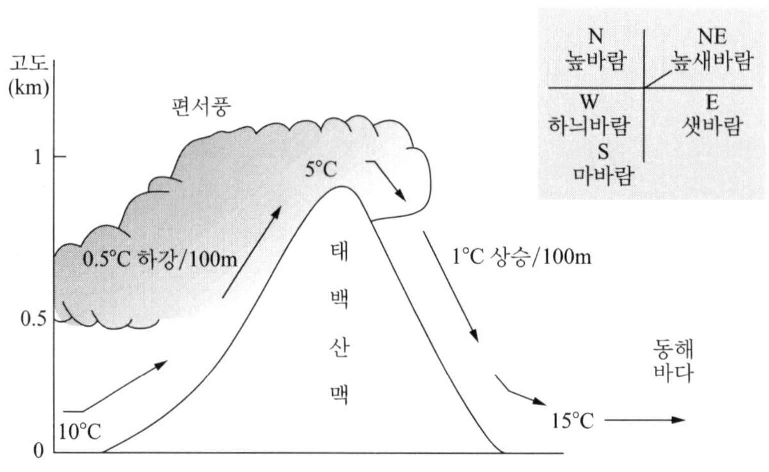

그림 3-24 푄 현상

미국의 경우, 그림 3-25에서와 같이 푄 바람을 로키산맥지역에서는 Chinook wind라 하고, 남부 캘리포니아에서는 Santa Ana wind라 불리며, 북부 캘리포니아에서는 북풍이라 하고, 워싱턴 주와 오리건 주에서는 동풍이라 불린다. 푄 바람은 고산지대에서 불어오는 바람의 공기가 하강함에 따른 압축의 결과로 보다 건조하고 따뜻한 하강기류로 변하는 현상이다. 만약 이 바람이 야간의 하강기류와 합세하게 되면, 매우 강한 바람이 된다.

그림 3-25 푄 현상(미국)
출처: 이동우 외(2003)

⑽ 해양 미풍은 매일 지역적으로 발생되는 서로 다른 비열로 인해 해안지역을 따라 발달한다. 매일 주간에 육지 상공이 기단은 따뜻하며, 대양 쪽은 육지보다는 차갑다. 차가운 공기가 바다로부터 보다 따뜻하여 상승한 육지 쪽 기단을 대체하기 위해 육지로 이동한다.

⑾ 육지 미풍은 야간에 해수 표면보다 육지 표면의 냉각이 빠르게 일어난 결과이다. 이러한 기압 상의 차이는 육지에서 바다로 공기를 흘러가게 한다. 이러한 육지 미풍은 해진 후 약 2에서 3시간에 발달한다.

⑿ 경사풍은 풍상바람과 풍하바람이 있다. 풍상바람은 지표면의 비열 차이로 주간에 발생한다. 계곡내의 공기는 산정의 공기보다 더 따뜻하게 된다. 이러한 차이가 대기의 상승 움직임을 일으킨다. 풍상바람은 육지 대기의 태양의 노출로 인해 동쪽 사면에서 시작한다. 풍상바람의 최고조는 약 오후 중반에 발생한다. 풍상바람은 풍하바람보다 강하다. 풍하바람은 야간에 발생하며 경사 아랫면으로 부는 약한 표면풍이다. 중력은 이러한 바람의 주요한 동력이다. 풍하바람은 경사면이 따뜻해져 풍상바람이 다시 발생할 때까지 야간 중에 지속된다. 고요한 기간 중에 바람의 방향이 바뀌는 시기는 저녁과 이른 아침시기이다. 경사풍은 산불의 확산의 정도를 증가시켜 산불의 대형화에 영향을 미친다.

3) 상대습도

⑴ 공기에 수분은 언제나 존재하며 상대습도로 측정한다. 공기 중의 수분량은 연료습도에 영향을 미친다. 공기는 수분이 많은 연료에서 수분을 흡수하고 마른 연료물질은 공기 중의 수분을 흡수한다.

⑵ 공기는 보통 밤보다 낮에 건조하다. 일반적으로 밤에는 크기가 작은 연료들이 습기 많은 밤공기에서 수분을 흡수하기 때문에 불이 천천히 탄다.

⑶ 밤에는 연료가 수분을 흡수하고 경사하향 바람이 불며 온도가 낮고 주야 온도차가 있어서 진화대원들이 불을 끄기가 용이하다. 이러한 이유 때문에 낮에는 산불을 진화하기가 어렵고 밤에는 비교적 쉬운 것이다.

⑷ 날이 밝아서 불리한 조건이 되기 전에 산불을 억제하려면 특별한 조치를 취해야 한다. 낮 동안 불을 진화하기 어렵다면 밤에 작업을 해야 한다.

⑸ 지표층에서 상대습도는 중요한 산불 기상요소로서 연료와 불의 행태에 영향을 미친다. 계절, 일조시간, 경사, 방향, 고도, 구름, 식생은 상대습도를 변화시키는 역할을 한다. 상대습도 40% 이하에서는 산불이 대단히 발생하기 쉽고 진화가 곤란하다.

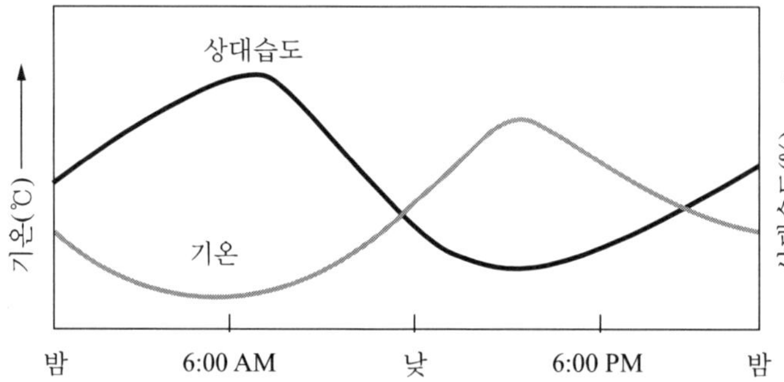

그림 3-26 기온과 상대습도의 일변화

다음은 상대습도와 산불발생 위험도와의 관계를 나타낸 것이다.

표 3-5 상대습도와 산불발생 위험도

상대습도 (%)	산불발생의 위험도
>60	산불이 잘 발생하지 않는다.
50~60	산불이 발생하나, 진행이 더디다.
40~50	산불이 발생하기 쉽고, 또 속히 연소된다.
<40	산불이 대단히 발생하기 쉽고, 진화가 곤란하다.

4) 실효습도

가연물의 함수량은 가연물의 크기, 밀도, 퇴적상태에 따라 다르며 또, 산불발생 당일까지의 습도에도 영향을 받는다. 즉, 새롭고 작은 낙엽, 낙지는 매일 매일의 습도에 따라서 건조하거나 습하거나 하지만, 많이 퇴적되어 있는 오래된 낙엽 및 굵은 가지는 수일간의 습도 변화와 깊은 관계가 있다. 이와 같은 경우 과거의 습도에 대하여 1보다 적은 수치로서 매일 매일 가중치를 붙인 평균습도가 산불발생과 관계가 깊다.

즉 당일과 전일들의 상대습도에 가중치를 부친 평균습도를 실효습도(實效濕度, effective humidity)라고 하며, 이것은 측정된 값이 아니기 때문에 측정된 습도로부터 계산에 의해 얻는다. 즉, 당일의 평균상대습도에는 가중치 1, 전일의 평균상대습도에는 가중치 r(단, r은 1보다 작은 값), 전전일의 상대습도에는 가중치 r^2, 그 보다 하루 전의 상대습도에는 가중치 r^3를 주는 식으로 상대습도에 가중치를 주어 이들을 합쳐 계산한다. 여기에서 $H(0)$을 당일의 일평균상대습도, $H(n)$을 n일 전의 일평균상대습도라 하면, 실효습도(H_e)는 다음과 같이 표시된다.

$$H_e(\%) = \frac{H(0) + rH(1) + r^2H(2) + r^3H(3) + \cdots + r^nH(n)}{1 + r + r^2 + r^3 + \cdots + r^n}$$

여기서 $H(1)$은 전날의 실효습도이며, 보통 5일간의 상대습도를 평균한 값으로 실효습도를 구한다. 또한, r의 값은 가연물의 종류에 따라 다른데, 크고, 밀(密)하고, 두꺼울수록 건조하기 어려워서 수치는 커진다. 즉, 가중치인 r의 값이 1에 가까울수록 전날의 상대습도의 영향이 크며, 그와 반대로 목재가 매우 얇을수록 r의 값이 0에 가깝게 된다. 일반적으로 산불에서는 r 값이 0.5인 경우에 산불발생률과 관계가 깊다고 하며, r 값이 0.5~0.7은 약간 두꺼운 판재 또는 가느다란 막대기로서 임내의 낙지에 해당한다.

또한, 매일의 최소습도도 산불발생과 관계가 있다. 즉, 새로운 낙엽 또는 고사한 잡초류 등은 공중습도의 영향을 받아 최소습도가 내려가면 단시간 내에 급속히 건조하여 산불발생 위험도가 높아진다.

5) 기온

기온과 그에 따른 수분함량은 불의 행태에 직접적인 영향을 미친다. 공기가 더울수록 습도는 낮아진다. 기온이 높으면 죽은 연료에서 수분을 흡수하여 수분함량을 낮춘다. 태양복사는 연료의 온도를 변화시킨다.

기온은 진화대원들에게도 영향을 미친다. 더운 날씨에 산불진화를 한다면 안전에 보다 주의해야 한다.

산지에서 일중 온도의 변화에 있어 최소의 변화를 가지는 전형적인 지역을 온도대(thermal belt)라 하며, 주간에는 최저온도와 야간에는 최소 연료습도를 가지며 그 특징은 다음과 같다.

(1) 주 봉우리(main ridge) 하단 경사지의 중간지역인 산간지방에서 발견되고, 온도대의 위치는 이 지역에서 밤과 밤 사이에 변화한다.
(2) 야간에 공기는 경사 상부에서 내려와 온도가 낮아지는데 이렇게 밀집되면, 차가운 공기는 낮은 산간 계곡으로 하강하게 되면서 역전층(inversion layer)은 차가운 공기가 가득 찬 지역 위에 발달한다.
(3) 산간 경사지와 연한 지역에서 역전층이 발생할 때, 우리는 온도대라고 알려진 그 지역을 발견하게 되며, 이러한 지역은 상대적으로 보다 따뜻한 공기를 보유하게 되고, 야간에 산불은 온도대에서 활동적으로 움직인다.
(4) 역전층은 강도가 약한 불을 습기 있게 한다. 그러나 불이 계속 진행되고 열기둥이 역전층을 뚫고 나가면 차가운 공기가 들어오고 불은 걷잡을 수 없게 된다. 바람이 안정된 공기를 혼합하거나 태양복사의 열전달과 상승효과는 역전층을 상승시키거나 파괴시킨다.
(5) 역전층이 상승하거나 파괴되기 시작할 때 기단은 안정상태에서 불안정상태로 바뀌게 된다. 역전층이 파괴될 때 그 아래에서 진행되는 불의 행태는 갑작스럽게 바뀌게 된다. 역전층은 동시에 상승하는 경향이 있다. 이러한 패턴을 기록하여 두면 불의 행태를 예측할 때 도움이 된다.
(6) 수백 미터 높이의 불길이 발생했을 때 역전층이 있으면 역전층 아래의 불은 잦아들고 역전층 위(온난 건조한 공기)의 불은 더욱 강하게 타오르는 것을 흔히 볼 수 있

다. 즉, 온도대에서는 실제적으로 산불이 활동하는 지역으로서 이러한 상황을 잘 식별하여 적절한 진화전술을 계획하여야 한다.

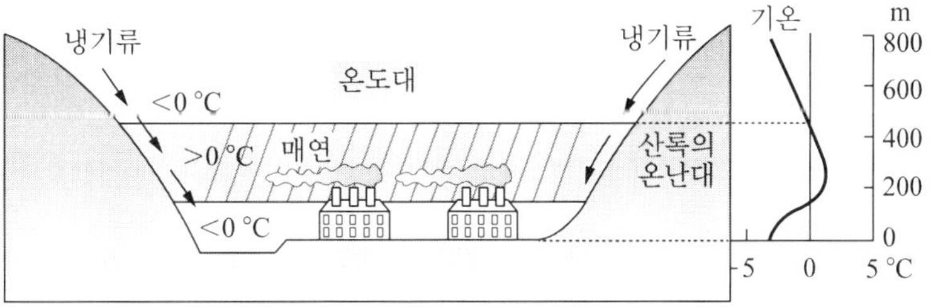

그림 3-27 온도대

6) 공기의 안전성

산불은 공기 움직임 즉 바람에 크게 영향을 받는다. 공기의 수직적인 이동도 불에 영향을 미친다. 공기의 안정성은 수직적인 공기 움직임을 촉진하거나 억제한다. 공기가 안정되면 수직적인 이동은 거의 없다. 공기가 불안정하면 상승기류가 존재한다. 상승기류는 주변의 공기를 끌어들이고 불의 강도를 강화한다.

불안정한 공기는 불의 행태에 여러 가지 간접적인 영향을 미칠 수 있다. 바람은 격렬해지고 이는 산불의 행태를 예측하기 어렵게 한다. 상승 및 하강기류를 가진 뇌우가 생기기도 하며 이는 번개와 강한 지표면 바람을 초래한다.

공기의 수직이동을 포함하는 중요한 날씨 현상은 하강폭발(down burst)이라고 하는데 이는 뇌운(thundercloud)이 붕괴되어 공기기둥이 갑자기 방출되는 것이다. 이렇게 차가운 공기가 갑작스레 하강하는 것은 주전자에서 물이 넘쳐나는 것과 같다.

이 공기기둥이 지표면에 부딪히면 사방으로 확산되는데 불 위에서 발생하면 큰 파괴력을 가진다. 하강폭발은 갑자기 폭발적으로 발생하지만 오래 지속되지는 않는다.

먼지더미, 신기루, 회오리 불은 모두 불안정한 지표조건을 의미하고 불의 행태를 예측하기 어렵다는 것을 의미한다. 이러한 상태는 지표온도가 불균등하기 때문에 발생한다. 불안정한 공기가 더운 지표면과 차가운 지표면을 지나갈 때 이러한 상태가 생겨난다. 다음은 안정된 공기와 불안정한 공기의 가시적 지표를 나타낸 것이다.

표 3-6 안정된 공기와 불안정한 공기의 가시적 지표

안정	불안정
구름층의 형성 수직적 움직임이 없음 층운 형성	구름이 위로 솟음 퇴적운 형성
연기기둥이 약간 솟다가 흩어짐	상승과 하강기류 연기는 매우 높이 솟고 돌풍이 붊
연기가 쌓여 낮은 곳에서는 잘 보이지 않음	아주 잘 보임
꾸준한 바람	먼지 회오리
낮은 고도에서 더 추움 안개층 형성	낮은 고도에서 보다 따뜻함

7) 구름

구름은 변화의 지표로 이용할 수 있다. 구름면적이 바뀌면 날씨와 불의 행태도 바뀌게 된다. 큰 구름이 산불지역으로 이동하면 언제나 조심해야 한다. 이는 전선을 가리키는 것이고 갑작스럽게 바람이 바뀔 수 있음을 뜻한다.

퇴적운이 수직으로 발달해 있으면 뇌우가 올 징조이고, 이는 돌풍 또는 하강폭발(downburst)을 초래할 수 있다. 구름이 존재하면 태양이 연료물질에 열을 전달하는 것에도 영향을 준다. 구름이 덮고 있는 연료물질은 보다 차가울 것이다.

8) 전선

전선(front)은 두개 기단 간의 경계이다. 대부분의 확장된 바람 활동은 이 지역 내에 있다. 한랭전선의 통과는 산불 진화대원에게 가장 심각한 문제를 야기시킨다. 한랭전선 내에서 기압 차는 크지 않고, 강한 상승기류는 보다 쉽게 불안정한 기단처럼 표면까지 혼합되며, 이것은 전선이 지나갈 때 강한 돌풍(gusty wind)이나, 전선이 접근할 때 풍속의 증가를 가져온다. 온난전선은 한랭전선보다는 약한 영향을 주지만 산불 진화대원과의 연관성이 작은 것은 아니다.

전선이 통과하는 동안 산불 진화대원은 풍향의 변화와 풍속의 증가를 예측해야 하고, 경계를 높이고, 안전을 도모하며, 전술상 요구되는 변화를 예견하고 대비해야 한다.

9) 기단 안정성

기단의 안정성(atmospheric stability)은 수직적 움직임에 대한 대기의 저항이며, 산불에 영향을 미치는 수직적 움직임을 촉진하거나 억제한다. 만약 불안정한 기단이 있다면, 산불은 수직적으로 최고 높이를 가지는 잘 발달된 연기기둥이 발전할 것이다. 이처럼 변화된 에너지의 강력한 수직적 움직임은 산불의 중심으로 유입되는 많은 산소 요구량을 발생시킨다. 산불은 대기가 불안정할 때 강한 강도와 보다 높은 온도로 연소한다. 안정적인 대기는 산불의 대류에너지를 억제한다. 제한된 상승 후에 연기기둥은 흩어진다.

그림 3-28 불안정한 대기지표

그림 3-29 안정한 대기지표

출처: Joseph D. Lowe(2001)

10) 계절, 요일, 시간

우리나라와 같이 계절이 뚜렷이 구별되는 경우에 임내 가연물의 산불발생 위험성은 이 식물의 생활주기에 관계가 된다. 식물이 성장하는 시기에는 산불발생 및 연소가 어렵지만, 휴면기에 들거나 식물이 말라 있다면 그 위험성은 매우 높다.

우리나라의 경우 지역에 따라 다소의 차이는 있지만 3월에서 5월 사이에 날씨가 건조함은 물론이고 식물이 휴면기에 이르기 때문에 지표면에 쌓여 있는 낙엽, 낙지, 건초류 등의 수분함유량이 매우 낮아 산림 전체는 산불발생 위험이 커지는 원인이 된다.

11) 산불과 기상요소와의 관계

기상요소는 산불에 다양하게 여러 방면으로 영향을 미치고 있으며, 다음 표 3-7은 일조시간의 길이, 온도, 상대습도, 강우량, 강우의 기간, 가뭄, 풍속, 풍향, 대기의 상태, 푄 현상, 낙뢰가 산불에 미치는 영향을 나타낸 것이다.

표 3-7 산불에 영향을 미치는 기상요소

증가되는 수치	발화의 가능성	산불의 강도	확산속도
일조시간 길이와 강도	+	+	+
대기온도	+	+	+
상대습도	−	−	−
강우량	−	−	−
강우의 기간	−	−	−
가뭄	+	+	+
풍속	+	+	+
풍향의 변화	0	0	0
푄 현상의 존재	+	+	+
대기의 안정성	−	−	−
낙뢰	+	0	0

+ : 산불활동의 증가, 0 : 산불활동에 변화 없음, − : 산불활동의 감소

출처: Wenger, K.F.(1984)

8 극단적인 산불영향 인자

다음과 같은 산불영향 인자의 특성이 동시에 발생한다면, 강한 강도의 산불이 발생할 것이라 예상해야 하며, 조기에 산불의 변화를 예측하는 데 도움을 준다.

1) 연료

(1) 비정상적으로 낮은 연료 내 습도량 (가는 사연료와 생연료 내)
(2) 많은 양의 가는 사연료가 경사지에 특히 연속적으로 존재할 때
(3) 이전의 지표화로 수관부 잎이 건조되었을 때
(4) 충해, 병해, 한발 등으로 사연료를 보유한 연료상이 넓어질 때
(5) 다수의 사다리형 연료가 존재할 때
(6) 고 휘발성 기름을 포함한 연료상이 존재할 때

2) 지형

(1) 연료 온도를 증가시키는 사면
(2) 가파른 경사
(3) 좁은 협곡
(4) 상자형 협곡
(5) 굴뚝지형
(6) 산등성이
(7) 온도대 (thermal belt, 야간에도 강하게 연소할 수 있다.)
(8) 산정 (지역적인 바람의 영향 하에서, 경사지에서의 산불은 산정에서 상승 바람의 영향을 받을 수 있다.)

3) 기상

(1) 낮은 상대습도
(2) 지역적인 폭풍우
(3) 찬 전선의 접근
(4) 푄 바람
(5) 대기권의 온도 역전층
(6) 갑작스런 고요 (이것은 바람의 변화를 알려준다.)
(7) 강한 상층풍
(8) 아침의 높은 온도

Chapter 4

산불의 예방

학습목표

이 장을 통하여 산불의 발생원인과 예방방법을 이해하여야만 한다.

- 산불재난 단계별 위기관리활동에 대해 알아본다.
- 산불예방계획의 수립방법에 대해 알아본다.
- 산불 발생원인에 대해 알아본다.
- 산불예방의 종류와 방법에 대해 알아본다.
- 산불의 이용에 대해 알아본다.

1 산불재난 단계별 위기관리활동

재난관리는 재난통제에 비해 좀 더 넓은 접근방법을 의미하는 것으로 인간에게 피해를 끼칠 수 있는 폭발적 사건의 위험을 인지하고 통제하는 것으로 이해된다. 이러한 의미에서 재난관리(disaster management)란 사전에 재난을 완화시키고 재난에 대비하며, 재난 발생 후 그로 인한 물적·인적 피해를 최소화하며 본래의 상태로 시설을 복구하기 위한 모든 측면을 포함하는 총체적 용어로 재난에 대한 위협과 재난으로 인한 결과를 관리하는 것을 말한다. 이러한 총체적 의미로서의 재난관리 단계는 예방(Prevention) - 준비(Preparedness) - 대응(Response) - 복구(Recovery)로 구분되며 재난관리는 이러한 4단계의 국면에 걸쳐 순차적이고 총체적 관리를 위해 통합적 메커니즘을 구성하여 관리한다.

표 4-1 산불재난 단계별 위기관리활동

단 계	위기관리활동
예 방	산불에 대한 국민적 경각심 고취를 위한 다양한 홍보활동 산불 원인별 합리적인 예방활동으로 산불요인 제거 지상과 공중의 입체적 산불감시·계도활동 전개 산불피해완화사업
대 비	산불방지대책본부 구성·운영 및 범정부적 공조체제 구축 산불방지 대응역량을 강화하기 위한 협정제도 활성화 산불감시체계구축 산불예방전문진화대조직 산불진화장비확충 지상진화 역량강화를 위한 교육훈련 실시 긴급 지원체계의 점검 및 확인
대 응	현장지휘본부운영 산불진화대 초동출동 현장산불진화 유관기관협력 신속한 피해상황 파악 및 보고 필요시 "특별재난지역" 선포
복 구	뒷불 감시조 운영 신속한 피해조사 및 복구 지원 이재민지원 피해 기록 및 평가

이러한 재난관리단계를 산불재난에 접목시켜 산불을 효율적으로 관리하기 위한 단계별 주요활동 사항은 표 4-1과 같다. 재난단계별 위기관리활동을 보면, 예방단계에서는 산불에 대한 국민적 경각심 고취를 위한 다양한 홍보활동, 산불 원인별 합리적인 예방활동으로 산불요인 제거, 지상과 공중의 입체적 산불감시·계도활동 전개가 수행되며, 대비단계에서는 산불방지대책본부 구성·운영 및 범정부적 공조체제 구축, 산불방지 대응역량을 강화하기 위한 협정제도 활성화, 지상진화 역량강화를 위한 교육훈련 실시, 긴급 지원체계의 점검 및 확인이 이루어지며, 대응단계에서는 조기발견 및 신고체계 확립, 신속한 피해상황 파악 및 보고, 긴급대응 조치 시행 및 현장지휘소 설치 운용과 필요시 "특별재난지역" 선포가 이루어진다. 또한, 복구단계에서는 신속한 피해조사 및 복구 지원과 피해기록 및 평가가 이루어진다.

2 산불예방계획의 수립

1) 예방계획의 분석 대상

산불예방을 위해서는 산불의 위험요인(risks), 위험물질(hazard), 산불로 인해 잃을 수 있는 가치(values) 등의 분석과 평가 그리고 계획 수립이 필요하다.

(1) 위험요인

위험요인은 발화원인의 가능성이 있는 잠재적 요소와 함께 인간 활동과 자연적인 원인으로 발화될 수 있는 잠재적 위험성을 말한다.

(2) 위험물질

위험물질은 한 지역의 지형과 연료상태가 산불로 인해 얼마나 번질 수 있는지의 잠재적 위험성을 말한다.

(3) 가치

가치는 받아들일 수 없는 산불로 인해 잃을 수 있는 잠재적 가치를 말한다.

2) 예방계획의 수행 범위

산불예방계획은 다음 4가지의 범주 내에서 수행한다.

(1) **교육**(education) : 인식과 인지에 의해 사람들의 행동을 변화시킨다.
(2) **처리**(engineering) : 각종 화원으로부터 발화되지 않도록 연소물 등을 제거한다.
(3) **법규**(enforcement) : 산불관련 법규에 의한 산불위반행위자 처벌(벌칙, 과태료) 등에 사용한다.
(4) **행정**(administration) : 산불계획, 예산책정, 교육훈련 등의 수행을 말하며, 산불예방계획은 위의 범주 내에서 각 산불예방지역 안에 있는 잠재적 산불 문제들을 없애기 위해 구분된 각 수행단계들을 종합적으로 수행한다.

3 산불예방계획의 실행

산불위험 분석과 예방계획은 산불방지 프로그램의 요소들을 합쳐 놓은 것이다. 산불방지 프로그램은 받아들일 수 없는 피해와 손실을 야기시키는 엄청난 잠재적 점화요소를 가리킨다. 산불예방계획을 전략적으로 사용하는 것은 점화요소의 위협에 기초한 것이고 산불방지계획으로 집약되며, 다음과 같은 내용들이 포함된다.

1) 목적

산불위험 분석과 예방계획의 수행을 위해 산불방지와 계획된 행동 그리고 우선시되는 것들의 잠재력을 분석한다.

2) 목표

⑴ 산불로부터 높은 가치의 자원들을 보호
⑵ 산불예방 행동, 효과적 예산, 우선 지역에 중점 투자
⑶ 계획된 행동들의 효과적인 이행으로 피해를 최소화

3) 산불위험 분석내용 및 계획

⑴ 위험요인, 위험물질, 가치의 독립적 평가
⑵ 높음, 보통, 낮음 등 위험도 설정
⑶ 예방관련 인사의 평가 및 계획
  ① 과거에 산불을 냈던 사람 및 다발지역
  ② 사전예방계획 수립
  ③ 위험요인 목록 작성
  ④ 위험물질 기준 정립
  ⑤ 가치 구성요소 작성

4) 분석 개요

위험요인, 위험물질, 가치를 평가하는 것은 산불예방 프로그램을 언제 어디서 어떻게 효과적으로 수행할 것인가를 결정하는데 도움을 준다. 한 지역의 "점화될 수 있는 잠재력", 그것이 점화된 후 "확산될 수 있는 잠재력" 그리고 "잃을 수 있는 가치의 잠재력"을 비교함으로써 산불위험의 평가와 산불의 예방을 할 수 있다. 이 계획은 그 지역 안에 가장 높은 산불위험 문제들에 집약되어야 한다.

5) 산불예방 전략

산불예방 전략은 산불위험 분석과 예방계획에 중요한 요소이다. 예방 전략은 다음 두 가지로 구분된다.

(1) 일반적 행동

지시에 의한 행동, 자연 법칙, 계약상의 의무 또는 경영상 필요한 자원을 만족시켜야 하는 행동, 이러한 행동들은 또한 특별한 단위별 행동을 포함한다. 이러한 행동은 종종 정하기가 어렵다.

(2) 특별한 행동

특별한 구획과 지역을 목표로 하는 행동 그리고 구획의 부분에서 일어나는 산불, 이러한 행동들은 일반적 행동보다 더욱 정하기가 어렵다. 이러한 행동들은 다음의 요소들을 포함한다.

① **교육(education)**

교육은 인식과 지식에 의해 인간의 행동을 변화시키는 것 즉, 현수막, 표지판 등 사인, 방송매체, 대중 교육, 교육적 프로그램, 대중적 접촉, 학교 프로그램 등을 말한다.

② **처리(engineering)**

산림 인접지 영농부산물 등 인화물질 제거, 연소물 파쇄, 고압선 및 철도변 주위 연소물 제거 등을 말한다.

③ **법규(enforcement)**

대중적 불 사용 제한 등을 말한다.

④ **행정(administration)**

조기경보 훈련, 산불예방계획 세우기 등을 말한다.

4 우리나라 산불발생 특성

1) 산림, 지형 및 기후 조건

⑴ 전국토의 64%가 산지이며, 불에 탈 수 있는 낙엽 등 연료가 많이 쌓여 있고, 간벌·가지치기 등 숲 가꾸기 산불이 다량 적치되어 있어 산불발생 위험성이 높은 경향이다.

⑵ 산림구조가 불에 잘 타는 소나무 등 침엽수림이 많고, 어린나무가 많아 가지부분에서 불이 쉽게 옮겨 붙어 대형화될 위험성이 높다.

⑶ 급경사지가 많은 산악형 산림으로 산불이 급속히 확산된다.

⑷ 봄·가을철 건조기가 전국적으로 지속되고 강한 계절풍, 푄 현상 및 해풍의 영향으로 동시다발 및 대형산불의 위험성이 높다.

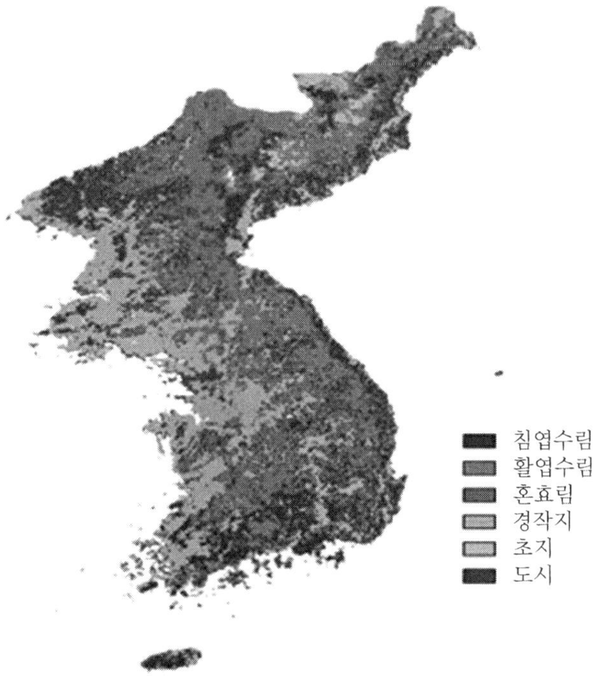

그림 4-1 우리나라의 산림의 종류 분포도

2) 산불 발생원인

⑴ 등산·휴양인구 증가에 따른 입산자 실화가 대부분이며, 특히 예방·감시가 어려운 공휴일에 발생 빈도가 높은 경향이다.

⑵ 바람이 많이 부는 봄철 건조기에는 논·밭두렁 및 농산폐기물 소각등 소각산불에 의한 산불도 많이 발생한다.

⑶ 기타 군 사격훈련, 어린이 불장난, 성묘객 실화 등의 산불도 다수 발생한다.

3) 산불확산 및 대응 환경

⑴ 산악형 산림에서 산불은 빠르게 확산하고, 임도 등의 시설이 부족하여 빠른 접근이 어려운 환경이다.

⑵ 산불발생 시 고온, 난기류, 진행방향의 급변 등으로 근접 진화가 어렵다.

4) 산불발생 역사적 기록

⑴ 조선왕조실록에서 순조, 현종 때 삼척, 강릉, 양양, 간성, 고성, 통천에서 대형산불 발생 기록이 있었다.

⑵ 산불피해목(소나무) 단판을 이용한 삼척지역 산불기록은 1937년, 1946년, 1951년, 1953년, 2000년에 산불피해를 입은 흔적이 있었다.

그림 4-2 산불피해목(소나무) 단판을 이용한 삼척지역 산불기록

출처: 국립산림과학원(2004)

(3) 동해안 삼척지역 소나무와 참나무류의 수간(樹幹) 흔적에 나타난 산불발생 주기는 8.6～19년으로 나타났다.

5 산불 발생원인 분류

우리나라 산불 발생원인을 세부적으로 분류해 본 결과 대분류인 '방화'에는 방화, '입산자 실화'에는 등산객 실화, 산나물 채취객 실화, 무속행위 실화, 낚시꾼 실화 추정, 방화, 모닥불 부주의, 입산자 실화로 구분되었고, 대분류인 '쓰레기 소각'에는 쓰레기 소각, 농산폐기물 소각으로 구분되었다. 대분류인 '건축물 화재'에는 굴뚝불씨연소, 주택화재 비화로 구분되었으며, 대분류인 '논밭두렁 소각'은 논밭두렁 소각, 대분류인 '성묘객 실화'는 성묘객 실화, 대분류인 '어린이 불장난'은 어린이 불장난으로 구분되었다. 반면, 대분류인 '기타'에는 작업장 실화, 낙뢰, 고압선 및 전기 누전, 용접불씨연소, 군부대 실화 등 15가지 원인이 있는 것으로 나타났다.

표 4-2 우리나라 산불 발생원인

대분류	소분류	대분류	소분류
방화(1종)	방화	기타(15종)	작업장 실화
입산자 실화(6종)	등산객 실화		낙뢰
	산나물 채취객 실화		고압선 및 전기 누전
	무속행위 실화		용접불씨연소
	낚시꾼 실화 추정		군부대 실화
	모닥불 부주의		벌통 손질(쑥 연기투기 비화)
	입산자 실화		차량화재 비화
쓰레기 소각(2종)	쓰레기 소각		민통선 산불
	농산폐기물 소각		폐탄 자연발화 추정
건축물 화재(2종)	굴뚝불씨연소		자살기도 실화
	주택화재 비화		연탄재 부주의
담뱃불 실화(1종)	담뱃불 실화		화기물 취급 부주의
논밭두렁 소각(1종)	논밭두렁 소각		정신이상자 실화
성묘객 실화(1종)	성묘객 실화		원인미상
어린이 불장난(1종)	어린이 불장난		기타(신규 원인)

6 산불발생 원인별 발화과정

1) 방화

행위자가 발화가 일어나서는 안 되는 것을 인지한 상태에서 고의로 일으킨 화재이다. 방화는 두 곳 이상에서 발생하는 경우가 있으며 사람의 왕래가 많은 곳일 경우가 많다. 성냥, 신관 또는 발화장치가 발화지역에서 발견될 수 있다. 또한, 담배, 밧줄, 고무줄, 테이프, 양초 및 전선 등을 이용하여 불을 낸 사람이 시간을 지연시키는 발화장치를 사용할 경우도 있다.

2) 입산자 실화

(1) 등산객 실화

등산로 등에서 취사행위 또는 담뱃불 등에 의해 발생한다.

(2) 산나물 채취객 실화

산림에서 산나물 채취객들의 취사 행위 또는 담뱃불에 의해 발생한다.

(3) 무속행위 실화

종교적 의식행위, 기도 수행 등을 목적으로 입산하는 자는 대부분 입산통제가 주간에 이루어지므로 야간에 은밀히 잠입하여 촛불이나 선형 향불을 피워 놓고 귀가하여 산불이 발생하는 경우가 많다.

(4) 낚시꾼 실화

산속 저수지 등지에서 낚시를 하던 중 취사 및 모깃불, 추위를 녹이기 위한 모닥불 등이 산림으로 전이되어 발생한다.

(5) 모닥불 부주의

원형으로 놓인 돌들, 재가 많은 구덩이 또는 나무가 많이 쌓여 있는 것은 캠프파이어가 있었다는 증거이다. 완전히 타버린 캠프지역에도 이전 존재물의 증거가 남는다. 버려진 음식물 용기, 금속 텐트 막대 또는 텐트에서 사용되는 금속 밧줄 고리가 발견되면 캠프파이어의 가능성을 나타낼 수 있다.

그림 4-3 모닥불 화재 흔적

(6) 입산자 실화

일반산행이나 행락객, 무속행위, 산나물 채취객 등 다양한 목적을 가지고 산림에 입산하여 담배꽁초, 모닥불, 취사행위, 무속행위 방화 등 다양한 방법으로 산불을 일으킨다.

3) 쓰레기 소각

(1) 쓰레기 소각

가옥에서 발생한 생활 쓰레기 및 가연물질을 소각 중 불티의 비화에 의해 발생하거나, 소화되지 않은 채 방치된 상태에서 부주의로 인해 발생한다. 소각되던 잔해가 화재의 원인인지 아닌지 확인하는 가장 좋은 방법은 목격자의 증언인 경우가 많다.

그림 4-4 쓰레기통에서 소각 중 비화

그림 4-5 노천 쓰레기 소각 흔적

(2) 농산폐기물 소각

농산폐기물인 고춧대, 옥수수 줄기, 비닐, 약품통 등을 소각하던 중 돌발적인 강풍이나, 관리 부주의로 인해 산림으로 전이되어 발생한다.

4) 건축물 화재

(1) 굴뚝불씨연소

굴뚝(연통) 및 아궁이에서 나온 불꽃 또는 불티가 비산해서 인근 가연물에 착화되어 발생하는 화재이다.

그림 4-6 화목보일러 연통 화재흔적

(2) 주택화재 비화

건물 또는 그 수용물이 소손한 것을 말하며, 건물한 곳에서 발화된 불은 가연물(목재, 종이, 커튼, 가구 등)을 따라 차례로 번지게 된다. 주택화재에서 발생한 화재는 산림의 숲이나 초지, 덤불 등에 전이되어 산불로 진행된다.

그림 4-7 주택화재에서 산불로 전이된 흔적

5) 담뱃불 화재

담뱃불에 의한 화재는 스토브(난로)나 다리미 등의 화재와 달리 담배 자체가 완전히 타서 재가 되어 버리므로 발화장소에 발화원으로서 남아 있는 경우가 드물어서 물증을 추적하는 것이 곤란한 경우가 많다. 이 때문에 화재원인의 입증에 임해서는 항상 화재현장 발화장소의 탄 흔적, 관계자 진술 및 환경조건 등 상황증거에 기초하여 종합적으로 검토하여 판단하여야 한다.

그림 4-8 담배꽁초 흔적

6) 논밭두렁 소각

병해충을 제거할 목적으로 논밭두렁을 소각하는 행위이고, 또한 지난해 논밭두렁에서 사용되었던 비닐, 고춧대, 작물의 줄기 등을 모아 소각할 때 산불이 발생한다.

그림 4-9 논밭두렁 소각 흔적

7) 성묘객 실화

동절기 매장 의식을 하면서 보온을 위해 모닥불 등을 피웠다가 하산할 때 잔불정리를 제대로 하지 않아 발생하거나, 매장 후 남은 폐기물들을 소각 후에 건조한 날씨와 바람에 의해 불씨가 되살아나 불이 번지거나, 불티가 비화하여 전혀 엉뚱한 산림에 인화되는 경우가 있다. 또한, 성묘 중 담배, 향 등의 관리 부주위로 인해 산불이 발생한다.

8) 어린이 불장난

동절기 야외에서 이루어지는 어린이들의 불장난과 정월대보름 쥐불놀이는 건조물과 산림에 인화되어 발생하고, 또한 미성년자 어린이는 불에 대한 호기심과 부주의함으로 인해 집, 학교, 운동장, 캠프장 및 나무가 많은 지역 주변에 산불을 일으킬 수 있고 성냥, 라이터 또는 다른 발화장치가 발화지역에서 발견될 수 있다.

9) 기타

(1) 작업장 실화

작동하고 있는 기계나 기구 등으로부터 발생한 불꽃, 스파크, 정전기가 낙엽 등 가연물에 착화되어 산불이 발생한다.

(2) 낙뢰

숲 지역에서 나무, 전선, 바위에 떨어진 낙뢰가 산불의 원인이 되는 경우가 있다. 낙뢰는 단순히 땅에 떨어지면서 근처의 가연물에 불을 붙일 수도 있고, 낙뢰를 맞은 나무는 줄기에 수직방향의 상처(절간)가 발생한다. 낙뢰가 떨어진 후 며칠 동안 눈에 띄지 않게 훈소하다가 산불로 발달할 수도 있다.

그림 4-10 낙뢰 흔적

(3) 고압선 및 전기 누전

전선 및 전기기기의 절연체가 절연열화 또는 절연파괴 되면서 발생한 전기아크, 전기스파크로 인해 발화하는 경우와 작동하고 있는 기계나 기구 등으로부터 발생한 불꽃, 스파크, 정전기가 가연물에 착화되어 산림으로 전이되면서 산불이 발생한다.

(4) 용접불씨연소

용접 시 발생하는 불꽃 또는 불티가 낙엽 등 가연물을 착화시키면서 산불이 발생한다.

(5) 군부대 실화

훈련포탄, 탄약의 폭발현상 후 고온에 의해 발생되는 화염에 의해 산불이 발생한다.

(6) 벌통 손질

벌통 손질 시 쑥 연기 사용 후 훈소하는 쑥을 산림에 투기하여 산불이 발생한다.

(7) 차량화재 비화

차량으로부터 새어나온 오일이나 연료 등이 원인이 되어 산불이 발생한다.

(8) 민통선 산불

민간인통제구역(DMZ)에서 발생한 산불이다.

(9) 폐탄 자연발화

폐탄에서 자연발화되어 산림으로 전이되어 산불이 발생한다.

(10) 자살기도 실화

자살기도를 위해 가옥이나 차량에 불을 낸 화재가 산림으로 전이되어 산불이 발생한다.

(11) 연탄재 부주의

연탄사용 후 남은 연탄재를 밭이나 산림에 방치하여 산불이 발생한다.

(12) 화기물 취급 부주의

화기물 취급 시 부주의로 인해 가스, 유증 누출 시 담뱃불, 정전기 등으로 인해 폭발하여 산림으로 전이되어 산불이 발생한다.

(13) 정신이상자 실화

정신이상자의 방화 또는 실화에 의해 산불이 발생한다.

(14) 기타

이전에 거의 발생하지 않았던 원인인 화목보일러 굴뚝 비화 및 건초, 곡물과 같은 식물성 성분에 의한 자연발화 등 새로운 원인에 의한 산불이 발생하기도 한다.

그림 4-11 연탄재 흔적

7 산불예방의 종류와 방법

산불은 수십 년간 가꾸어 온 산림을 한순간에 한줌의 재로 날려 보낸다. 산불로 피해를 입은 산림을 복구하는 데에는 많은 비용이 소요될 뿐만 아니라 더욱 큰 문제는 완전히 복구하는 데에는 수십 년의 기간이 소요된다. 따라서 무엇보다도 산불발생을 최소화하기 위한 예방활동이 중요하다.

1) 교육과 계몽

산불의 대부분은 인간의 부주의로 일어나므로 일반대중이 산불에 대한 의식 개선과 피해의 두려움을 느낄 수 있도록 포스터 · 영화 · 신문 · 라디오 · 텔레비전 · 게시판 등으로 교육하여 일반 대중에게 알릴 필요가 있다.

초등학교에서부터는 산림의 중요성, 자연보호, 애림사상을 심어주고, 학교조회 시 훈화, 어린이 글짓기, 그림 그리기 등을 통해 산불의 위험성에 대한 의식개선 교육도 필요하다.

산림관계단체, 의용소방대, 자율방재단, 환경단체, 민방위대, 예비군, 반상회, 영농인, 귀농 · 귀촌인 등에게는 산불관련 영화, VTR 등을 제작하여 활용할 필요가 있다.

그림 4-12, 그림 4-13은 우리나라에서 활용하고 있는 산불예방 포스터와 현수막을 나타낸 것이다.

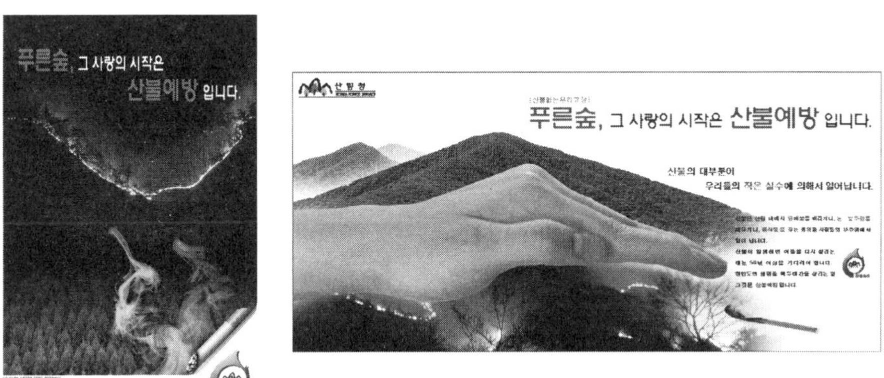

그림 4-12 산불예방 포스터(산림청)

그림 4-13 **산불예방 현수막(강릉시)**

2) 법률과 규정에 의한 산불예방

우리나라는 산불 원인자의 과실·태만·방화 등에 대하여 처벌하게 되어 있는데, 산림보호법 제7장 벌칙 제53조에 의하면 다음과 같다.

① 제1항은 산림보호구역(산림청장 또는 시·도지사가 특별히 산림을 보호할 필요가 있으면 산림보호구역을 지정할 수 있는데, 생활환경보호구역·경관보호구역·수원함양보호구역·재해방지보호구역·산림유전자원보호구역 등이 있음) 또는 보호수에 불을 지른 자는 7년 이상 15년 이하의 징역에 처한다.

② 제2항은 타인 소유의 산림에 불을 지른 자는 5년 이상 15년 이하의 징역에 처한다.

③ 제3항은 자기 소유의 산림에 불을 지른 자는 1년 이상 10년 이하의 징역에 처한다.

④ 제4항은 불이 타인의 산림까지 번져 피해를 입혔을 때에는 2년 이상 10년 이하의 징역에 처한다.

⑤ 제5항 과실로 인하여 타인의 산림을 태운 자나 과실로 인하여 자기 산림을 불에 태워 공공을 위험에 빠뜨린 자는 3년 이하의 징역 또는 3천만 원 이하의 벌금에 처한다.

⑥ 제1항부터 제3항까지의 미수범도 처벌한다.

산림청장은 효율적이고 체계적인 산불 방지를 위하여 전국 산불방지대책을 5년마다 수립하여 시행해야 하고, 매년 전국 산불방지연도별대책을 수립하여 시·도지사, 산림청 소속기관의 장 및 산불 유관기관의 장에게 알리고 지방자치단체·지방산림청 및 지방산림청 국유림관리소장은 전국 산불방지연도별대책에 따라 지역 산불방지연도별대책을 수립하여 시행해야 한다.

또한, 산림청장 또는 지방자치단체의 장은 대통령령으로 정하는 바에 따라 계절별로 산불위험지수가 높아 산불이 발생할 위험이 높은 기간을 산불조심기간으로 정하고, 산불조심기간 중 산불 방지에 관한 특별한 대책이 필요한 기간을 산불특별대책기간으로 정하여 대응하고 있다.

3) 예방활동 및 시설

산불이 발생하기 쉬운 건조기에 강풍이 불거나, 무 강우일이 계속될 때에는 다음과 같은 산불예방 방법과 시설이 있다.

⑴ 산불이 발생할 위험이 매우 높기 때문에 산림과 연접한 지역에서 불의 사용의 제한

⑵ 산불감시원을 활용한 철저한 순찰, 산불감시탑과 무인감시카메라 등과 같은 감시시설을 이용한 산불예방 및 감시활동

⑶ 산불방지대책본부와의 연락체제 강화

⑷ 입산자에게 산불의 경각심을 고취시키기 위한 산불조심 입간판의 설치

⑸ 드론, 경비행기를 이용한 산불예방 및 감시활동

⑹ 봄철에 논·밭두렁 소각 시에 부주의에 의하여 산불이 발생하는 경우가 많으므로 이를 실시할 경우에는 사전에 관련부서에 신고·소방용수 확보·산불진화차량 준비 등의 사전대책 강구

그림 4-14 산불감시탑과 경비행기를 이용한 산불감시활동

그림 4-15 산불무인감시시스템(현장시설과 상황실)

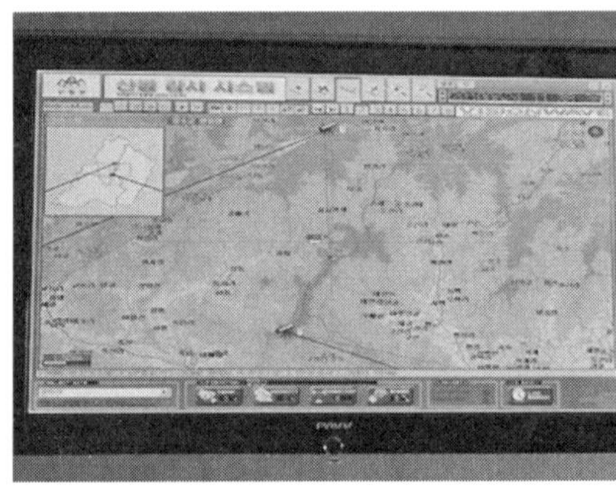

그림 4-16 산불발견 및 좌표분석

4) 산불상황관제시스템

산림청은 2010년부터 산불감시원의 성실한 근무 유도, 산불 조기 발견, 신속·정확한 초동진화대책 수립을 목적으로 '산불상황관제시스템'을 도입하여 활용하고 있다.

이 시스템은 전국 곳곳의 산불감시원들이 산불 발견 시 산불신고 단말기로 사진 촬영 후 전송버튼을 누르면 산림청 산불상황실을 비롯해 광역자치단체와 지방산림청 산불상황실에 자동 통보되고 해당기관의 담당공무원들에게 SMS(휴대폰문자서비스)가 발송되는 시스템이다.

산불상황이 통보되면 산림청 산불상황실에서는 산불상황관제시스템을 이용해 주변 숲과 나무 상황, 진화헬기가 물을 뜰 수 있는 담수지 여부와 거리, 보호 또는 대피해야 할 주요시설물 유무 등을 분석한다. 이러한 분석으로 진화헬기 투입 대수와 지상진화 인력 동원 규모를 신속하게 판단해 진화대책을 수립하는데 활용한다.

다음 그림들은 산불상황관제시스템의 초기화면과 이 시스템에 의한 예방활동 그리고 산불발생 시 신고된 화면을 나타낸 것이다.

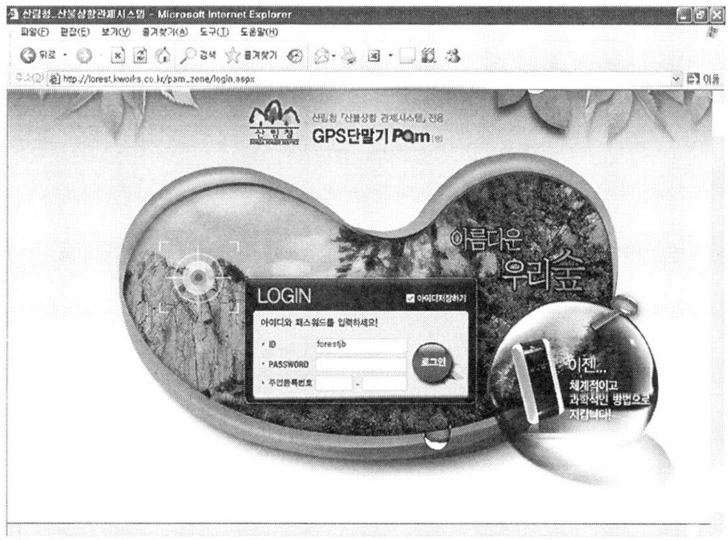

그림 4-17 산불상황관제시스템 초기화면(산림청)

그림 4-18 산불상황관제시스템에 의한 예방활동(산림청)

그림 4-19 산불상황관제시스템에 의한 산불발생 신고 및 상황전파(산림청)

5) 국가산불위험예보시스템

산불발생 가능성이 높은 건조기에 산불위험을 예보하기 위하여 산불발생에 영향을 미치는 임상조건·지형조건·기상조건·연료습도·산불 발생원인 등을 이용하여 산불위험지수 산정 알고리즘을 개발한 후 지역별 산불위험지수를 산정하여 전국단위로 웹(web)을 통해 실시간으로 전파하는 것을 산불위험예보시스템이라고 한다.

이 시스템은 이미 미국, 캐나다 등에서 실용화 되고 있다. 우리나라에서도 2002년 기상요인(온도, 습도, 풍속, 강수량), 임상종류(침·활·혼) 및 지형인자(고도, 사면방향)를 활용한 산불발생확률모형을 개발한 후, 산불위험지수(Forest fire danger index)를 산정하는 웹기반 산불위험예보시스템을 개발하였고, 2003년부터는 그동안 수작업으로 하던 것을 웹기반의 인터넷상에서 완전 자동화된 산불위험예보를 시작하였다. 그 후 기온, 실효습도, 강수량 인자를 이용한 가을철 알고리즘 개발, 대형산불위험예보제 도입 등을 개선한 후 2017년부터 통합된 국가산불위험예보시스템을 사용하고 있다. 통합된 국가산불위험 예보시스템에는 전국단위 산불위험지수, 동해안산불위험정보, 대형산불위험예보, 산불위험통계 등이 제공되고 있다.

그림 4-20은 초기 산불발생위험지수 모형의 구성인자와 가중치를 나타낸 것이다. 즉, 산불발생요소 가운데 기상에 의한 산불발생위험지수(DWI)와 임상에 의한 산불발생위험지수(FMI), 지형에 의한 산불발생위험지수(TMI)를 통합하는 전국산불발생위험지수(National Forest Fire Danger Rating Index; NFFDRI)를 개발하였다.

NFFDRI는 임상, 지형과 같은 산불발생지역의 공간적 분포뿐만 아니라 일일기상요인에 의한 시간적 분포들을 고려한 입체적인 산불발생위험지수를 의미한다. 그림 4-21은 현재 사용 중인 산불위험예보시스템 분석 알고리즘을 나타낸 것이다.

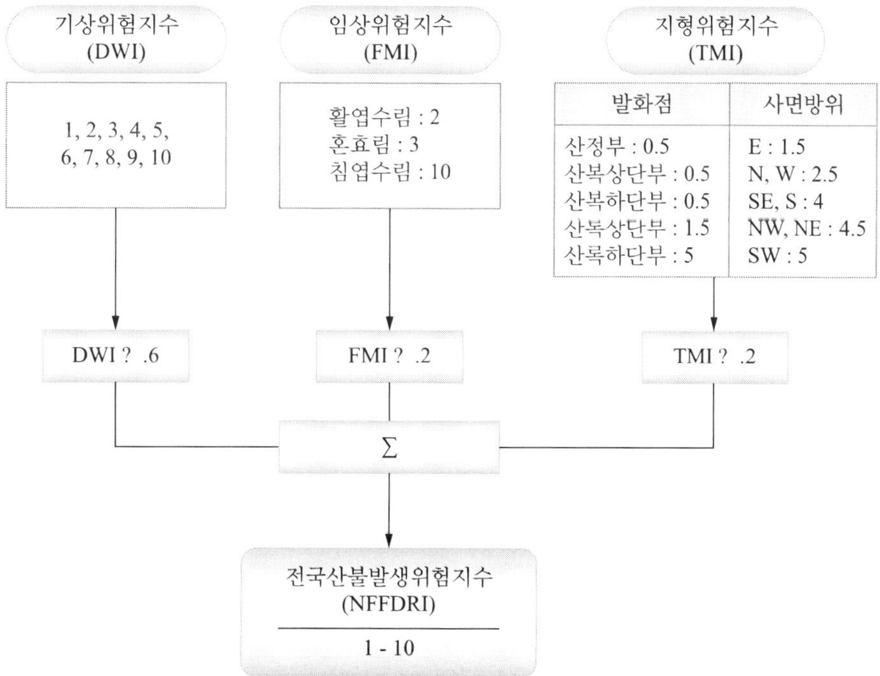

그림 4-20 산불발생위험지수 초기 모형

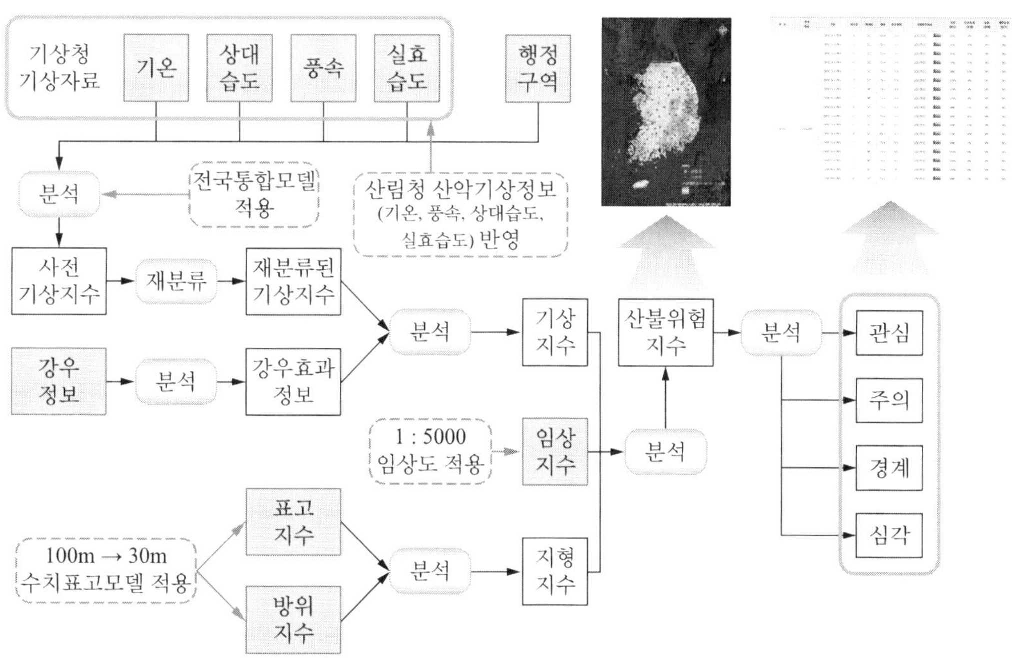

그림 4-21 산불위험예보시스템 분석 알고리즘(국립산림과학원)

그림 4-22는 최근 우리나라의 산불위험지수모형을 이용하여 계산된 지수로 생성된 국가산불위험예보시스템의 산불위험등급 화면을 나타낸 것이다.

국가산불위험예보시스템에서 생산되는 산불위험지수는 행정구역별, 산불위험등급인 심각(위험지수 86 이상 : 적색), 경계(위험지수 66～85 : 오렌지색), 주의(위험지수 51～65 : 황색), 관심(위험지수 50 이하 : 청색)의 4등급으로 제공되며, 국립산림과학원의 홈페이지에서 확인할 수 있다.

산림보호법 제32조 제1항에 의하면 산림청장 또는 지방자치단체장은 산불재난 국가위기경보(산불경보)를 발령할 수 있으며, 이 법에 따라 산불경보 단계별 조치기준을 마련하여 산불방지를 위한 노력을 하고 있다. 표 4-3은 산불경보 단계별 발령기준 및 조치기준을 나타낸 것이다.

또한, 그림 4-23은 국가산불위험예보시스템의 대형산불위험예보를 나타낸 화면이다.

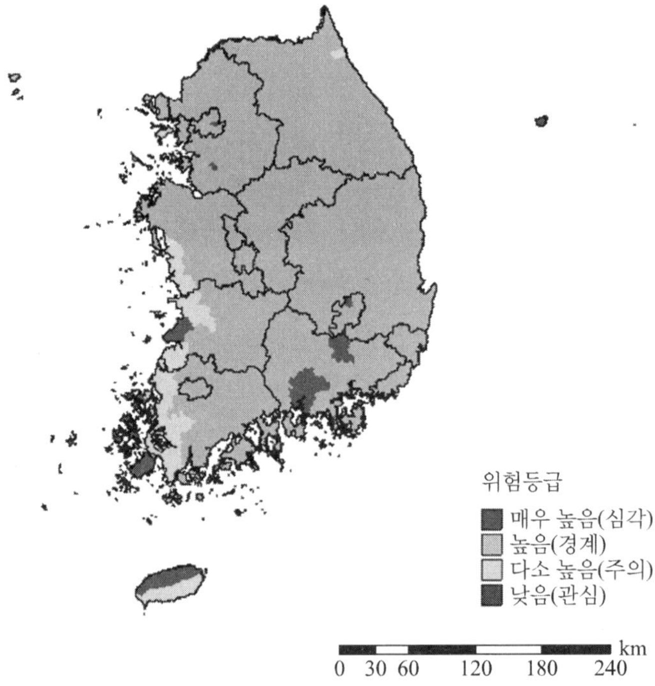

그림 4-22 국가산불위험예보시스템 산불위험예보(국립산림과학원)

표 4-3 산불경보 단계별 발령기준 및 조치기준

경보 구분	발령기준	직원 산불발생 취약지 배치 또는 비상 대기 인원 기준	조치기준
관심	▪ 산불발생 시기 등을 고려하여 산불 예방에 관한 관심이 필요한 경우 ▪ 주의경보 발령기준에 미달되는 경우	▪ 산불방지대책본부에 속한 상황근무요원을 배치·대기	▪ 입산통제구역 등 산불발생 취약지에 감시인력 배치
주의	▪ 전국의 산림 중에서 산불위험지수가 51 이상인 지역이 70% 이상인 경우 ▪ 산불발생의 위험이 높아질 것으로 예상되어 특별한 주의가 필요하다고 인정되는 경우		▪ 산불발생 취약지에 산불전문예방진화대 고정 배치 ▪ 공무원 담당지역 지정
경계	▪ 전국의 산림 중에서 산불위험지수가 66 이상인 지역이 70% 이상인 경우 ▪ 발생한 산불이 대형산불로 확산될 우려가 있어 특별한 경계가 필요하다고 인정되는 경우	▪ 소속 공무원 또는 직원의 6분의 1 이상을 배치·대기 ▪ 소속 공익근무요원의 9분의 1 이상을 배치·대기	▪ 입산통제구역 등 산불발생 취약지에 감시인력 증원 ▪ 공무원 담당지역 주 2회 이상 순찰 또는 단속활동
심각	▪ 전국의 산림 중에서 산불위험지수가 86 이상인 지역이 70% 이상인 경우 ▪ 산불이 동시 다발적으로 발생하고 대형산불로 확산될 개연성이 높다고 인정되는 경우	▪ 소속 공무원 또는 직원의 4분의 1 이상을 배치·대기 ▪ 소속 공익근무요원의 2분의 1 이상을 배치·대기	▪ 민간·사회단체 및 산불 유관기관의 산불예방활동 참여 ▪ 공무원 담당지역 주 4회 이상 순찰 또는 단속활동 ▪ 군부대 사격 훈련 자제 ▪ 입산통제구역 입산 허가 중지

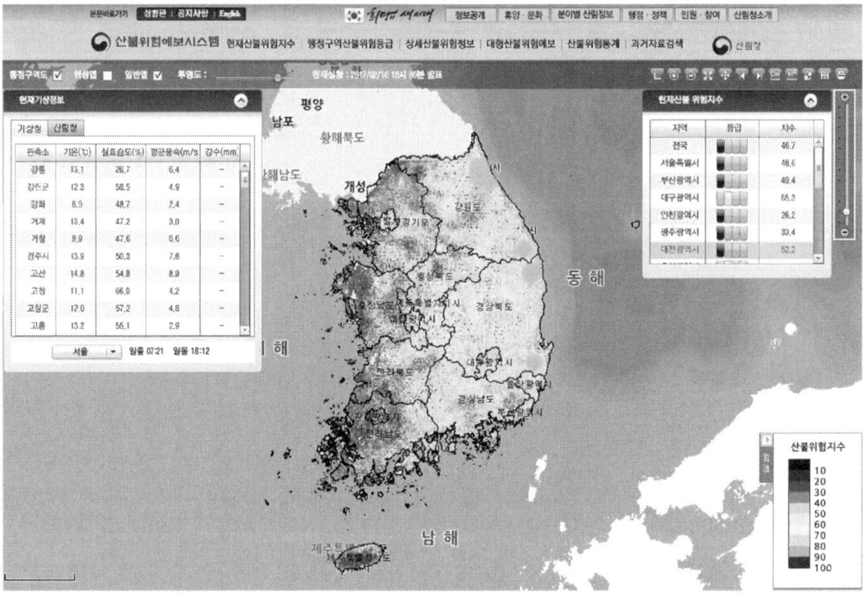

그림 4-23 국가산불위험예보시스템 대형산불위험예보(국립산림과학원)

6) 해외의 산불위험예보시스템

캐나다의 산불위험도에 관한 연구는 1925년 시작하여 1968년 최초의 캐나다 산불위험도시스템(Canadian Forest Fire Danger Rating System, CFFDRS)을 개발하였고, 현재도 지속적으로 발전시키고 있다.

캐나다 산불위험도시스템은 산불의 발생과 확산, 진화의 어려움, 산불로 인해 유발되는 여러 가지 영향인자들을 평가하고, 단일·복합적인 산불인자들을 체계화하는 과정으로 구성되는데, 이것은 발화위험지수와 산불발생환경(연료, 지형, 기상)에 따른 산불위험도를 평가하는 과정으로 구성된다.

산불위험도시스템은 정성적이거나, 수량적인 지수로 표시되는 산불발생 가능성을 측정하게 되는데, 이 수치들은 일반적인 산불과 처방화입(prescribed fire)에 필요한 광범위하고 다양한 산불 관리 응용을 위한 지표로 이용된다.

캐나다 산불위험도시스템(CFFDRS)은 캐나다 산림청에 의해 개발된 것으로서 캐나다에서 국가적 차원에서의 산불위험등급시스템으로 사용하고 있다. CFFDRS는 다음 그림 4-24와 같이 실제로 두 가지 주요 하부시스템과 모듈로서 구성된다. 즉, 산불기상지수(FWI)시스템과 캐나다 산불행동예측(FBP)시스템을 일컫는다. 또한, CFFDRS의 다른 두 가지 구성요소는 보조연료습도시스템과 캐나다 산불발생예측(FOP)시스템이다. 현재의 하부시스템은 자연적인 산불발생 인자(기상요인)와 인간의 행동에서 유발되는 인위적인 산불인자의 수를 정확히 예측하고자 개발되었다.

또한 그림 4-25와 같은 FWI 시스템을 통해 측정된 수치들은 모두 6개의 지수들로 구성되며, 이 지수는 산불위험 양상과 각 기상요소별로 연소될 수 있는 연소물의 수분함량을 측정함으로써 판단할 수 있는데 이 수치들은 특정기준 시간인 12시에 매일 4군데의 기상관측소를 통해 계속적으로 기록된다. 그림 4-26은 웹으로 표출된 캐나다 산불기상위험지도이다.

그림 4-27은 캐나다 FBP시스템의 구성도이며 이것은 특정 산불 행동의 양적 측정과 16개의 기준연료형태 제시, FWI시스템의 특정 구성요소를 바탕으로 한 지형적인 상황을 각각 제공해 준다. FBP의 단일 타원형 산불확산 모델은 산불의 규모와 형태를 측정하는데 사용됨은 물론 측면 산불과 맞불(back firing)의 특성을 측정하는데도 사용된다.

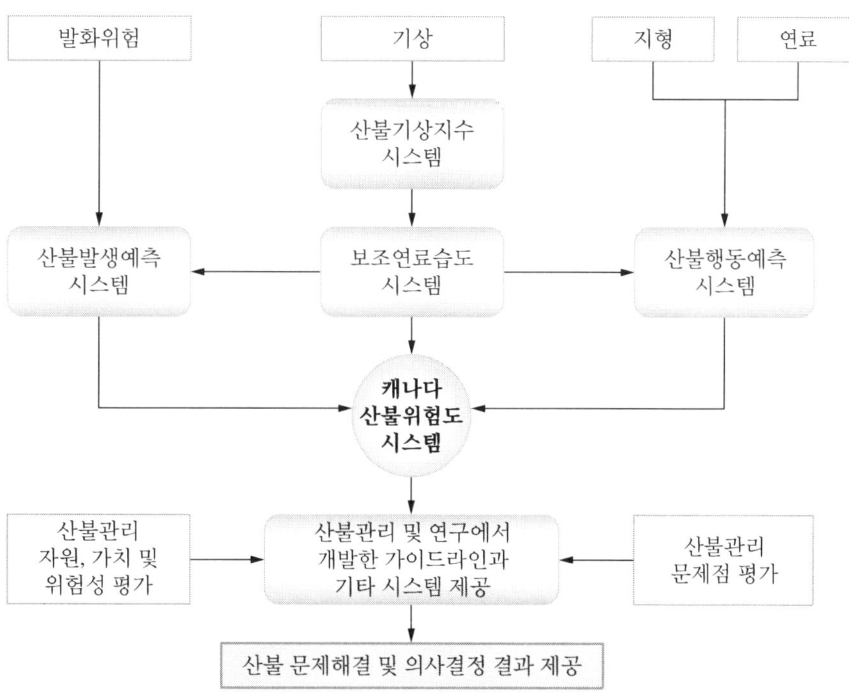

그림 4-24 캐나다 산불위험도시스템 구조

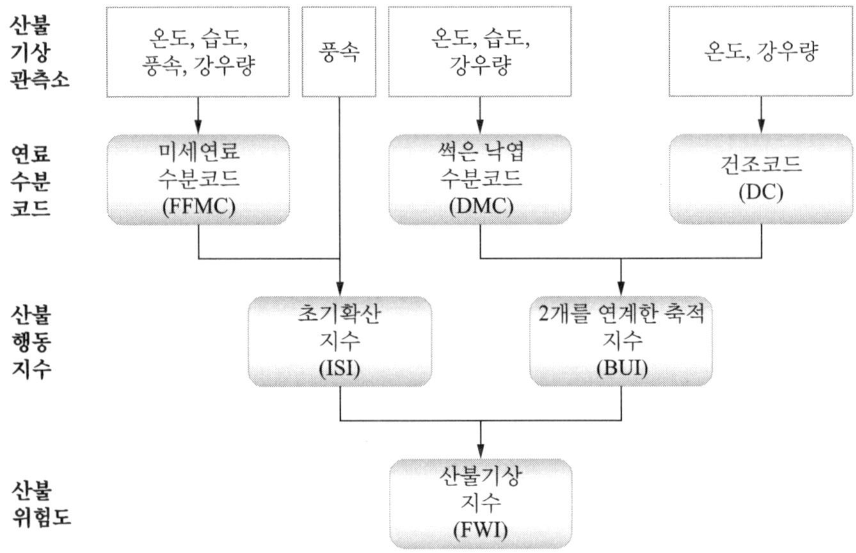

그림 4-25 캐나다 산불기상지수시스템 구조

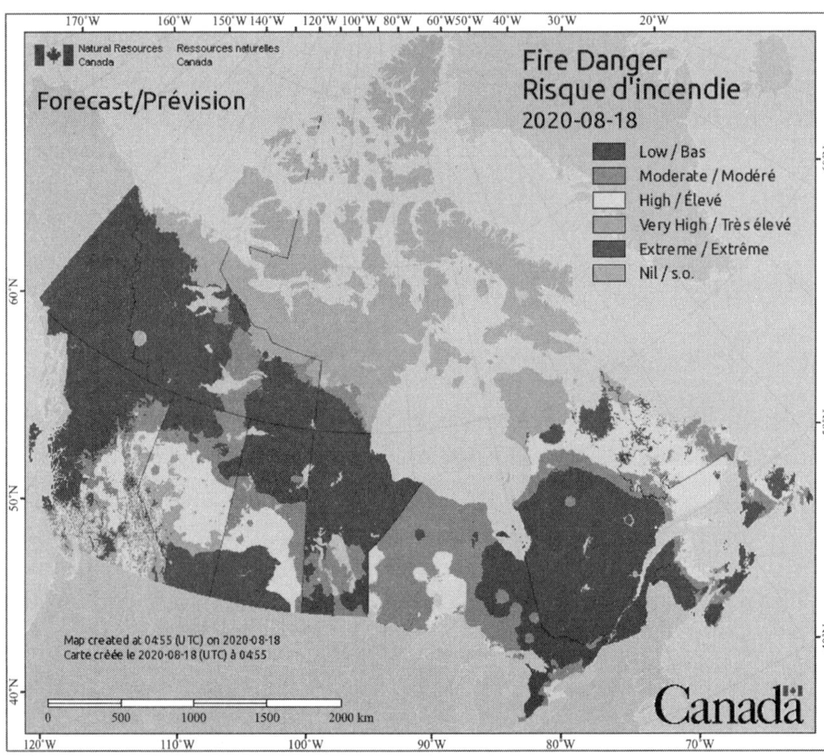

그림 4-26 캐나다 산불기상위험지도

출처: https://cwfis.cfs.nrcan.gc.ca/maps/fw

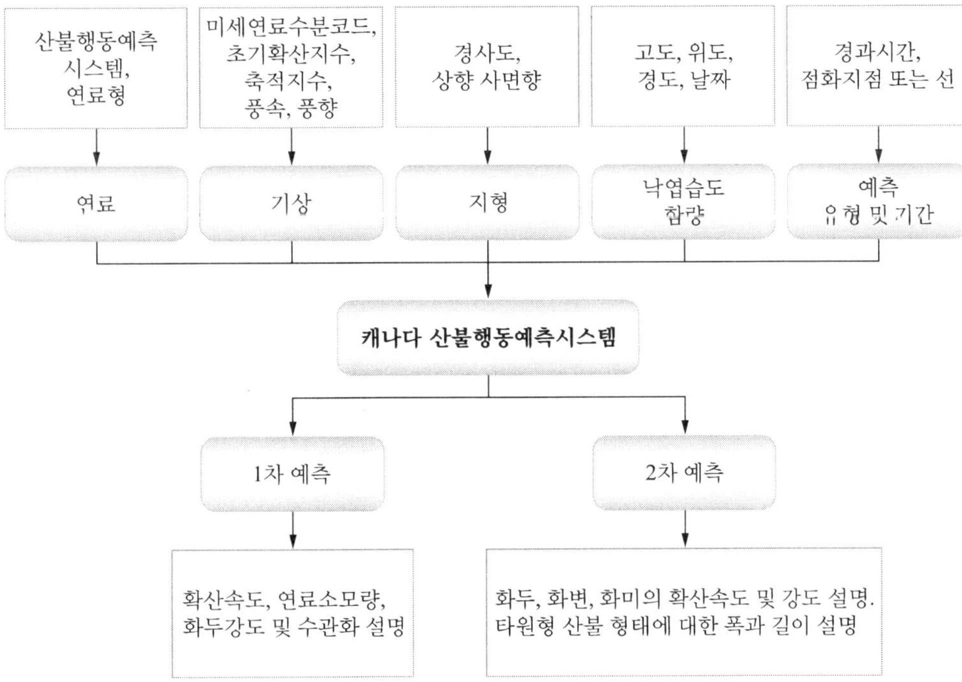

그림 4-27 캐나다 산불확산예측시스템 구조

CFFDRS는 주로 매일 매일 날씨별로 다양한 산불위험지수를 나타내는 산불위험도를 제공해 준다. 다만, 연료와 지세, 공간상의 다양성은 산불관리 정보문제를 CFFDRS나 다른 산불위험도시스템만으로 쉽게 해결해 주지는 못한다. 따라서 산불관리는 컴퓨터 기술과 지리정보시스템(GIS)에 의해 연결되어야 한다. 즉 컴퓨터 기술은 시기적절하게 예측하기 어려운 산불 기상요소(풍향, 풍속 등)들이 CFFDRS에서 다양하게 계산되며 실제 시스템에 적용된다. 그리고 전산화된 보조시스템은 산불발생 및 행동 잠재가능성 예측의 척도로서 CFFDRS의 전체 혹은 부분 시스템으로 활용된다.

7) 방화선(防火線)

산불이 발생하기 전에 산의 능선, 산림구획선, 임도 등을 이용하거나, 산복의 경사의 길이가 길 때에는 등고선의 직각방향으로 보통 10~20 m의 넓이로 임목과 가연물을 제거하여 설치하는 것을 방화선이라고 한다. 방화선은 산불이 났을 때에 불이 퍼지는 것을 막는 동시에 소화작업의 거점으로 이용할 수 있다. 그러나 이 장소가 여름철이면

잡풀이 많이 생겨 관리에 어려움이 지적되고 있다. 다음 그림 4-28은 강원도 동해시에 구축된 방화선을 나타낸 것이다.

그림 4-28 방화선 구축(동해시)

8) 내화수림대

우리나라의 기후대별 내화성 수종은 표 4-4와 같으며, 내화수종을 이용해 다음과 같이 내화수림대를 조성하여 산불확산을 방지할 수 있다.

표 4-4 우리나라의 기후대별 내화성 수종

구 분	층 위	내화성 수종
온 대	교목성	은행나무, 굴참나무, 상수리나무, 떡갈나무, 느티나무, 물푸레나무, 황철나무, 황벽나무, 백합나무, 아까시나무
	아교목성	소태나무, 쇠물푸레, 마가목
	관목성	누리장나무, 닥나무, 사철나무, 탱자나무
난 대	교목성	가시나무류, 녹나무, 먼나무, 생달나무, 후박나무, 참식나무, 육박나무, 소귀나무, 조록나무, 먼나무
	아교목성	아왜나무, 굴거리나무, 동백나무류, 붓순나무, 비쭈기나무, 후피향나무, 가마귀쪽나무
	관목성	사스레피나무, 식나무, 팔손이, 꽝꽝나무, 협죽도

(1) 능선을 이용한 내화수림대

능선을 이용한 내화수림대는 능선부에 6 m 폭으로 식생이 없는 공간지대(임도 등)를 개설하고 그 양쪽에 각각 12～15 m 폭의 식생지대를 조성하는 방법이다.

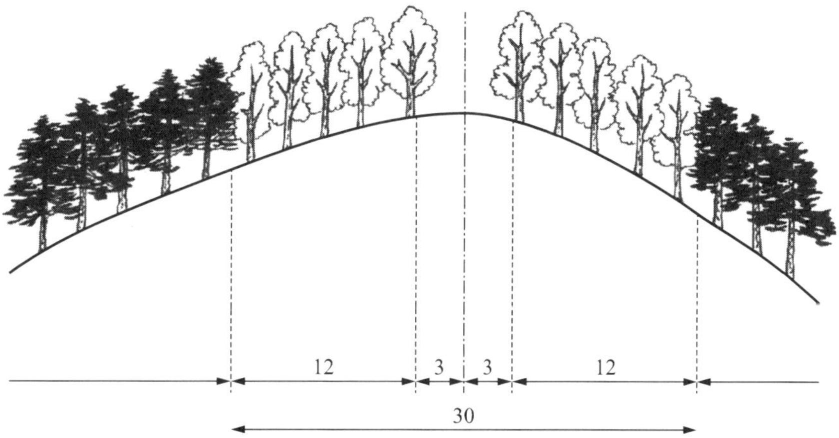

그림 4-29 능선을 이용한 내화수림대(단위: m)

출처: 국립산림과학원(2012)

(2) 시설 보호용 내화수림대

생활권 등 시설 보호용 내화수림대는 시설물로부터 15～20 m의 완충지대(도로, 관목류, 공원 등)를 설치하고 그 밖으로 폭 30 m의 활엽수 내화수림대를 조성하는 방법이다.

그림 4-31의 전북 고창군에 위치한 선운사 일대는 동백나무림으로 시설물 보호용 내화수림대 조성이 매우 잘 되어 있는 사례이다.

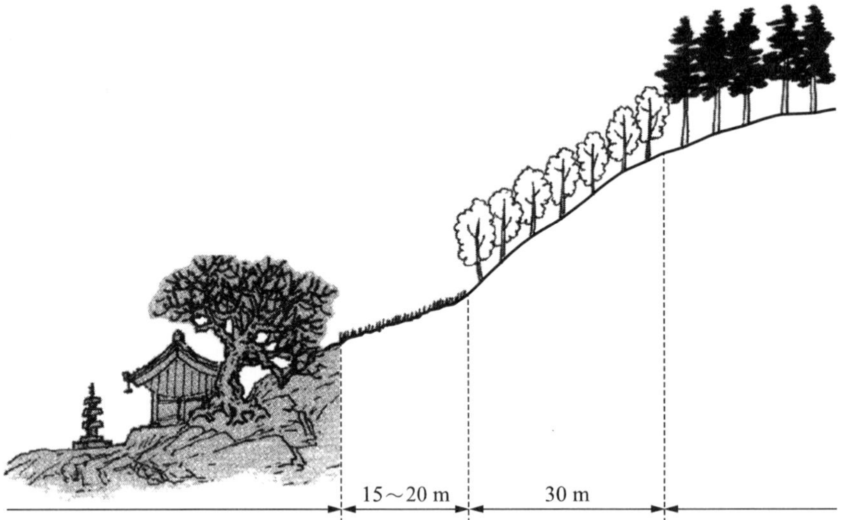

그림 4-30 주요 시설 보호용 내화수림대

출처: 국립산림과학원(2012)

그림 4-31 선운사 대웅전 뒤 동백나무림 조성을 통한 내화수림대

출처: 국립산림과학원(2012)

(3) 임도를 이용한 내화수림대

임도를 이용한 내화수림대 조성은 임도의 양쪽에 폭 20 m까지 상층 우량목만 100본/ha 잔존시켜 혼효림으로 유도하고, 20～50 m 사이는 500～700본/ha의 강도간벌을 실시하고, 활엽수 천연림은 거리에 관계없이 정상적인 천연림 보육을 실시한다.

그림 4-32 임도를 이용한 내화수림대
출처: 국립산림과학원(2012)

(4) 유실수 조성을 통한 내화수림대

산불에 취약한 소나무 등 침엽수림대에 산불에 강한 밤나무 등 기타 유실수 등을 조림하여 산촌 및 농가의 수익을 증대하고 산불확산 방지 역할을 기대할 수 있는 경제적 내화수림대 조성을 유도할 수 있다.

그림 4-33 밤나무림 조성을 통한 내화수림대
출처: 국립산림과학원(2012)

(5) 침엽수림 중 산불에 강한 낙엽송림 내화수림대

침엽수림 중에서 산불에 강한 낙엽송 등의 내화수종을 이용하여 내화수림대를 조성할 수 있다.

그림 4-34 낙엽송림 조성을 통한 내화수림대

출처: 국립산림과학원(2012)

(6) 외국의 사례

중국에서는 특대형산불 지연용으로 30~50 m 폭의 내화수림대를, 대형산불 지연용으로 20~30 m 폭의 내화수림대를, 일반산림화재 지연용으로 10~20 m 폭의 내화수림대를 설치하고 있고, 일본의 경우도 사찰 등 주요 시설물 보호용으로 산불에 강한 활엽수종을 이용하여 내화수림대를 조성하고 있다.

그림 4-35 내화수림대 조성사례(중국)

그림 4-36 사찰 주변의 활엽수림 내화수림대(일본)

9) 산림경영상 예방법

산불이 발생하기 쉬운 일제동령림을 피하고, 이령림·택벌림·혼효림 등을 육성하도록 하는 동시에 간벌과 가지치기를 하며, 또 임내에 마른 가지, 벌목의 초단부 등을 제거하여 불에 타기 쉬운 물질이 없도록 한다. 그러나 제거되어 임내에 적재된 간벌목 등 숲 가꾸기 부산물에 불이 옮겨 붙을 경우에는 살아있는 임목에 다소의 영향을 주며, 쌓여 있는 간벌목 더미의 연소물량이 많을 경우 재발화의 위험성이 발생하기도 한다.

산림경영상 예방법으로는 임도, 등산로 주변의 낙엽 등 가연물을 제거해 줌으로써 산불발생의 위험을 줄일 수도 있다. 다음 그림 4-37은 경기도 포천지역으로 잣나무림의 밀도조절 전 숲과 밀도조절 후의 숲을 나타낸 것이다.

그림 4-37 잣나무림의 밀도조절 전·후 숲 모습

8 산불의 이용

인류역사상 초기에는 인간이 불을 두려워하고 피하였으나, 불의 성질을 알고 난 후부터는 불을 인위적으로 적당히 조절하여 여러 가지 용도에 이용하게 되었다. 미국의 경우 산불 관련 업무 중 산불관리 및 이용에 할애하는 비율이 70%나 된다. 우리나라의 경우에도 농지개간 목적인 화전경작이 과거로부터 무분별하게 실시되어오다 1966년에야 비로소 「화전정리에 관한 법률」이 제정·공포되면서 화전정리의 기틀을 마련한 후 1979년에 성공적으로 화전정리 사업을 마무리한 바 있다. 그러나 불의 이용은 화전경작의 목적에만 있는 것이 아니기 때문에 현재 미국 등 임업 선진국에서 사용하고 있는 화입에 대한 목적, 효과, 방법 등을 기술하면 다음과 같다.

1) 처방화입의 목적

산불을 인위적으로 적당히 조절하여 산불위험도 저감 및 다양한 산림경영 목적을 이루기 위해 처방된 환경 조건하에서 구체적으로 불을 놓는 대상지, 날짜와 시간, 날씨 상황 등을 미리 알아보고, 계획적으로 불을 놓는 것을 처방화입(處方火入, prescribed burning)이라고 한다.

2) 처방화입의 효과

(1) 연료의 감소

임목이 울창한 산림 내에는 낙엽, 죽은 가지, 고사목 등이 임내에 축적되어 있어 산불이 발생했을 때 이것이 산불의 확대원인이 되기 때문에 축적된 연료를 태워 없앰으로써 산불위험도를 낮출 수 있다.

(2) 조림지 준비 및 육림(育林)

임지에 낙엽층과 부식층 등이 너무 두꺼울 때 특히, 조부식층이 발달되어 천연하종

(天然下種)이 불가능할 때, 적당히 불을 넣어서 조부식층을 제거하여 광물질 토양을 노출시킴으로써 천연하종을 가능하게 한다. 또는 관목과 잡목이 우거진 임지에 인공식재를 하려고 할 때 식재 직전에 불을 넣어서 관목과 잡초를 제거한 후에 식재를 하는 방법으로 산불을 이용할 수 있다.

수목이 밀생하거나 하층식생이 너무 밀집된 지역에서는 이를 태워 없앰으로써 양료순환을 촉진시켜 수목간의 영양수분의 경쟁을 없애줄 뿐만 아니라, 천연하종을 위한 토양을 노출시켜 발아상(發芽床)을 형성하는 등의 효과를 가져온다. 경북 울진의 소광리 소나무림의 경우 과거 화전민들이 평균 9년 주기로 소나무림을 유지하기 위해 산불을 사용했음을 추정할 수 있다. 미국의 방크스소나무림은 구과가 항상 폐과(閉果)상태로 되어 있어서 천연하종이 잘 안되기 때문에 구과를 가열한 후, 종피(種皮)를 벌어지게 하여 천연 하종이 되도록 유도하기도 한다.

(3) 병해충 방제

적당한 불을 넣어서 병해충을 방제하는 경우가 있다. 미국 동남부의 대왕송이 갈반병(brown spot disease)의 피해를 받을 때에 3년에 1번씩 약한 불을 넣으면 병의 전염을 억제하며, 활기와 생장이 좋아진다고 한다. 또한, 갱신기에 달한 스트로브소나무 임분에 불을 넣어서 털녹병의 중간기주인 까치밥나무(*Ribes*)를 박멸함으로써 식재림을 보호할 수 있다.

(4) 야생동물의 보호

관목류가 밀집된 지역에서는 야생동물이 활동할 수 있는 공간이 적어 이러한 지역에 화입을 실시하게 되면, 관목이 제거되어 초원이 형성되며, 이듬해 새싹이 돋아나 야생목초의 양과 질을 개량하게 되어 야생동물에게 활동공간과 먹이를 제공하게 된다. 한편, 수렵용 대형 동물의 이동을 방해하는 물리적 장애물을 제거하기 위하여 실시하기도 한다.

3) 처방화입의 종류

처방화입에는 산림경영자 발화 처방화입과 처방된 자연화입 두 가지 종류가 있으나 여기에서는 경영 목표와 불 조절이 가능한 미리 정해진 시기에 경영자가 화입을 실시하는 경영자 발화 처방화입방법에 대하여 소개한다. 이 방법에는 다음과 같이 벌채지 소각, 임상 소각, 임분 교체 소각, 초지 소각 등 여러 가지 형태가 있다.

(1) 벌채지 소각

벌채지 소각은 임내 잔존물들이 그대로 방치되면 조림을 방해하고 산불의 우려가 있기 때문에 벌채 후 잔존물과 다른 유기물 및 식생을 불로 처리하는 방법이다. 이 방법은 가장 오랫동안 사용해 오던 전통적인 처방화입 기법이다. 미국의 경우 초기 대형 화재 원인의 상당수가 벌채 후 잔존물이나 개간으로 인한 찌꺼기의 집적에 있었으며 이곳이 산불의 화두였다. 결과적으로, 안전하고 효과적인 벌채 후 잔존물 제거가 초기의 화재의 조절방법이다. 또한 벌채지 소각에는 광범위 소각(broadcast burning)과 집적 후 소각(piling and burning)이 널리 사용되고 있다.

광범위 소각은 개벌지의 잔존물이 집중되어 있는 곳에 한 번의 불로 소각하는 것이며 집적 후 소각은 인력이나 트랙터로 잔존물은 모아쌓은 후 각각의 집적물을 태우는 방법이다.

(2) 임상 소각

임상 소각은 하층 소각이라고도 하는데 임관 아랫부분을 태우는 것이다. 이 기술은 소나무 임분에서 산불위험도를 줄이고 하층 활엽수와의 경쟁을 조절하는데 사용된다. 최근 미국의 경우 폰데로사 소나무림, 미송림, 세쿼이아 삼나무림에서 다양한 조림이나 야생동물의 서식지 제공을 위한 목적뿐만 아니라, 산불위험도 감소를 위하여 많이 사용하고 있다.

(3) 임분 교체 소각

임분 교체 소각은 수목이 서 있는 현존 임분을 파괴시키고 새로운 임분으로 바꾸기 위해 사용된다. 미국의 미시건 주에서는 방크스소나무 노령림을 꾀꼬리의 보금자리 서식지 형성을 위한 유령 임분으로 만들기 위해 소각하며, 콜로라도 주에서는 겨우살이에 심하게 감염된 콘토르타 소나무림을 갱신하기 위하여 또 야생 양의 전통적인 이주통로를 개척하기 위하여 소각한다.

(4) 초지 소각

초지 소각은 초지나 관목림에 사용하는 처방화입으로서 가축이나 야생동물의 먹기 좋은 잎 생산 및 초질 개선과 필요치 않은 수목이나 관목을 제거하기 위한 소각이다. 또한, 초원의 자연 식생 유지나 산불위험도 줄이기, 그리고 야생동물의 서식지인 습원을 보존하기 위해 사용한다.

4) 처방화입방법

산불관리라는 목적에서 성공적인 처방화입이란 소각 대상지에 대하여 안전하게 소각하므로써 토지 및 자원 경영 목표를 달성할 수 있는 것을 말하며, 예상되는 산불 행태와 기대되는 산불 효과에 대한 지식이 전제되어야 한다.

(1) 처방화입 준비

저방화입을 하기 위해서는 적당한 기상조건, 연료습도, 토양수분이 전제되어야 하며, 이러한 환경조건이 만족될 때 미리 결정된 지역 안에서만 연료가 탈 수 있도록 불을 적당히 놓아야 한다. 이때 열의 세기와 확산속도는 계획된 목적을 달성하기 위하여 반드시 고려되어야 하며 처방화입을 실시하기 전에 불의 처방전이 반드시 작성되어야 한다.

(2) 점화방법

점화방법에는 공중 점화방법과 개인 점화방법이 있다. 공중 점화방법은 헬기 발염기(heli torch)를 사용하여 연소하고 있는 지역 위에서 항공기로부터 점화장치를 낙하시켜 점화하는 방법이며, 특히 초지 소각을 위해 개발된 헬기 발염기의 변형 형태를 테라토치(terra torch)라 한다. 이것은 헬기 발염기 기술을 차량에 장착할 수 있도록 변형시킨 것이다. 또한, 개인 휴대용 점화기로는 드립 토치(drip torch)가 있다.

그림 4-38 처방화입 장면(미국)
출처: 네이버 블로그

Chapter

5

산불의 행동특성

학습목표

이 장을 통하여 산불의 행동특성을 이해하여야만 한다.

- 산불의 연소진행에 대해 알아본다.
- 산불의 종류와 연소강도에 대해 알아본다.
- 산불의 연소형태에 대해 알아본다.
- 심각한 산불의 연소형태에 대해 알아본다.
- 산불의 연소강도와 진행예측에 대해 알아본다.

1 산불의 연소진행

1) 연료 영향에 의한 연소진행

대부분의 산불은 성냥, 라이터, 스파크 등의 공급된 불씨에 의해 주로 지표연료에서 시작된다. 그 후 수관화가 되기 위해서는 환경적 조건이 맞아야 한다. 즉, 많은 마른 연료와 사다리형 연료가 필요하고, 건조하고 따뜻한 공기에 의해 산불의 수직적 확산을 촉진시킨다.

산불은 대부분 다음과 같은 사다리형 연료를 사용하여 나무 꼭대기까지 올라가며 그 연소진행과정은 다음과 같다.

(1) 많이 쌓인 마른 지표연료는 나무 꼭대기의 공중연료를 착화시킬 정도로 뜨겁게 탄다.

(2) 산불은 수간에 붙어 있는 잔가지나 사선으로 누운 나무를 타고 나무 꼭대기까지 올라간다.

(3) 지표화는 땅 지표면 근처의 작은 나무에서 착화되어 연료층 상층부까지 타오른다.

(4) 만약 살아 있는 나무의 함수율이 아주 낮고, 바람이 불고, 연소열이 나무의 바람 부는 쪽에 집중해 있으면 화염은 나무의 정상까지 올라간다.

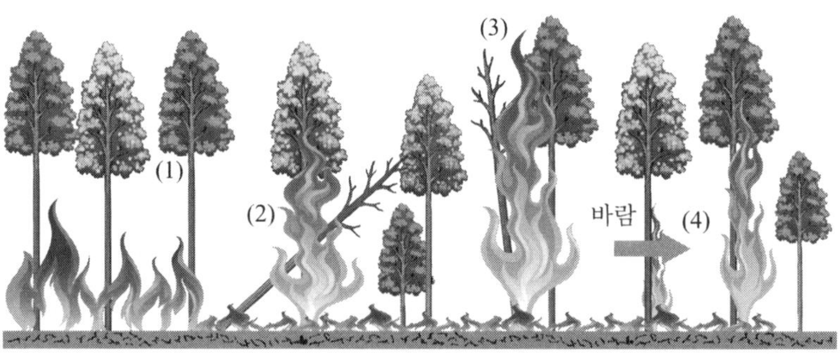

그림 5-1 산불의 연소과정(연료 영향)

출처: William H. Cottrell Jr.(2004)

2) 지형과 바람 영향에 의한 연소진행

산불이 지면을 따라 움직이면서 지형, 바람의 방향, 화염지대 등이 여러 형태를 이루며 열전달의 세 가지 주요한 과정을 통제한다.

열전달의 세 가지 주요한 방법은 분자 접촉에 의해 열을 전달시키는 전도, 전자기파를 통한 열의 전달인 복사, 공기와 같은 유체의 온도변화에 의해 따뜻해진 열이 움직여서 전달되는 대류 등이 있다.

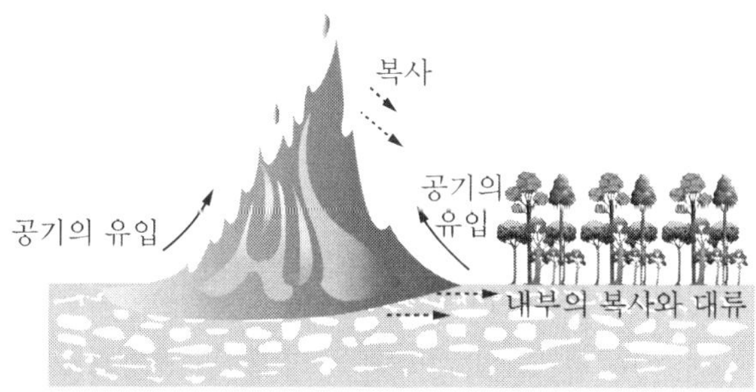

(a) 편평한 지형

(b) 바람이 부는 편평한 지형

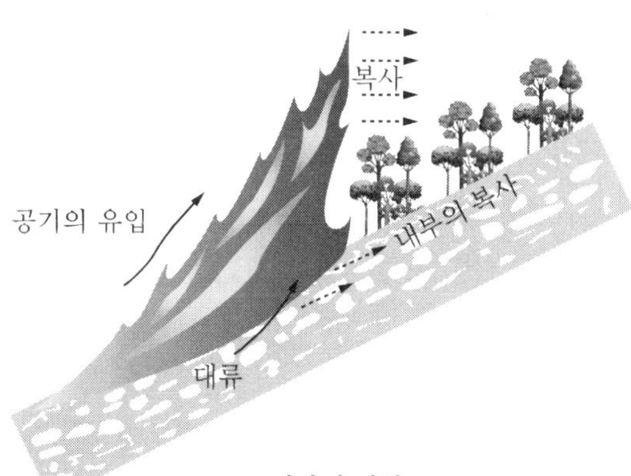

(c) 경사진 지형

그림 5-2 산불의 연소과정

출처: 이동우 외(2007)

산불은 주로 대류열을 통하여 열을 전달하며, 또한 복사도 한 역할을 담당한다. 대류열과 복사열 이동은 연료의 표면온도를 상승시킨다. 열이 발생할 때, 공기 및 다른 가스의 밀도는 약해지면서 상승한다.

산불의 산화작용은 열을 발생시키고, 이 열은 공기의 대류에 의해서 전달된다. 상승하는 공기와 뜨거워진 기체는 화염지역에서 신선한 공기를 끌어들여 산불 형상을 만드는데 이것은 연소를 유지하기 위해 필요한 과정이다.

2 산불의 종류와 연소강도

산불의 종류는 불이 확산되는 연료층에 따라 구분할 수 있다. 대부분 산불은 지표화(surface fire), 수간화(stem fire), 수관화(crown fire), 지중화(ground fire), 비화(spot fire)가 복잡하게 섞인 형태를 띠며 연소강도 또한 차이가 난다.

그림 5-3 산불의 종류

출처: 산림청(2014)

1) 지표화

지표화(surface fire)는 지표에 쌓여 있는 낙엽과 지피물·지상 관목층·갱신치수 등이 불에 타는 화재이며, 산불 중에서도 가장 흔히 일어나는 산불이다.

지표화는 처음 발화점을 중심으로 원형으로 퍼져 가는 것이 보통이고, 바람이 있을 때에는 바람이 부는 방향으로 타원형이 되어 퍼지며, 바람이 세지면 바람이 불어오는 방향으로 퍼지는 속도가 느려지고, 바람이 불어가는 방향으론 속도가 빨라진다. 바람이 강해지면 바람이 불어오는 방향에서는 불길이 꺼지게 되며, 바람이 불어가는 방향으로만 빠른 속도로 퍼진다.

보통 키가 큰 초본류로 되어 있을 때 지표화의 번지는 속도는 풍속에 의하여 달라지나 1시간에 4～7 km, 바람이 강할 때에는 10 km 정도 번진다.

지표화에 의하여 갱신수종은 전부, 성목은 수간의 하부 지표와 닿는 부분이 피해를 받게 되는데, 성숙목의 경우에는 지름이 굵고 수피가 두꺼워서 보통 지표화에는 지표에 접한 부분, 특히 바람이 불어오는 방향과 반대쪽의 껍질이 그을릴 정도이며, 죽지는 않을 경우가 많다. 그러나 연소속도(fire spread)가 느릴 때에는 불이 머무는 시간이 길어져서 수피 내부의 형성층 조직이 고열의 피해를 받을 때가 있다. 지표화는 모든 산불의 시초가 되며, 지표화에서부터 수간화 또는 수관화로 번지는 경우가 많다.

그림 5-4 지표화 연소지역

2) 수간화

수간화(stem fire)는 나무의 줄기가 타는 불이며, 지표화로부터 연소되는 경우가 많다. 드물게는 낙뢰에 의해서 수관에서 내려오는 때가 있고, 속이 썩어서 공동목을 이루고 있는 경우에는 이것이 굴뚝과 같은 작용을 하여 강한 불길로 타올라 불꽃을 공중에 흩어 뿌려 수관화를 일으키게 되는 때도 있다. 그러나 수간화는 흔히 일어나는 것은 아니다.

그림 5-5 수간화

3) 수관화

수관화(crown fire)는 나무의 수관에 불이 붙어서 수관에서 수관으로 번져 타는 불을 말한다. 수관화는 지표화가 존재해야만 연소되는 지표화 종속수관화와 지표화 열량에 의존하지 않고 자체 발생열량만으로 확산이 이루어지는 지표화 독립수관화로 구분할 수 있다.

지표화 종속수관화의 경우 지표화에서부터 임목의 밑가지에 불이 닿아 바람과 불길이 세어지면 수관부로 올라붙어서 수관화를 이루게 된다. 흔히 수지가 많은 침엽수림에 한하여 일어나나, 때로는 마른 잎이 수관에 남아 있는 활엽수에서도 일어날 때가 있다.

수관화는 과열에 의하여 나무를 죽이는 동시에 한번 일어나면 끄기가 힘들어 큰 손실을 가져오므로 가장 무서운 산불이다. 특히, 수관화는 바람을 타고 바람이 부는 방향으로 V자형으로 뻗쳐 가는데, V자의 선단은 보통 20~40 m의 넓이를 가지게 되지만, 큰 불이 되면 이와 같은 선단이 많이 생기게 된다.

그림 5-6 수관화 연소

출처: William H. Cottrell Jr.(2004)

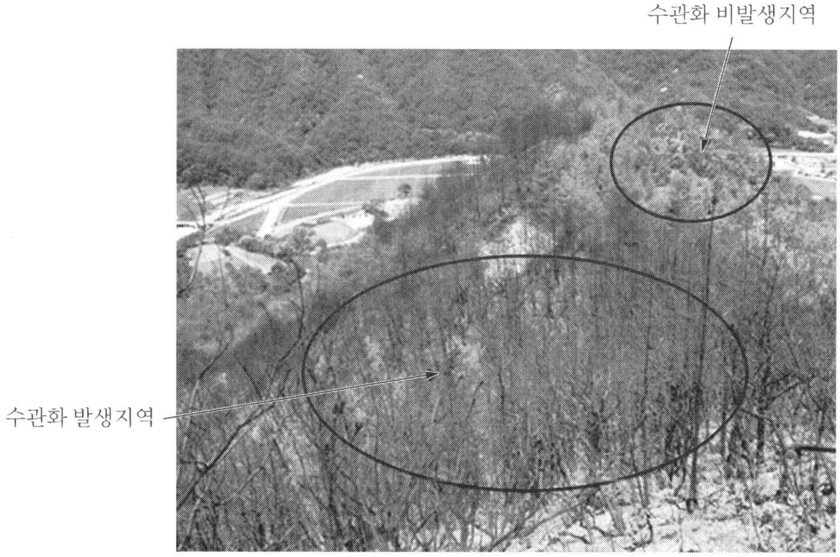

그림 5-7 수관화 연소지역

그림 5-8 산불 연소실험(강원 홍천, 1986)

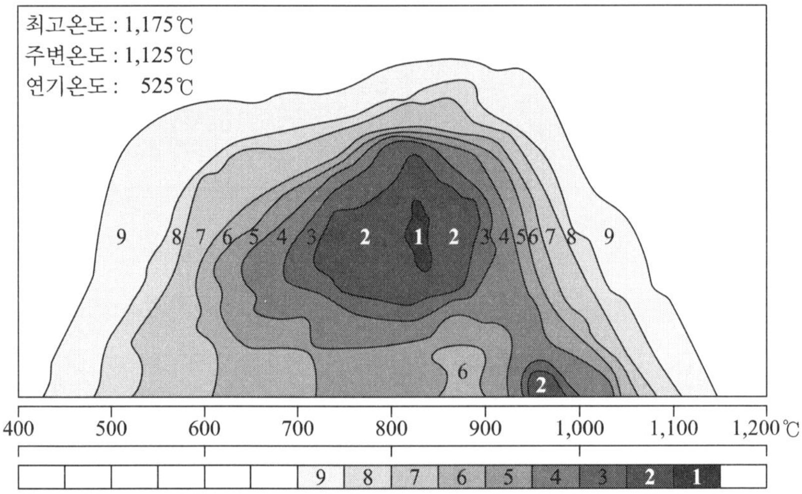

그림 5-9 산불온도 분포도

지표화로 시작된 산불이 산정부에서 수관화 발생 시 그림 5-7과 같이 임분 전체가 전소하지만 능선을 넘어 산불이 약할 때에는 지표화로 진행하여 피해 받은 임목이 살아나는 경우도 있다. 그러나 수관화 발생 시에는 중심부 화염의 최고온도는 1,175℃가 되고, 주변의 온도도 1,125℃이고, 연소지역의 연기온도도 525℃로서 화세가 매우 강하여 임목의 대부분은 전소하게 된다. 그림 5-8은 1986년 4월 1일 우리나라에서는 최초로 강원도 홍천군 두촌면 역내리에서 산불연소 실험을 실시하는 장면이며, 그림 5-9

는 실험당시 산불온도를 나타낸 것이다.

수관화의 연소속도는 풍속에 의하여 달라지나 강풍의 경우에는 1시간에 15 km에 달할 때도 있다.

4) 지중화

지중화(ground fire)는 낙엽층 밑에 있는 낙엽이 다소 분해되어서 그 본래의 조직을 현미경에 의하여 알아볼 수 있는 유기질층의 하부와 낙엽이 분해되어 현미경에 의해서도 알아볼 수 없게 된 유기질층, 또는 이탄(peat)층이 타는 불이며, 산소의 공급이 막혀 연기도 적고 불꽃도 없이 서서히 타고, 강한 열이 오래 계속되며, 균일하게 피해를 준다.

낙엽층의 분해가 아주 더딘 고산지대, 깊은 이탄이 쌓여 있는 저습지대에서 표면은 습하고 속은 말라 있을 때 이러한 지중화가 나기 쉬우며, 지표가까이에 몰려 있는 연한 뿌리들이 뜨거운 열로 죽게 되므로 지상부는 아무렇지도 않은 채 나무가 죽게 된다. 이러한 지중화는 우리나라에서는 극히 드문 불이다.

5) 비화

비화(spotting fire)는 불의 화두 부분에서 대류열로 인하여 상승기류가 발생하여 수피, 나뭇가지, 구과 등에 붙은 불똥이 날아가 번지게 되는 불을 말한다. 비화는 비산화라고도 하며, 지표화 → 지표화 종속수관화 → 지표화 독립수관화 → 비화의 단계를 거치면서 대류열에 의한 대류기둥(convection column)이 형성되어 수십 m의 불기둥과 상승기류가 발생하고, 불똥이 수십 m 또는 수 km 떨어진 곳까지 날아가 진화하기가 어렵고 피해가 매우 크다.

산불에 의하여 발생한 불씨(firebrand)들은 대류기둥에 의해 상승하여 상층부의 바람과 함께 여러 지역으로 화세를 확산시키는데, 우리나라의 경우, 2000년 4월 12일 삼척산불 당시 산불이 갑작스런 돌풍으로 폭 200～300 m, 비산높이 150～200 m의 검붉은 불기둥을 형성하면서 강원도 삼척시와 경상북도 울진군의 경계지점인 가곡천을 1.5～2.0 km 뛰어 넘는 비화가 발생하여 급속히 확산된 바 있다.

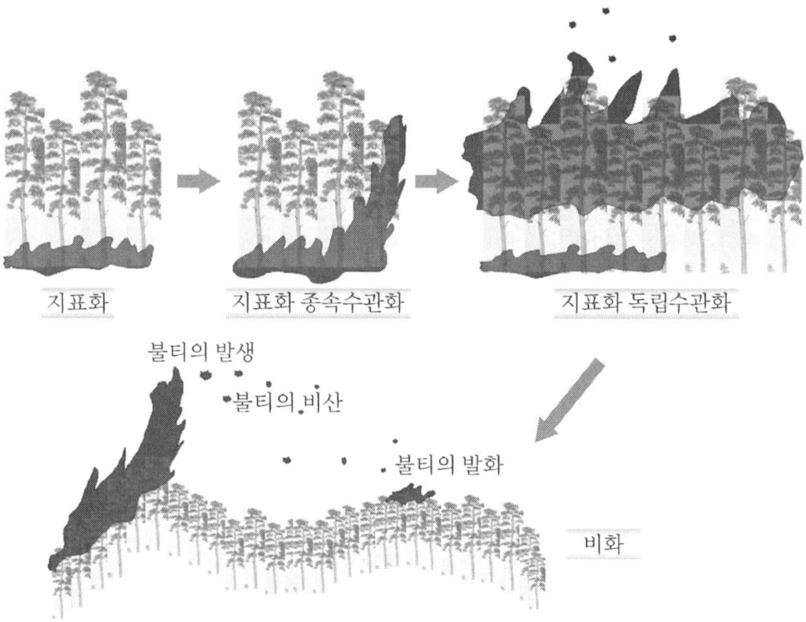

그림 5-10 지표화에서 비화까지 발전단계

출처: 국립산림과학원

그림 5-11 비화 발생지역(강원도 삼척시 가곡면 가곡천)

출처: 동해안 산불백서 I, 산림청(2000)

그림 5-12 비화에 의한 불씨 발생

3 산불의 연소형태

1) 일반적인 산불의 연소형태

산불의 연소형태에 영향을 주는 환경인자는 연료형(종류), 지형, 풍속이다. 산불이 발생하였을 때 산불의 연소형태는 일반적으로 타원형으로 확대된다.

산불은 발생지점으로부터 가장 빠른 부분을 축으로 확산되는데, 그 형태를 그림 5-13에서와 같이 불머리(head), 측면(flank), 후면(rear)으로 나눌 수 있다. 불머리는 불이 가장 빠르게 확산되는 화두부분이며, 측면은 전면으로 확산되는 불이 바람, 지형, 연료조건 등의 영향을 받아 불의 수직각 또는 비스듬하게 확산되는 화변부분이다. 후면은 불의 꼬리 부분을 가리키며 전면으로 진행하는 불의 반대방향으로 확산되는 화미부분을 나타낸다. 그림 5-14는 2022년 3월 경북 울진 산불 당시 야간 산불의 연소 모습을 나타낸 것이다.

그림 5-13 일반적인 산불의 연소형태

그림 5-14 야간 산불의 연소모습 (사진제공: 산림청)

2) 산불의 초기 연소형태

산불은 기상, 지형, 가연물 상황에 따라서 확산과정에 크게 영향을 받으며 이들의 조건에 의해 전체적으로 확산되어 가는 모습 또한 다양하게 나타난다. 그림 5-15는 산불 초기의 확산모습을 나타낸 것이며 연소지역 내부의 ×표시는 최초 발화지점을 나타낸다.

(1) 평지에서 동일한 가연물, 무풍상태일 때의 모습으로 산불의 확산은 최초 발화지점으로부터 동심원 형태로 점차적으로 확대되는 양상을 띤다.

(2) 평지에서 동일한 가연물, 약간의 바람이 불 때의 모습이다. 바람의 영향으로 바람이 불어가는 방향으로는 확산속도가 빠르고 반대방향으로는 더디게 확산되므로 이 방향으로 길게 늘어지는 모습을 나타낸다. 풍속이 강할수록 폭은 좁아진다.

(3) 평지에서 동일 가연물, 강풍상태에서의 모습으로 풍속이 약할 때에 비하여 더욱 가늘고 길게 늘어지는 모습을 나타낸다.

(4) 평지에서 동일 가연물이며 다양한 방향과 풍속의 바람이 불어 올 때의 모습으로 확산모습은 다양한 바람의 영향을 받아 각 방향으로 각 풍속에 의해 복합적인 영향을 받아 확산 방향 및 속도가 다양하게 나타난다.

(5) 평지에서 한쪽 방향으로 바람이 불어오지만 부분적으로 연료의 성질이 다를 때의 모습이다. 전반적으로 (2)번과 같은 모습이지만 연료의 가연성이 좋은 곳은 더욱 빠른 형태를 보여 한쪽으로 더욱 길게, 빠르게 진행되는 모습을 나타낸다.

(6) 무풍상태이며 동일 가연물 조건에 경사지에서 발생한 산불의 확산모습을 나타낸 것으로 발화부로부터 높은 곳으로 더욱 바르게 확산되는 반면 낮은 곳으로는 더디게 진행되므로 이와 같은 모습이 나타난다. 바람의 영향에 대하여 설명하였을 때와 유사하게 경사도가 높을수록 더욱 가늘고 길게 확산되는 모습을 나타낸다.

(7) 동일 가연물이며 경사지에서 경사방향을 가로지르는 바람이 불 때 산불의 확산모습을 나타낸 것으로 위 (6)번에서 오직 경사지의 높은 방향만을 향해 확산되는 것과는 달리 바람의 영향을 동시에 받게 되므로 바람의 방향과 경사지의 방향에 따라 넓게 퍼지는 형태의 확산모습을 나타낸다.

(8) 무풍상태, 가연물 동일 조건에서 양쪽으로 경사가 있는 계곡에서 산불이 발생하였을 때의 모습을 나타낸 것으로 양측 및 정면 주능선 방향으로 각 진행속도가 빠르며 주능선으로 향하는 방향보다는 양측 능선의 경사도가 높으므로 V자 형태의 모습을 나타낸다.

(9) 경사지, 동일 가연물 조건에서 산불이 진행 중 바람의 방향이 바뀌었을 때의 확산모습을 나타낸 것으로 초기의 바람에 의해 A형태의 모습을 진행하던 산불이 좌에서 우방향으로 풍향이 바뀌었을 때 B의 방향으로 진행하여 확산된 모습을 나타낸다.

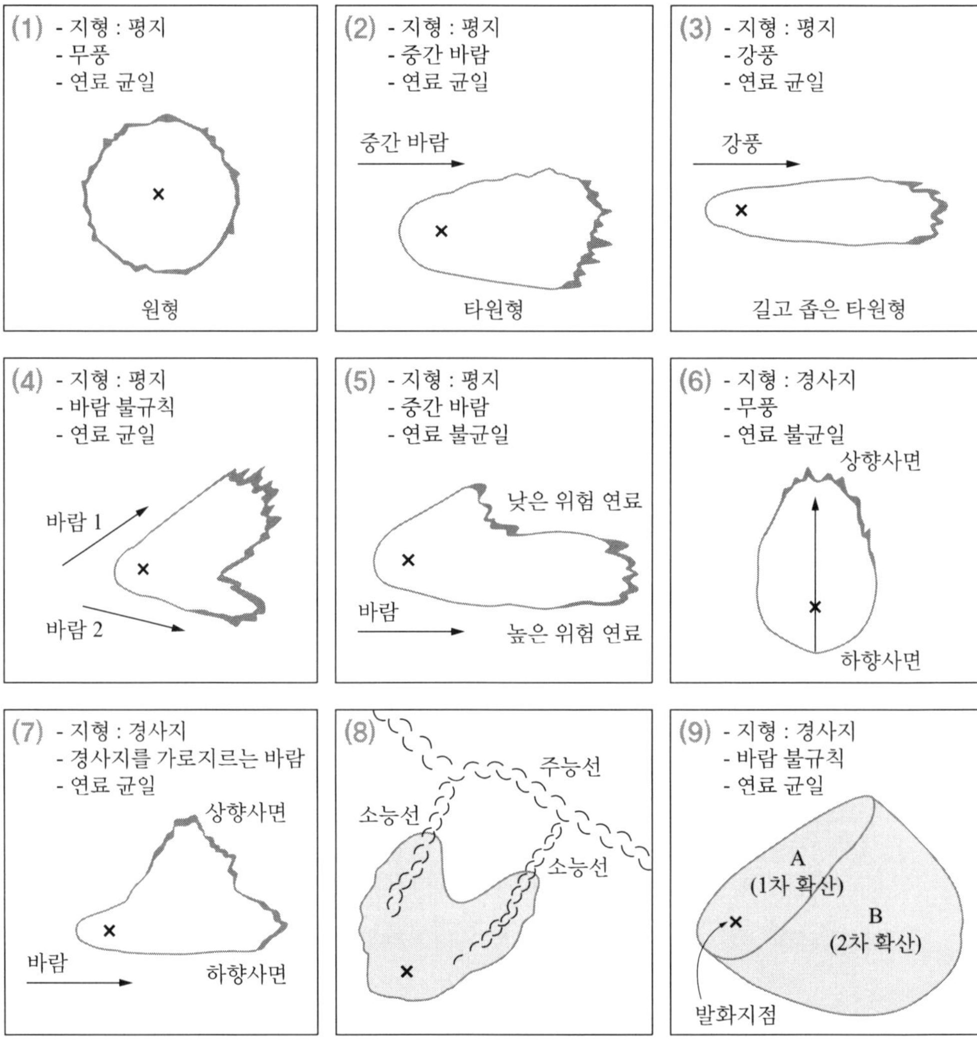

그림 5-15 각 조건별 초기 확산모습

출처: Timo V. Heikkila(1993), 이승훈(2017)

우리나라 산불사례의 경우 급경사지가 많은 산악형 산림으로 경사와 바람의 영향을 받는 타원형과 부채꼴 형태로 상향사면을 따라 급속히 확산하는 것이 일반적이다(그림 5-16, 그림 5-17).

그러나, 동해안 대형산불은 봄철 태백산맥을 축으로 하향 경사면을 따라 내려 부는 편서풍에 의한 푄 현상이 발생하여 빠르게 해안까지 확산하는 특성이 있어, 내륙에서 발생하는 산불과는 많은 차이점을 보이고 있다. 그림 5-18은 2019년 고성·속초 대형 산불사례를 나타낸 것이다.

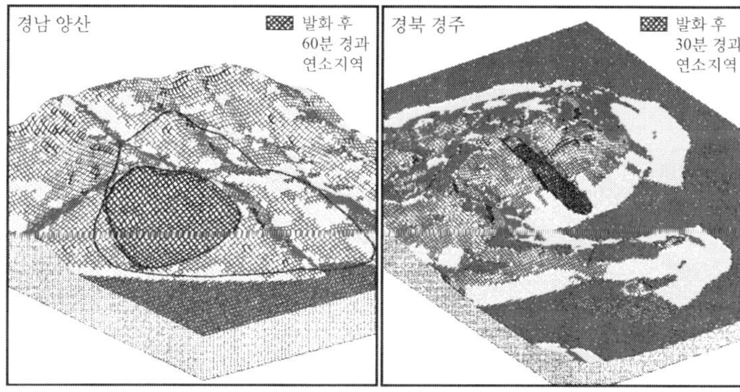

그림 5-16 양산, 경주 산불사례

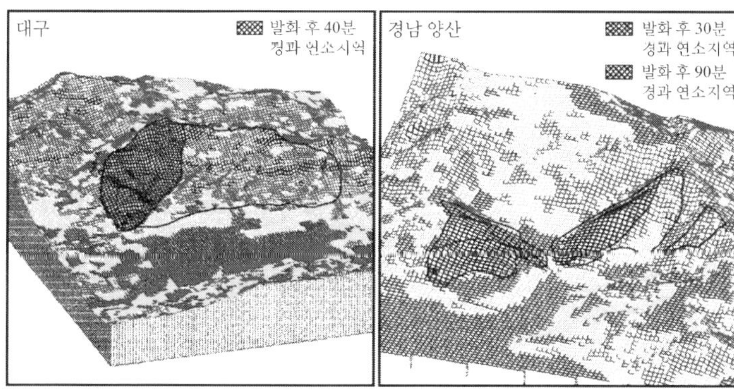

그림 5-17 대구, 양산 산불사례

그림 5-18 고성·속초 대형산불사례(2019년)

4 심각한 산불의 연소형태

산불에 영향을 미치는 다양한 모든 요인들이 최악의 상태일 때 심각한 산불행태를 예상할 수 있다. 산불행태가 심각할 때 직접적인 억제와 통제는 어렵다고 할 수 있다. 불의 강도가 세고, 확산속도가 빠르면 통제할 수 없게 되어, 매우 조심해야 한다. 심각한 산불 연소행태의 특징은 아래와 같다.

산불이 아래와 같은 특징을 보이면 보통의 산불진화방법은 효과가 없을 수 있다. 이러한 상황에서 날씨가 변하고 연료물질 또는 지형이 산불의 강도를 저하시켜 산불진화작업을 다시 착수해야 하는 때와 장소를 결정하는 것이 중요하다. 그러나 진화작업을 할 경우 안전하게 작업할 수 있는 선상에서 작업하거나 가장 가치가 높은 재산 또는 자원을 보호하도록 해야 한다.

심각한 산불 연소행태의 특징

√ 산불의 세기가 급격히 증가한다.
√ 산불의 확산이 지속적으로 빠르다.
√ 대류기둥이 잘 발달해 있다.
√ 장거리 이동 (180 m 이상)
√ 회오리 불 또는 불꽃이 수평으로 확산된다.
√ 바람이 갑자기 멈춘다.

5 산불의 연소강도 및 진행속도

산불의 연소강도(세기)는 연료, 지형, 기상조건에 따라 차이가 있으며 연소물의 연료 습도, 종류, 배열상태에 따라 다르다. 현재 미국에서 사용 중인 산불연소강도 알고리즘은 Byram(1959)이 개발한 것으로서 연소물의 열량, 탈 수 있는 연소물의 양, 산불연소 진행속도와 상호작용하며 그 식은 다음과 같다.

$$I = HWR$$

I : 산불강도, fire intensity (kW/m)
H : 열량, heat yield (cal/g)
W : 연소물의 양, fuel loading (ton/ha)
R : 진행속도, rate of spread (m/min)

일단, 발화된 산불은 연소물의 연료습도 및 구성상태, 경사도 그리고 풍속에 따라 진행하게 되는데, 최초의 이론적 배경은 Rothermel(1972)이 개발한 다음 식으로 미국에서 현재 산불예측 전산프로그램에 활용 중에 있다.

이와 같은 진행예측식은 산림의 구성상태에 따라 미국의 경우 연료형을 10~15개로 구분하여 사용하며 특히, 경사도와 풍속은 상승적으로 산불의 연소진행을 가속화 시키는 요인으로 작용한다.

$$R = \frac{I_r \xi (1 + \Phi_W + \Phi_S)}{\rho_b \epsilon Q_{ig}}$$

R : 진행속도 (ft/min)
I_r : 반응 열량 (Btu/ft/min)
ξ : 진행 비율
Φ_W : 풍속 효율
Φ_S : 경사 요인
ρ_b : 건중 용적밀도 (1b/ft^3)
ϵ : 가열 가능량
Q_{ig} : 발화도달 열량 (Btu/1b)

6 산불의 연소진행 예측

산불재난의 현장에서 산불의 속도, 강도, 연소형태를 예측하는 것은 산불의 효율적인 진화를 위한 전략과 전술을 계획하고, 피해지역의 주민들을 신속하게 피난·대응시키는데 매우 중요하다.

현재 산불확산예측을 위해 사용하고 있는 대표적인 프로그램으로는 미국에서 개발한 FARSITE 전산프로그램인데, 이 프로그램은 산불확산예측을 위하여 1993년부터 미국 산림청의 지원을 받아 Rocky Mountain Research Station의 Fire Behavior(산불행태) 연구팀과 Montana Missoular의 Environmental Management System의 과학자인 Mark A. Finney가 공동으로 개발하였다.

이 프로그램은 지표화, 비화, 산불속도, 연료모델 등 기존의 미국에서 개발된 개별 연구결과들을 통합한 전산프로그램으로서 산불확산, 강도, 형태 및 크기 등을 예측하는데 사용되며, 1997년 9월 1일 Collin D. Bevins에 의해 업데이트 되었다.

이 프로그램은 원활한 보급과 이용을 위하여 개인용 컴퓨터에서 이용될 수 있도록 개발되었고, 지리정보시스템(ArcInfo, ArcView, Grass GIS) 기반 위에 운영된다.

FARSITE의 입력 공간 데이터는 표 5-1과 같이 고도, 경사도, 경사향, 연료모델 등이 필요하며, 이외에도 기상요소 특히 바람 데이터가 적용된다. 그림 5-19는 FARSITE의 초기화면을 나타낸 것이다.

호주의 경우 산불현장에서 바로 산불의 속도, 강도, 연소방향 등을 파악하기 위하여 항공기에 적외선 카메라를 장착하여 촬영하는 방법을 사용하기도 한다(그림 5-20).

표 5-1 FARSITE 입력 공간 데이터 종류

공간 자료	단 위	비 고
고도(Elevation)	m, ft	필수
경사도(Slope)	percent, °	〃
경사향(Aspect)	°, Az	〃
연료모델(Fuel model)	없음	〃
차폐율(Canopy cover)	percent	〃
수관고(Crown height)	m, ft	선택(수관화 예측 시 이용)
수관바닥높이(Crown base height)	m, ft	〃
수관부피밀도(Crown bulk density)	kg/m^3, lb/ft^3	〃

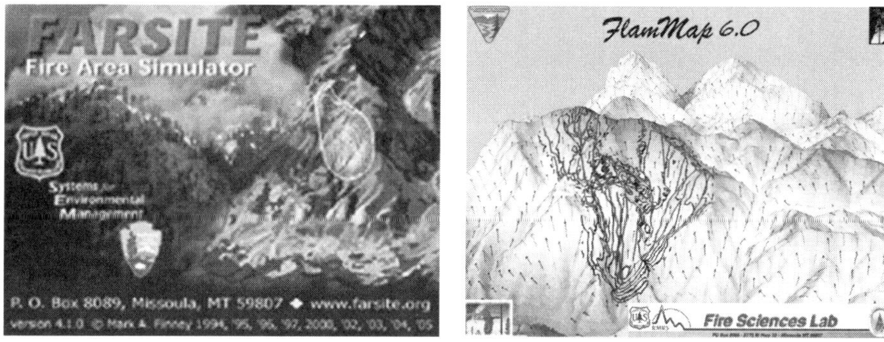

그림 5-19 FARSITE의 운영(미국 산림청)

출처: https://www.firelab.org/project/farsite

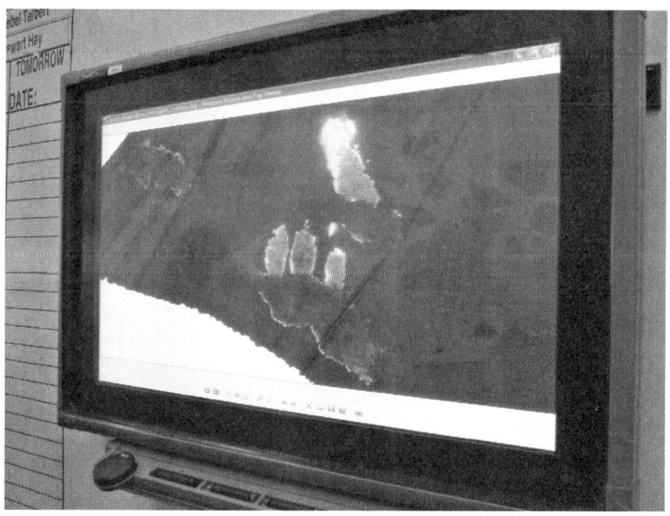

그림 5-20 적외선카메라 장착 항공기에 의한 산불현장 촬영(호주)

우리나라의 경우도 국립산림과학원에서 산불확산예측시스템을 2012년 개발하여 활용하고 있다. 이 프로그램도 산불이 발생할 경우 보다 상세하게 산불의 확산에 영향을 미치는 요인들을 분석하고 산불의 확산경로, 확산속도 등을 예측함으로써 산불의 피해를 최소화하기 위한 진화대의 투입장소와 방법을 결정하여 효율적으로 산불을 진화할 수 있도록 하는 산불확산예측시스템에 관한 것이다.

이 시스템은 애플사의 아이패드 2에서 운영할 수 있는 프로그램으로 기상정보, 임상정보, 지형정보를 이용하여 시간대별 산불확산과 화선에서의 강도를 예측하고, 현장에서의 산불정보를 보고하는 프로그램이다.

산불확산예측시스템의 구성은 ① 대형산불판정 기능 ② 산불확산예측 기능 ④ 확산예측 결과를 지형도, 임상도, 네이버 지도, 구글 지도에 표시하는 기능 ⑤ 화선정보와 향후 진화전략 보고 기능으로 되어있다. 그림 5-21은 국내 산불확산예측시스템 운영의 예를 나타낸 것이다.

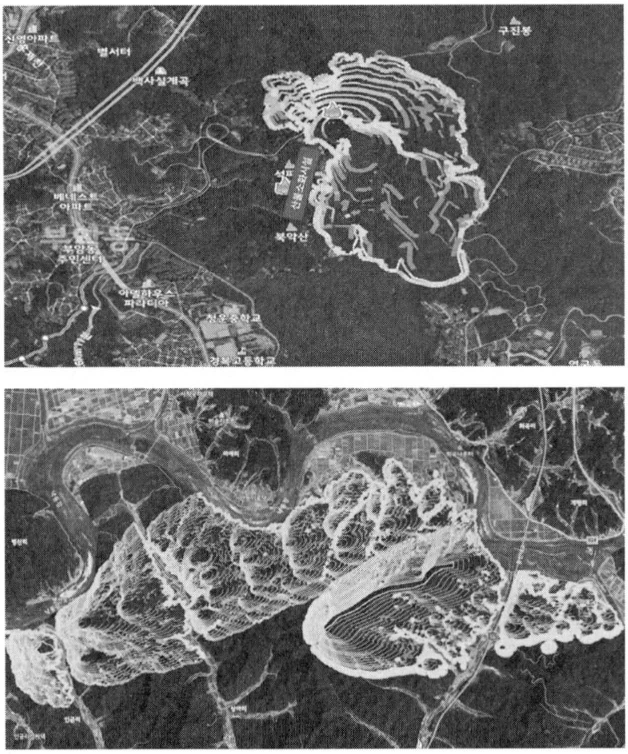

그림 5-21 산불확산예측시스템(국립산림과학원)

Chapter

6

산불의 진화

학습목표

이 장을 통하여 산불의 진화방법을 이해하여야만 한다.

- 산불진화의 기본원리에 대해 알아본다.
- 산불의 초기진화에 대해 알아본다.
- 대형산불의 진화에 대해 알아본다.
- 우리나라의 산불진화체계에 대해 알아본다.

1 산불진화의 개요

1) 산불진화의 기본원리

산불진화의 기본원리는 산불의 3가지 요소 중에 1~2개를 신속하고 효율적인 방법으로 제거하는 것이다. 일반적으로 초기진화에는 상대적으로 적은 수의 장비가 동원되며 산불 규모도 작은 편이다.

(1) 연료는 산림 내에 있는 가연물질을 제거시킴으로써 연료의 기능을 약화시킬 수 있다.
(2) 산소는 불타는 연료를 흙 속에 묻음으로써 질식시킬 수 있다.
(3) 열은 불 위에 물을 뿌리거나 흙을 덮음으로써 냉각시킬 수 있다.
(4) 산불의 초기진화는 산불이 발생하면 가용자원으로 즉각 취해지는 행동이다. 산림지역에서 산불이 발생하면 초기진화가 중요하다.

2) 산불진화의 우선순위

산불은 다음의 진화 순위에 따라 진화하여야 한다.

(1) **제1순위** : 인명 보호
(2) **제2순위** : 주요군사시설, 국가기간산업시설, 문화재 보호
(3) **제3순위** : 가옥 등 주민재산 보호
(4) **제4순위** : 보안림, 채종림, 유전자원보호림(종전 천연보호림), 시험림 등 중요 산림자원 보호
(5) **제5순위** : 기타 산림지역의 산불확산 방지

3) 산불진화의 수칙

(1) 산불진화의 기초원칙

산불진화는 산불현장에서 가장 위험한 작업이므로 안전한 작업순서와 연습은 매우

중요하다. 따라서 산불진화에 있어 3가지 기초원칙을 준수하여야 한다.

① 빠른 초동진화
② 적극적인 진화
③ 신속하고 완벽한 뒷불정리

(2) 산불진화의 일반수칙

① 2인 이상의 조를 편성하여 이동하고 고립되지 않도록 주의
② 진화도구 사용 시 대원간의 거리는 3 m 이상 간격을 유지
③ 한 장소에 오래 머물러 있지 말고 진화작업을 진행하면서 이동
④ 도로, 하천 등 자연적 방화선을 이용하고 계곡 방향으로 접근 금지
⑤ 급경사지에서 진화작업을 할 경우에는 낙석 등에 주의
⑥ 불머리 양 측면을 우선 진화하고 화세가 약해지면 불머리를 진화
⑦ 위험연료에 확산되는 불씨부터 진화하고 비산된 불은 낙하 즉시 진화
⑧ 위험 시 대피할 수 있는 비상 대피로를 2개 이상 확보
⑨ 진화조장은 대원과 항상 연락이 가능하도록 통신망을 유지
⑩ 산불에 고립되었을 경우 방연마스크, 방염텐트 등을 신속히 착용 대피

2 초기진화

1) 초기진화의 의의

산불에서 초기진화는 산불이 발생하면 골든타임 30분 내에 가용자원으로 즉각 취해지는 활동이다. 초기진화에 필요한 자원의 유형과 수는 산불확산 정도나 원인, 위험수위 등 여러 가지 요인에 따라 결정된다. 일반적으로 초기진화에는 상대적으로 적은 수의 인력과 장비가 동원되며 산불피해 규모도 작은 편이다.

2) 초기진화의 특징

초기진화는 진화책임자를 중심으로 소규모의 인력과 장비가 동원되며 다음과 같은 특징이 있고, 조직의 예는 그림 6-1과 같다.

⑴ 초기진화에는 진화팀당 장비가 한 개만 필요할 수도 있고 여러 개가 필요할 수도 있다.
⑵ 보통은 준비단계까지 포함해서 한 번에 진화가 이루어진다.
⑶ 뒷불 정리작업은 몇 번에 걸쳐 이루어질 수도 있다.
⑷ 보통의 경우 명문화된 행동계획이 필요하지 않다.
⑸ 초기진화책임자는 현장에서 가장 경험이 많은 지휘관이 맡는 경우가 많으며 모든 명령과 계획을 세우며 이를 행할 책임을 진다.

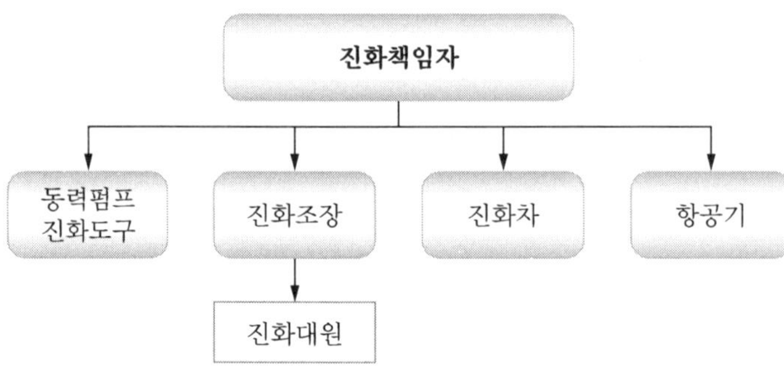

그림 6-1 초기진화조직(예)

3) 초기진화책임자의 역할

(1) 산불이 신고되었을 때

① 소속 산불방지대책본부에서 다음의 정보를 확보할 것

- 산불신고자 이름 : “홍길동, 삼척시 미로면 산1-1, 033-570-1234”
- 산불장소 : “두타산의 북쪽 사면”
- 산불장소까지 가장 접근 용이한 방법 : “홍길동 농장의 옆길로”
- 토지소유자 : “백두산”
- 관할권

- 면적 : “1 ha 가량”
- 연료 유형
- 확산속도 : “서서히”
- 추정 산불원인 : “캠핑자들의 부주의”
- 진화가치 : “반경 100 m내 사찰”
- 가장 최근의 산불위험예보

② 지도 사용

- 위치확인
- 산불장소까지 가장 좋은 경로 결정
- 손실추정

③ 산불의 특성

산불발생 시 불이 어떤 행태를 보이는지에 대해 예보방송 등 가능한 많은 정보를 수집해야 한다.

(2) 산불현장 이동 시

안전하고 침착하게 이동할 것, 과속하지 말 것

① 산불지역에 관해 알고 있는 사항 정리

- 연료형태와 지형
- 접근방법
- 산불확산 진화방법
- 토지소유권
- 그 지역에서 과거에 발생한 산불
- 장비 이동경로
- 가용한 대체인력

② 산불의 특성 파악

- 연료, 지형 및 날씨 등
- 유사지역의 산불과 비교하여 산불유형 등

▪ 산불위험이 감소하는가, 증가하는가 등

③ **지역의 날씨 징후 파악**

▪ 바람을 살피고 예보 때와 비교해서 더 느려지는가 아니면 빨라지는가, 방향은 어떤가 등
▪ 앞으로의 날씨를 예측할 수 있는 징후(예를 들어 회오리바람인가, 돌풍인가, 먼지바람인가)들이 있는지 등
▪ 날씨가 악화되려는 급박한 징후가 있는지 등
▪ 기상상태가 예보와 크게 다른 경우, 특히 풍속 증가하거나, 풍향이 일정치 않은 경우 도시 기상보다는 산림 기상 예보를 파악

④ **연기를 발견한 후**

연기기둥의 규모, 높이, 색깔, 방향을 관찰하여 산불행태 결정

(3) 산불현장에 접근할 때

① 현장을 떠나는 사람들을 관찰하고 자동차 및 오토바이의 번호 등 가능한 한 많은 정보 획득
② 접근대상지를 주의 깊게 관찰
③ 퇴로 결정
④ 몇 개의 접근로 확보
⑤ 산불 발생원인 및 발화추정 장소에 대한 증거 확보 및 현장 보존

(4) 산불장소 도착

진화는 공격적이고 적극적으로 해야 하지만, 그보다 중요한 것은 인명 보호 및 안전 그리고 차량 등 장비 보호이다.

① 최초 도착 : 산불규모 파악 및 현장진화책임자에게 보고
② 안전하다고 생각되는 경우에도 불머리를 가로질러 가지 말 것
③ 차량은 안전하고 접근이 용이한 곳에 주차시키고, 창문은 닫고, 문은 열어 놓고 열쇠를 잘 보이는 곳에 둘 것
④ 현장 접근로가 차량 출입이 가능한지 확인할 것

다음은 산불현장 도착 시 단계별 조치사항을 나타낸 것이다.

① **1단계** : 현장 도착 즉시 초기진화계획을 수립할 것, 결정을 신속하게 내려야 하며, 보통 산불규모를 기준으로 결정한다. 산불을 가장 신속하게 진화하는 것이 급선무이다. 결정할 사항은 다음과 같다.

- 퇴로 확보 및 인진구역 확인
- 타고 있는 나뭇가지나 전력선 등 특히 위험한 요소 파악
- 진화방향에 기준으로 삼을 장소를 정할 것(도로나 전소지역 등)
- 진화방향 결정(화두/화변/화미)
- 진화방식 결정(직접진화/간접진화)
- 도로, 하천 등 자연적 방화선으로 쓸 만한 것이 있는가 파악
- 후속인력 투입시기 결정
- 자원 및 장비 추가투입 결정
- 지형적 특성을 보고 불의 행태에 대한 대응행동 결정
- 최초 발화지점을 확인하고 상태 보존
- 현장진화책임자에게 상황 보고를 할 것

② **2단계** : 대원들에게 간단히 상황을 설명하고 진화작업을 시작한다. 대원들이 자신에게 할당된 임무를 명확히 이해했는지 확인한다. 산불 초기에 얼마나 신속하고 정확한 결정을 내리는가가 진화의 성패를 좌우한다. 안전한 경우 불머리부터 진화를 시작하는 것이 확산을 가장 효과적으로 막을 수 있다. 그러나, 불머리부터 진화하지 말아야 하는 경우는 다음과 같다.

- 산불강도가 세서 위험한 경우
- 불이 휘발성 연료가 있는 지역으로 번지려고 할 때

③ **3단계** : 장비를 동원하여 진화가 시작된 후에도 산불강도 평가 및 산불원인에 관한 정보 수집을 계속해야 한다.

④ **4단계** : 상황변화에 따라 필요하다고 생각되는 경우 초기진화전략 체크리스트를 사전 검토한다. 진화작업이 시작된 다음에도 상황변화가 있을 때마다 이것을 활용해야 한다.

(5) 산불진화 준비상황 검토

진화대원들이 긴급히 대응해야 할 상황이라면 우선 산불진화를 실시하고, 그렇지 않다면 현장에 도착하는 도중 또는 현장에 도착해서 임무 지시를 받는다. 산불방지대책본부에 보고해야 한다면 다음 정보를 제공한다.

① 자신의 소속기관
② 무선통신 설정과 산불현장투입진화대의 종류
③ 책임자의 성명과 동행자의 수
④ 특별한 산불진화 장비 종류와 활용능력

또한, 산불진화대원들은 산불현장 통합지휘본부장으로부터 보급 위치(서비스와 물자 공급, 휴식장소, 식품공급 서비스 등), 보급 계획, 연락방법에 관한 브리핑을 듣는다. 본부장은 이러한 상황을 항상 확인하고 각종 정보들을 브리핑해야 한다. 산불진화대원들은 함께 식사하고 작업해야 한다. 작업을 수행하다가 대원들과 떨어질 수 있지만 팀의 일원으로서 함께 행동해야 한다.

(6) 초기진화전략 체크리스트

산불규모를 파악하고 초기진화책임자로부터 상황보고를 받은 후 다음 사항을 점검한다. 상황변화가 있을 때마다 이것을 활용한다.

아래의 질문 중 "아니오"가 한 가지만 있어도 이에 대한 방안을 즉각 강구하여 조치를 취해야 한다.

표 6-1 초기진화전략 체크리스트

구 분	체크리스트
예 아니오	산불규모를 파악했는가?
예 아니오	산불장소에 현재 내려진 산불예보를 알고 있는가?
예 아니오	현재 산불상황이 예보와 일치하는가?
예 아니오	현재 보유한 자원으로 진화가 가능한가? (직접적/간접적, 통제선 표시지점, 퇴로, 불머리/불허리 진화, 우선진화지역) 현장에 최초로 투입된 대원들 및 새로 투입된 대원들이 서로간 의사가 잘 소통되고 있는가?
예 아니오	산불장소 전체를 볼 수 있는가?
예 아니오	산불현장에 있는 사람들 모두와 원활한 의사소통이 이루어지고 있는가?
예 아니오	퇴로와 안전구역이 확보되었는가?
예 아니오	안전수칙이 잘 지켜지고 있는가?
예 아니오	산불상황을 현장진화책임자에게 보고했는가?
예 아니오	추가 작업 전에 산불을 진화할 수 있는가?
예 아니오	산불이 추가 작업 전에 진화되지 않거나 동원된 조직규모가 진화책임자(IC)의 운영가능 범위를 초과하게 되었다면 본부에 이것을 보고하였는가?

(7) 판단

산불 전체를 볼 수 있는 장소에 가서 전체 시야를 확보한다. 확산속도도 느리고 규모도 작은 산불의 경우 육안으로 평가할 수 있다. 대규모, 빠른 확산속도를 보이는 산불의 경우 높은 지점이나 헬리콥터에서 시야를 확보해야 한다. 필요한 경우 현장 감시원을 이용한다. 고려할 사항은 다음과 같다.

① 위험지역을 관찰하고 퇴로를 확인할 것
② 산불규모
③ 화염의 길이
④ 불머리의 위치
⑤ 예상되는 산불 진행방향
⑥ 기상 상태
⑦ 불의 양태
⑧ 연료 유형
⑨ 지형
⑩ 판단시간대

(8) 초기진화계획의 평가

① 초기진화가 잘 되고 있는가? 만약 잘 되고 있지 않다면 그 이유는 무엇인가?
② 자원이 더 필요한가?
③ 진화선을 구축하는데 시간이 얼마나 걸리는가?
④ 기상과 연료유형, 지형상의 특징이 불의 행태 변화에 심각한 영향을 미치는가?
⑤ 확산속도나 산불강도가 예상 이상인가? 만약 그렇다면 현장진화책임자에게 이를 보고할 것.

초기진화가 잘 되고 있다면 같은 방식으로 계속한다. 현재 능력으로 산불을 진화할 수 없을 정도로 규모가 크거나 상황이 어려운 경우 이를 현장진화책임자에게 보고하고 필요하다면 지원을 요청한다.

(9) 상황보고

다음의 사항을 현장진화책임자에게 보고하고 이들의 향후 상황변화나 진화과정상 변화에 항상 주의를 기울인다.

① 산불이름
② 현장 위치
③ 접근방법
④ 연료 유형
⑤ 산불규모
⑥ 확산속도
⑦ 진화 시 예상되는 문제점
⑧ 확산 잠재력
⑨ 원인(밝혀진 원인/추정 원인)
⑩ 손실위험 정도(피해면적/피해액)
⑪ 진화 예상시간
⑫ 기상 상황
⑬ 현장에 있는 동원가능한 자원
⑭ 추가 자원의 필요성
⑮ 불의 행태
⑯ 특별히 필요한 전문인력

(10) 산불진화전략

진화전략은 확산속도, 강도, 비화 가능성, 손실위험 정도, 피해면적, 가용자원 종류 등 많은 요인을 고려하여 결정한다. 도로나 지류, 전소지역 같은 자연적 진화선의 지점을 표시한다. 진화에는 다음에 제시되는 전략을 단독 또는 복합적으로 포함한다.

① 직접진화

- 진화선 구축 같은 진화 활동은 화선 근처에서 수행
- 산불진화 우선순위가 높은 곳에서 주로 적용(인명/국가기간산업시설 등)
- 가능하면 전소지역에 작업 위치를 정할 것
- 진화선 지점표시가 필요

② 간접진화

- 통제선은 자연적인 방화선을 따라서 설정하거나 불에서 상당히 떨어진 곳에 설정
- 맞불(back fire) 등 간접진화가 필요한 경우. 단, 맞불에 의하여 또 다른 산불

이 빠르게 전개될 수 있는 위험성이 있음

- 대원들, 경사지형, 불의 꼭대기나 자연적 방화선을 위협하는 불에 대한 진화 포함

(11) 산불진화전술

진화선 위치선정 원리, 위치선정 시 고려할 사항은 다음과 같다.

① 불과 적당한 거리를 두고 선정할 것
② 산불상황이 더 심각해지기 전에 대원들이 진화선을 구축할 시간을 확보할 것
③ 진화선은 최대한 짧은 직선 형태로 구성할 것(지형적 특성 충분히 고려)
④ 가장 쉬운 경로 사용
⑤ 산불현장에서 발생 가능한 위험요인 제거 및 진화선과 위험요인간 적당한 안전거리 제공할 것
⑥ 급경사나 급회전해야 하는 곳은 피할 것
⑦ 기존의 자연적 방화선을 잘 활용할 것
⑧ 적절한 장소라면 중장비를 활용할 것
⑨ 내리막길에 간접 진화선 구축할 것

(12) 진화선 구축원리

① 모든 진화선은 깨끗하게 구축할 것
② 연소지역 안에 있는 숯이나 타고 있는 물질을 흩어 놓을 것
③ 급경사지에서 굴러 내려오는 불씨를 잡을 수 있게 고랑을 구축할 것
④ 썩은 나무나 그루터기를 제거할 것
⑤ 시간이 되면 전소 전에 진화선 주위의 타다 남은 나무들을 정리할 것
⑥ 진화선은 안전을 고려하여 되도록 불의 모서리에 구축할 것

(13) 진화선의 폭 결정 시 고려사항

① 진화선의 폭은 연료, 지형, 불의 행태를 고려하여 판단한다. 진화선의 폭은 우세 불길 높이의 약 1.5배가 되도록 하는 것이 일반적인 규정이다.
② 불의 행태가 심각해 질 것으로 예상되는 지역에서 진화선의 폭은 연료 높이의 2배 이상이 되어야 한다.

③ 진화선의 폭을 결정할 때는 다음 요인을 고려한다.

- **연료** : 연료의 종류, 높이, 밀도, 크기, 조건에 따라 진화선의 폭을 정한다.
- **경사 또는 지형** : 경사면에서 불 윗부분에 진화선을 설치한다면 경사가 급할수록 진화선은 넓어야 한다.
- **기상조건** : 기상조건은 불의 강도에 영향을 미친다. 불이 뜨거울수록 진화선의 폭은 넓어야 한다.
- **산불의 연소부분 특징** : 화두가 가장 뜨겁고 불꽃도 길다. 불허리는 강도가 다소 낮다. 이는 화두에 진화선을 넓게 만들어야 한다는 것을 의미한다.
- **산불의 규모** : 산불에서 발생하는 화염의 길이가 진화선의 폭과 관계가 깊다.

(14) 물 사용의 원리

① 양이 충분하지 않으면 절약해서 사용할 것
② 불의 하단부에 뿌릴 것
③ 효율적 이용을 위해 수작업자와 노즐 작업자가 협력할 것(특히 뒷불정리 시)
④ 노즐 작업자와 물 공급자가 효과적으로 의사소통할 것
⑤ 물 확보 계획을 수립할 것
⑥ 결정적인 순간에 물 부족 사태가 발생하지 않도록 모든 대원들이 협조해서 일할 것
⑦ 빠른 이용을 위해 진화차량은 항상 이동 방향으로 향하게 할 것
⑧ 물을 이용하여 산불을 직접진화함과 동시에 진화선 주위의 토양에도 물을 뿌릴 것
⑨ 물을 아끼고 이용 효율을 높이기 위하여 포말소화약제나 다른 부가제를 사용할 것

(15) 항공기용 지연제 사용원리

① 지연제(Retardants)의 종류

지연제는 산불의 세기를 감소시키거나 산불확산속도를 느리게 하기 위해 화두의 앞부분에 투하하는 화학 혼합물이며 다음과 같이 단기지연제와 장기지연제가 있다.

- **단기지연제** : 이름이 의미하는 것처럼 짧은 기간 동안 유효하다. 유효성은 타고 있는 연료의 연소를 감소시키거나 억제하는 데에 있다. 일단 수분이 증발하고 나면 지연제는 비효율적이 된다. 단기지연제는 화염의 길이가 약 1.2 m 이하인 낮은 세기의 산불에 효과적이다.
- **장기지연제** : 대부분의 고정익은 항공기에 장기지연제를 탑재한다. 장기지연제는 물이 증발된 뒤에도 연소를 억제하거나 감소시킬 수 있다. 화염 길이가 1.2 m 이상이면 장기지연제 사용이 요구된다. 지연제 생성물은 화학염들을 포함한다. 많이 사용되는 것들 가운데 암모니아 황화합물, 모노암모늄 인산염, 디암모늄 인산염 그리고 암모늄 폴리인산염 등이다.

② 지연제의 사용 원리

- 산불규모와 가용자원에 따라 선략 및 전술을 세울 것
- 기준점을 정해서 작업할 것
- 적절한 고도를 유지할 것
- 적당한 구역을 나누어 살포할 것
- 정확도를 높이기 위해 바람을 타고 소화약제를 살포할 것
- 육상과 지원체제가 갖춰지는 경우에만 직접진화를 할 것
- 소화약제가 멀리 퍼질 수 있도록 할 것
- 소화약제의 효율성을 평가하여 이용을 조절할 것(살포장소/살포농도)
- 지연제는 슬롭오버(slop over, 화염의 작은 부분이 진화선을 뛰어넘는 경우) 발생이나 비화발생 진화에 사용될 때 매우 효과적이다.
- 수관화에서는 비효율적이며 충분한 지연제를 사용하기 어렵다.

(16) A급 폼제 사용원리

① 폼제의 기본 성질

- 물의 표면장력을 감소시키고, 지상연료에 훨씬 잘 침투할 수 있는 화학 생성물인 계면활성제를 포함한다.
- 작은 공기방울을 생성하는 액상 응축물을 포함한다. 지상연료에 투하될 때 연료에 달라붙는다. 폼제 덮개층은 산소를 차단하고 연소기체의 생성을 막으며 가연물의 표면을 냉각한다. 또한 방울 구조는 파괴되기 시작하며 다시 액체 상태로 되면서 계면활성제의 성질은 여전히 남게 된다.
- 혼합비율은 0.1%에서 1%까지 다양

- 물과 배합하는 방법
  - 물탱크나 물 공급원에 직접 넣는다.
  - 유량측정 원리를 이용하여 펌프의 투입구에서 적당한 비율로 자동 혼합한다.

② 폼제의 진화효과

- 열을 흡수한다(폼제 용액에 포함된 물은 열을 흡수한다).
- 산불로부터 산소를 격리시키고, 증기 억제제로서 작용한다(폼제 덮개층).
- 연료를 격리시킨다(폼제 거품구조는 산불 열을 단열시킨다).
- 반사성 방벽으로서 작용한다(하얀색은 복사열을 반사한다).
- 화학 연쇄반응을 중단시킨다.

A급 폼제는 물보다 3～5배 정도 효과적이다. 기본적으로 A급 폼제의 전술적 활용 방법은 산불 직접 진화 및 간접 진화에 활용, 마무리 진화작업 그리고 구조물 보호에 활용한다.

(17) 항화염겔(Fire-blocking gels)

항화염겔은 최근 산불화재에 도입되고 있다. 항화염겔은 투하되고 활용될 때 겔 피막을 형성하는 고분자 기반의 화학 생성물이다. 이 항화염겔은 A급 폼제의 공기방울 대신에 물방울을 포함한다. 이 물방울들은 A급 폼제보다 더 높은 온도에서 견디는 생성물을 만든다. 이 항화염겔은 훨씬 좋은 접착력을 가졌으며, 항화염겔로 덮여진 지상 연료들은 24시간까지 산불에 견딘다.

(18) 입화

진화선에서 맞불을 놓기 위해 연료를 선 안으로 집어넣는다. 입화는 진화선 근처에 사람이 없을 때나 불이 갑자기 세게 탈 때 진화선 근처에 있는 연료로 인해 생길 수 있는 위험한 상황을 제거해 준다.

입화에는 선형 입화(line firing), 띠형 입화(strip firing), 고리형 입화(ring firing)가 있다. 선형 입화는 가장 일반적이고 처음에 사용되는 점화기술로 진화선의 내부 가장자리를 따라 종료지점까지 입화하는 것이다. 띠형 입화는 자주 사용되는 두 번째 방법으로 3명의 대원들이 함께 여러 개의 띠를 태우기 위해 입화하는 것이다.

띠형 입화는 연속적인 작은 연료들에 매우 적합하다. 띠형 입화에서 작업대원들은 종료지점, 탈출경로, 안전지대 등을 알아야만 한다. 고리형 입화는 커다란 주 불길이 접근해오고 그들 사이에 많은 양의 초목들로 집들이 둘러싸인 상황에서 구조물을 보호하는데 가장 적합한 기술이다.

그림 6-2 **선형 입화(미국, 중국)**

(19) 헬리콥터 이용

① 헬리콥터는 보통 현장에 가장 먼저 도착하며 공중에서 물과 포말 소화약제를 뿌린다. 초기진화 책임자는 이들을 효과적으로 운영해야 한다.
② 복구 작업에 이용되기도 함
③ 인력·장비 수송에 사용

(20) 뒷불정리의 원리

① 타고 있는 통나무의 불은 긁거나 쪼아 내며 물과 흙을 사용하여 불씨를 제거
② 급경사지에서의 잔불정리 요령
- 산재된 통나무는 경사지와 평행으로 뒤집어 놓고, 불씨를 긁어내며 흙과 물을 뿌린다.
- 깊은 도랑을 파고, 둑을 만들어 위에서 구르는 불덩어리를 모은다.
- 타고 있는 무거운 통나무 밑에 깊은 고랑을 파준다.

③ 타고 있는 위험연료는 연소지역 내에 흩어 놓은 후 불을 끄고, 땅에 묻는 경우는 불씨를 확인한다.
④ 타고 있는 고사목은 제거 후 불을 끄고, 고사목이 탈 때에는 다음과 같이 진화

한다.
- 삽과 도끼로 타고 있는 부분을 긁거나 찍어낸다.
- 가능한 높게 나무껍질을 벗긴다.
- 나무 틈의 불씨 등은 흙과 물을 뿌려서 끈다.
- 나무에서 벗겨낸 불 파편은 연소지역 내에 흩어 놓는다.
- 고사목이 있는 진화선 주변을 깨끗이 청소한다.

⑤ 진화선을 만든 후와 전소 직후에 잔불을 정리할 것, 가장 위험한 것부터 우선적으로 정리

⑥ 안전한 상황이라면 연료를 다 태울 것

⑦ 소규모 산불의 경우 현장을 전체적으로 정리할 것

⑧ 추가적인 발화가 없도록 할 것

⑨ 불의 확산원인이 될 가능성이 있는 나무만 베어낼 것

⑩ 계속 타고 있는 잔불을 정리할 것

⑪ 진화선 바깥에 있는 나뭇가지나 통나무, 타다 남은 연료로 인해 발생할 수 있는 가능성 고려

⑫ 타고 있는 연료를 찾아서 정리할 것

⑬ 돌, 부러진 나무, 나뭇가지 등이 굴러가지 않도록 고랑을 팔 것

⑭ 손으로 진화선 주변을 정리할 것(신중하고 천천히)

⑮ 진화도구를 잘 씻어서 정리할 것

⑯ 물을 절약할 것, 진화작업에 맞게 물 사용을 조절할 것

⑰ 썩은 낙엽층, 썩은 나뭇가지, 침엽수 잎 등 잘 타는 연료의 잔불정리 경우, 진화용수를 한 번에 붓지 말고 부분으로 나누어 진화할 것

⑱ 뒷불 감시조 운영 및 확인
- 2~3명을 1개조로 편성, 사방 관측이 양호한 지역에서 재 불을 감시하고 발견 시 신속한 보고 및 진화
- 잔불 정리 후 산불지역 내 불의 완전진화 여부, 불타지 않은 지역의 비산화 발생 여부를 계속 관찰
- 열기가 있는 의심스러운 곳은 손으로 직접 확인
- 산불이 발생했던 지역을 관망하며 이상 징후를 확인

(21) 통신망 구축(의사소통)

① 짧고 명확하게 하며 간결하게 통화

② 일상의 언어와 표준 산불진화 용어 사용
③ 일정한 속도 및 명확한 음성으로 통화
④ 긴급한 사항이 아니면 타인의 교신 방해 금지
⑤ 복명, 복창하여 메시지 내용을 확인

3 대형산불 진화

1) 대형산불 진화의 의의

산불이 확대되어 소·중형 산불에서 대형산불로 확산될 경우의 산불진화는 조직, 책임, 임무, 전략과 전술 등의 수정이 필요하며, 특히 진화책임자의 지휘권 일원화와 진화자원의 동원 및 배치, 유관기관 간의 협조체계 구축 등 산불진화 및 지휘업무가 체계적으로 이루어져야 하며, 다음과 같은 사고지휘체계(ICS, Incident Command System)의 활용이 필요하다.

2) 사고지휘체계의 도입 배경

사고지휘체계(ICS, Incident Command System)는 미국에서 FIRESCOPE(Fire-fighting Resources of California Organized for Potential Emergencies)라는 프로젝트에 의해서 개발되었다. 즉, 1970년 남부 캘리포니아에서 대형산불이 발생했을 때 13일 동안 16명의 사망자와 700여 가옥이 소실되었다. 그 당시 대형산불 진화에 있어 상호 간의 협조, 현장관리, 통신수단, 다수기관 간 조정통제 등과 관련된 주요한 문제점들이 발생하였다. 이러한 문제들은 관련기관에 의해 오랫동안 지적되어 왔지만 같은 유형의 사고가 반복해서 발생함으로써 이 프로젝트를 수행하였다.

1980년에 FIRESCOPE는 국가기관 사고관리시스템(NIIMS)이라고 불리는 국가 프로그램으로 전환되었고, ICS는 모든 연방정부의 산불화재기관에서 전국적으로 수용되었다.

3) 사고지휘체계의 구성요소

ICS는 9개의 주요 구성요소를 가지고 있다.

(1) **공통의 용어** : 모든 사람들이 같은 언어로 말한다. 주요 역할을 미리 지정하고 명칭을 부여하며 각 조직의 요소들을 표준화하고 일치되도록 하다. 진화자원과 시설도 정의한다.

(2) **조직 모듈** : 사고의 규모와 복잡성에 따라서 필요한 기능을 갖추어야 한다. 필요에 따라 조직을 확대하거나 축소한다.

(3) **의사소통의 통합** : 사고에 대하여 하나의 의사소통 계획이 있다. 이 계획은 무선통신 네트워크를 요약하고 있으며 지휘망, 전술망, 지원망, 공중과 지상의 협력망, 공중전술망을 포함하기도 한다. 일부에서 사용하는 코드는 명확한 문장 또는 평이한 언어로 대체된다.

(4) **단일화된 지휘체계** : 대개의 재난·재해는 몇 개의 행정구역을 포괄하고 있다. ICS는 단일한 지휘구조를 확립하여 포괄적인 사고의 목적과 전략을 수립한다. 단일화된 지휘는 하나의 작전계획과 통합된 전술운영을 실행하며 진화자원을 최대로 활용한다. 단일화된 지휘구조 아래에서 작전 책임의 지휘자에 의해 사고대응계획을 수행한다.

(5) **일관된 대응계획** : 사고대응계획은 목적과 전략을 수립하여 산불상황을 통제한다. 이 계획은 산불재난에 대한 모든 전술 및 지원 활동을 다룬다.

(6) **통제범위** : 산불상황 관리직원에 대한 통제범위는 3명에서 7명이다.

(7) **지정된 사고시설** : ICS는 산불재난관리에 필요한 일부 시설을 지정한다.

① 지휘본부 (산불재난을 관리하는 곳에 설치)
② 사고본부 (대개의 지원활동이 이루어지는 곳에 설치)
③ 캠프 (진화자원들이 머무르는 곳)
④ 창고 (진화자원을 보관하는 장소 또는 임시 주차시설)
⑤ 헬기장 (헬기를 관리하고 지원하는 곳)
⑥ 헬기착륙장 (헬기가 착륙하는 곳)

(8) **진화자원** : 진화자원은 단일 자원, 실무팀, 타격대로 나눠진다. 단일 자원은 진화차, 손 진화도구 등이다. 실무팀은 구체적인 진화업무를 수행하기 위해 구성한 자원의 조합이다. 실무팀의 리더를 임명한다. 타격대는 한 단위의 진화자원이다. 매우 구체적인 형태의 타격대로 구성하며, 타격대의 리더를 임명한다.

(9) **자원관리** : 산불진화에 배치된 모든 자원의 정확한 상황을 파악하는 것은 매우 중요하다. 진화자원관리조건에는 3가지가 있는데, 배치(assigned), 대기(available), 열외(out of service)이다.

4) 사고지휘체계의 조직

사고지휘체계는 5개의 기본적인 조직역할로 나누고 있다. 즉 지휘, 운영, 기획, 보급, 재정 및 행정이다. 사고 관리의 모든 측면은 이들 5개 기능 가운데 하나에 속한다.

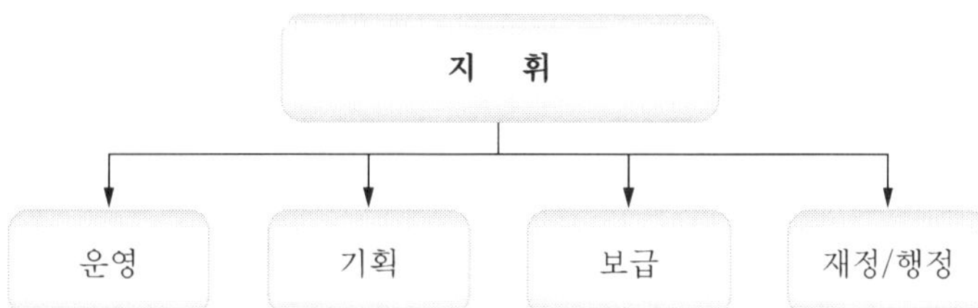

그림 6-3 사고지휘체계의 구성요소

(1) 지휘

지휘는 사고 관리에 대한 총괄적인 책임을 지닌다. 사고지휘관은 규모에 무관하게 5가지 기능들 각각의 집행에 대한 책임을 갖는다. 일단 이 기능적 단위들 가운데 하나가 독립적인 관리를 요구하면 사고지휘관은 책임 영역 내에서 특정 기능들을 관리하는 권한을 부여받게 될 것이다. 사고지휘관의 역할은 ICS 지휘의 첫 번째 주요 구성요소이다.

(2) 운영

사고에서 모든 전술적 운영은 운영과에 의해 조정된다. 사고지휘관이 부가적인 자원들을 사고나 사건에 투입하거나 그에게 보고하는 사람들이 너무 많을 때 운영과에게 활동이 부여된다. 운영과에서는 산불진화를 감독하고 지휘한다.

(3) 기획

기획은 사고에 대한 정보를 수집하고, 평가하며 배포한다. 기획과는 각각의 작업기간 동안 사고대처계획을 개발한다. ICS의 주요 기능 단위는 장비의 상황과 개인 자원들에 대한 정보를 관리하며 모든 사고 관련 서류를 관리하고 동원해제계획을 준비할 책임을 지닌다. 특히, 기획과에서는 사고의 필요에 따라 기상학자, 화재거동분석가, 구조물 엔지니어, 환경영향평가사, 홍수제어전문가와 같은 전문가가 배정되기도 한다.

(4) 보급

보급과에서는 사고와 관련되어 필요한 모든 서비스와 지원을 제공한다. 보급 부문은 모든 진화자원과 식료 및 연료를 주문할 뿐만 아니라 시설과 대원들이 필요로 하는 서비스를 제공한다.

(5) 재정/행정

재정/행정 부문은 재무 정보를 다루어야 할 필요가 있을 때만 설치한다. 대개의 주요 산불은 재무부문이 필요하다. 재무부문 책임자는 사고와 관련해서 모든 지출을 정리해야 하는 책임이 있다. 재무부문에는 4개의 단위가 있는데 시간, 조달, 보상/청구, 비용이다.

5) 대형산불 진화조직

산불이 소·중형에서 대형산불로 확산될 경우 사고지휘체계(ICS, Incident Command System)는 단일조직에서 복합조직으로 변경되어야 하며, 현재 미국, 호주 등의 경우 ICS라는 표준화된 체계를 공통적으로 산불 등 각종 재난·재해에 활용하고 있다. 그림 6-4는 일반적인 대규모 산불진화조직체계의 예를 나타낸 것으로 이 가운데 필요한 것만 채택하여 활용하면 된다.

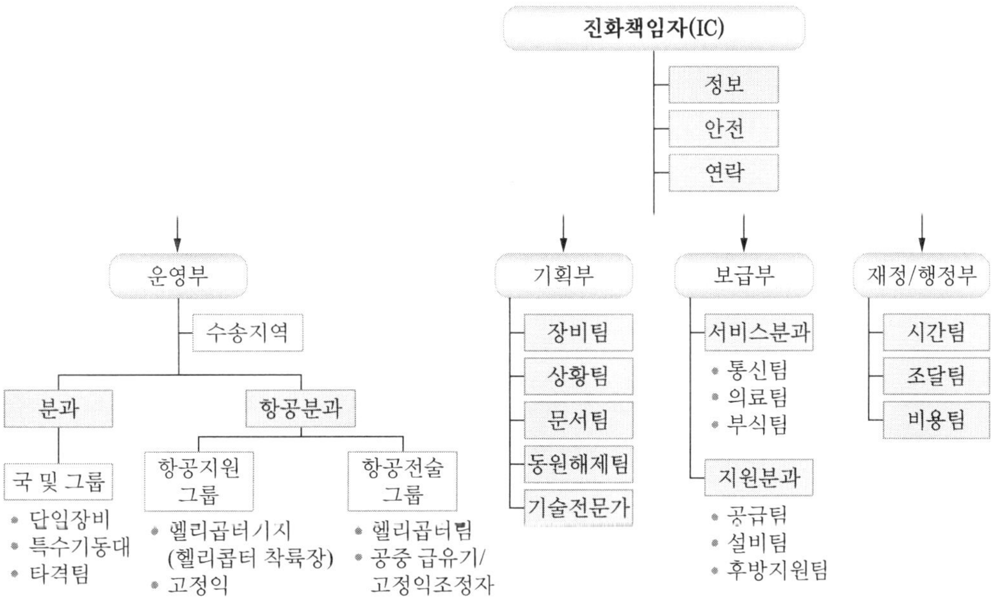

그림 6-4 대규모 산불진화조직체계 구성도(예)

6) 산불진화구역 구분

두 개 이상의 산불진화 관리팀이 필요한 경우에는 진화구역 구분의 정립을 고려해야 한다. 자원이 부족할 경우 우선순위를 고려하여 배치하고 모든 상황에서 개별적인 행동계획이 사건을 해결하는데 가장 알맞은 상태로 구성되어야만 할당 목표가 달성될 수 있음을 명심해야 한다.

7) 대형산불 확대 시 진화전략 체크리스트

산불의 초기정도나 확산속도에 대한 정보를 입수한 후 다음 사항을 점검해야 한다. 상황변화가 있거나 예상되는 경우 반드시 반복하여 점검해야 한다.

표 6-2 대형산불 확대 시 진화전략 체크리스트

구 분	체크리스트
예 아니오	산불장소에 현재 내려진 화재예보를 알고 있는가?
예 아니오	현재 산불상황이 예보와 일치하는가?
예 아니오	현재 보유한 자원으로 향후 진화가 가능한가?
예 아니오	상황변화에 따른 진화 계획을 계속 수립하고 있는가? (직접적/간접적, 진화선 지점표시, 퇴로, 화두/화변 진화, 우선진화지역), 현장에 최초로 투입된 대원들 및 새로 투입된 대원들이 서로간 의사가 잘 소통되고 있는가?
예 아니오	산불장소 전체를 볼 수 있는가?
예 아니오	산불현장에 있는 사람들 모두와 원활한 의사소통이 이루어지고 있는가?
예 아니오	퇴로와 안전구역이 확보되었는가?
예 아니오	안전수칙이 잘 지켜지고 있는가?
예 아니오	추가 작업 전에 산불을 진화할 수 있는가?
예 아니오	산불상황을 현장진화책임자에게 보고했는가?
예 아니오	현재 동원중인 자원의 상황을 완벽하게 파악하고 있는가?
예 아니오	비용 분담 문제가 발생하는가?
예 아니오	현장의 모든 대원들이 확대진화로 전환된 것과 계획의 변화를 인지하고 있는가?
예 아니오	확대 개편된 조직의 역량으로 진화가 가능한가?
예 아니오	확대 시 산불진화로의 전환과정이 자세하게 기록되어 현장진화책임자에게 전달되고 있는가?

위의 질문 중 "아니오"가 한 가지만 있어도 이에 대한 방안을 즉각 강구하여 조치를 취해야 한다.

4 우리나라의 산불진화체계

우리나라 산불현장지휘체계는 산림보호법에 따라 산불관리통합규정에 기술된 현장 실무적 성격의 지침으로 재난성 산불발생 시 진화업무영역과 필요한 자원을 파악한 다음 파악한 업무영역과 필요자원을 담당 운용할 조직을 편성하고 편성한 조직을 작동하는 원칙과 방법을 규정한 시스템이다.

산불현장지휘체계의 주요 구성 내용을 살펴보면 ① 산불규모별 진화지휘책임자의 규정 ② 산불단계별 대응 요령 ③ 산불확산 단계별 조치사항 ④ 현장지휘책임자의 역할 및 지휘권 인계 ⑤ 진화대의 조직 편성 운영 ⑥ 유관기관 진화자원의 운영 관리 ⑦ 산불진화 완료의 판단 기준 ⑧ 유관기관의 임무 및 역할 등으로 정리되고 있으며, 다음은 소·중형 및 대형 산불을 중심으로 조치하여야 할 내용을 중심으로 기술코자 한다.

1) 소·중형 산불

(1) 현장대책본부 설치 및 운영

초기의 산불이 기상 및 지형적 여건의 악화로 산불이 소·중형 산불로 확산 시 초기 진화책임자인 산림담당과장 등은 시장·군수에게 산불진행상황을 신속히 보고 후 현장 지휘권을 인계히여야 하며 지휘권을 인수받은 시장·군수는 다음의 사항을 조치 이행토록 규정하고 있으며, 현장대책본부 반별 구성 및 임무는 다음과 같다(표 6-3).

표 6-3 소·중형 산불 현장대책본부 반별 구성 및 임무 부여

구 분	반 장	반별 임무	
지상진화반	시·군 산림과장 관리소 보호계장 (경영팀장)	▪ 지상진화지휘 ▪ 진화임무부여 ▪ 지상통신유지	▪ 진화자원배치 ▪ 진화지역배정 ▪ 시간대별 조치사항
공중진화반	항공지소장 항공지소 산림항공계장	▪ 헬기통합지휘 ▪ 급수지역지정 ▪ 공중통신유지	▪ 헬기공역지정 ▪ 급유지점지정
보급지원반	시·군 산림과 주무계장 관리소 서무계장	▪ 진화대원급식 ▪ 의료구호지원 ▪ 지원물품회수	▪ 진화장비지원 ▪ 지원사항정리

(2) 유관기관 현장대책회의 개최

① 유관기관 책임자 소집 통보 및 현장대책회의 개최

② 지상진화반장은 표준상황판에 의한 진화계획, 진화구역 할당 등 설명

③ 대책회의 주요내용

- 현장지휘체계의 숙지 및 보고체계 운영
- 기관별 진화업무 명정 및 진화구역 할당
- 진화대원의 안전진화 및 통신망 구축 운영
- 주민 대피 및 민가 보호 등에 관한 사항

④ 진화 지휘권의 운영

- 지휘권의 범위 : 소·중형 산불(시장·군수)
  대형산불 확산 시, 시·도지사에게 상황보고 후 지휘권 인계(시장·군수 → 시·도지사)
- 진화계획의 수립 및 진화자원 운영 관리
- 진화 지휘 및 보고체계의 일원화 유지
- 진화대원의 안전 및 주민대피, 민가 보호
- 통신망의 구축·운영 및 상황자료의 기록 유지

⑤ 유관기관 진화자원의 운영·관리

- 유관기관 진화자원의 편성 및 임무부여
- 산불상황 브리핑 및 안전교육 실시
- 산불의 진화 및 보고체계 확립
- 산불의 안전 진화 등
  유관기관 : 산림항공관리소, 소방관서, 경찰관서, 군부대, 기상관서, 보건관서 등
- 진화인력의 재편성 및 언론 대응
- 진화인력 추가 지원 시 진화대 편성 운영
- 진화조직은 조직식 구조로 편성(중대급 규모)
- 유관기관 자원은 별도의 진화반으로 편성
- 산불상황 및 진화계획에 대한 보도자료 배포 및 현장브리핑 실시

⑥ 산불현장대책 지원단 지원(산림청)

- 지원시점 : 중형산불 이상의 확산 우려 및 야간산불이 예상 시
- 지원단 : 산림청 간부급
- 주요 임무 : 산불진화 지원 및 진화지휘 자문

⑦ 산불진화 완료 및 진화보고

- 판단 기준 : 잔불진화 단계에서 산불현장지휘책임자가 진화선을 구축하고 기상여건 등을 고려하여 조기진화가 가능하다고 판단할 경우 진화완료를 결정할 수 있다.
- 보고 시점 : 산불현장지휘책임자가 진화선을 구축하고 기상여건 등을 고려하여 조기진화가 가능하다고 판단 시
- 보고 체계 : 대책본부 → 시·군 → 시·도 → 산림청
- 보고·전파 : 산림청, 시·도, 유관기관, 언론사

2) 대형산불

소·중형 산불이 기상 및 지형적 여건의 악화로 대형산불로 확산 시 소·중형 산불 진화지휘 책임자인 시장·군수는 시·도지사에게 산불진행상황을 신속히 보고 후 현장 지휘권을 인계하여야 하며 지휘권을 인수받은 시·도지사는 다음의 사항을 조치 이행토록 규정하고 있다.

(1) 현장대책본부 설치 및 운영

산불상황 여건을 고려 효율적 진화지휘가 가능한 현장 인근에 대책본부를 설치·운영

(2) 현장대책본부 반별 구성 및 임무 부여

표 6-4 대형산불 현장대책본부 반별 구성 및 임무 부여

구 분	반 장	반별 임무	
상황총괄반	시장·군수	▪ 전체상황분석 ▪ 유관기관협조 ▪ 반별자원배정 ▪ 상급기관보고	▪ 진화전략수립 ▪ 통합지휘보좌 ▪ 반별임무조정 ▪ 시간대별 조치사항
지상진화반	시·도 산림과장 지방산림관리청장	▪ 지상진화지휘 ▪ 진화임무부여 ▪ 지상통신유지	▪ 진화자원배치 ▪ 진화지역배정

표 6-4 (계속)

구 분	반 장	반별 임무
공중진화반	산림항공관리소장 또는 항공지소장	▪ 헬기통합지휘 ▪ 헬기공역지정 ▪ 급수지역지정 ▪ 급유지점지정 ▪ 공중통신유지 ▪ 산불상황전파
홍보대책반	시·도 공보담당과장 지방청 산림경영과장	▪ 홍보자료 배포 ▪ 영상자료 확보 ▪ 주민행동요령 전파 및 대피지도
보급지원반	시·도 총무과장 지방청 운영과장	▪ 진화장비지원 ▪ 급식지원 ▪ 의료구호지원 ▪ 지원사항정리 ▪ 지원물품회수

(3) 유관기관 현장대책회의 개최

① 유관기관 책임자 소집 통보 및 현장대책회의 개최

② 시·군 산림과장 또는 국유림관리소장은 표준상황판에 의한 산불상황 등 설명

③ 대책회의 주요내용

- 기관별 진화업무 명정 및 진화구역 할당
- 지상·공간 산불진화체계 및 항공기 운항 통제사항
- 항공기 유류 보급 및 진화용수 공급 사항
- 통신망 운영, 차량통제, 급식지원 사항
- 주민 대피 및 민가 보호 등에 관한 사항

④ 유관기관별 임무 및 역할

산불발생 시 지자체로부터 유관기관의 진화자원 요청 시 유관기관은 산불재난 위기대응 실무매뉴얼이 규정한 내용의 임무를 수행하여야 하며 주요 임무 및 역할은 표 6-5와 같다.

표 6-5 유관기관별 임무 및 역할

기관별	주요 임무 및 역할
산림항공관리소	▪ 산불발생 시 산림진화 헬기의 지원 ▪ 다기관 헬기 진화 시 공중지휘기 운영 ▪ 현장대책본부 내 공중진화반 배속 헬기 운영 총괄 ▪ 헬기의 급유 및 담수지 운영

표 6-5 (계속)

기관별	주요 임무 및 역할
소방관서	▪ 산불신고 접수 시 신속 전파 및 대응 조치 ▪ 산불방지 업무 지원 및 소방자원 지원 - 소방인력, 소방차량, 소방헬기 - 민가·시설물 보호 등의 임무 ▪ 도시지역은 소방관서에서 초동진화 지원 ▪ 현장대책본부 내 기관 연락관 배속
경찰관서	▪ 산불발생 시 진화자원 및 인근지역 교통통제 ▪ 진화 인력 및 경찰헬기 지원 ▪ 산불원인자 및 방화범 검거에 협조 ▪ 주민 대피령 발령 시 주민 보호 및 치안 유지 ▪ 현장대책본부 내 연락관 배속
군부대	▪ 산불발생 시 진화자원 지원 ▪ 군 비행장 이용 및 헬기 급유지원 ▪ 지원헬기의 지휘통제기 운영 협조 ▪ 현장대책본부 내 연락관 배속
기상관서	▪ 산불관련 기상정보 제공 및 예보 ▪ 기상 전문가의 현장파견 자문
보건진료관서	▪ 구급인력 및 자량 지원 ▪ 부상 진화대원의 응급처치 및 긴급 후송 ▪ 현장대책본부 내 연락관 배속
국립공원관리공단	▪ 산불방지 업무의 협조 지원 ▪ 국립공원지역 산불발생 시 우선 진화 ▪ 인근지역 산불발생 시 진화자원 지원
산림조합	▪ 산불진화자원 지원 ▪ 진화인력 및 장비 지원

(4) 산불상황관리 시스템의 의무적 구축·운영

① 통신업체, 지자체 등의 협조를 통한 전산 및 인터넷망 구축

② 산불확산예측프로그램 설치·구동 및 산불상황판 설치

③ 산불상황 파악 및 유관기관 전파를 위한 유·무선 통신망 구축

(5) 진화대 편성 및 운영

① 진화대 규모 : 대대급(3개 내외의 진화중대로 편성)

② 기 동원 진화인력과 추가 지원인력을 대상으로 진화대를 신속히 편성 운영

③ 유관기관은 별도의 진화반을 편성하고 해당기관 책임자는 진화조장 등 지명
④ 추가 동원 자원의 안전사고 예방을 위해 투입 전 안전교육 실시

(6) 언론보도 및 홍보

① 현장대책본부 내 구성된 홍보대책반을 통한 보도자료 작성 및 홍보
② 현장진화지휘책임자는 산불상황과 진화계획에 대한 현장브리핑 실시

(7) 산불상황분석자문단 구성·운영

현장지휘책임자에게 산불상황 분석 및 판단, 산불확산예측 진화계획 수립 및 진화자원의 배치 등 산불상황 관리의 실제적 통제 및 진화지휘의 자문·조언

① 구성시기 : 재난성 대형산불로 확산 시
② 주체 : 산림청(산불방지과)
③ 분야별 : 지휘, 진화, 기상, 항공, 연구, 통신, 기타분야
④ 임무 : 산불현장의 분야별 정보의 수집·분석 산불상황 분석 및 향후 진행사항 예측·판단

Chapter 7

산불진화 자원

학습목표

이 장을 통하여 산불의 진화방법을 이해하여야만 한다.

- 산불진화 차량에 대해 알아본다.
- 수작업 진화대원에 대해 알아본다.
- 산불진화 항공기에 대해 알아본다.
- 개인 산불진화 장비에 대해 알아본다.
- 산불 진화용수에 대해 알아본다.

1 산불진화 자원의 개요

산불은 진화자원과 수준 높은 진화인력의 다양성을 요구하는 역동적인 재난이다. 여러분은 산불진화를 위한 전체적인 계획을 수립하기에 앞서, 여러 가지 진화자원의 가용성과 유용성에 대해 알아야 한다. 산불이 진행하는 방향에 산불 연료를 제거하기 위하여 진화 차량이 갈 수 없는 지역에 지상진화대원이 수작업 도구를 사용해서 연료제거 작업을 수행할 수 있다. 항공기는 가장 기본적인 진화 장비이다. 하지만, 항공기는 수반되는 비용 때문에 넓은 지역에 효과적으로 운용되어야만 한다. 대형의 산불은 팀과 대규모의 인원과 관리 팀의 활용을 요구한다. 이 장에서는 여러분들에게 산불재난에서 전형적으로 이용되는 다양한 진화자원을 소개하고자 한다.

진화자원은 차량, 항공기, 수작업 도구, 기계화시스템 등으로 구분된다. 자원을 분류하는 것은 산불 담당자가 진화 목적에 알맞은 적합한 자원을 운용하도록 하기 위함이다.

2 차량

1) 도시화재 차량

그림 7-1은 전형적인 도시화재 소방차량이다. 이러한 차량은 일반적으로 도로 밖에서는 사용할 수 없으며, 건축물 진화에 우선적으로 사용된다. 이 차량들은 야지 호스에 물을 공급하기 위해 길가에서 사용하는 것이 가능하다. 물탱크의 용량은 소방차량의 종류에 따라 600～10,000 L까지 물을 실을 수 있다.

그림 7-1 도시화재 차량(소방청)

2) 도시화재와 산불진화 다목적 차량

그림 7-2는 건축물 소화와 산불진화에 사용될 수 있다. 이러한 차량들은 다용도로 활용되며 산불진화를 위해 야지에서도 사용될 수 있다. 이 차량은 이동식 펌프를 보유할 수 있어야 한다. 이러한 차량은 일반적으로 도시화재 차량보다 더 짧은 차축을 가진다. 이 차량의 물탱크 용량은 900 L에 자동고압호스릴이 500 m 장착되어 있다.

그림 7-2 도시화재·산불진화 다목적 차량(소방청)

3) 산불진화 차량

그림 7-3은 전형적인 산불진화 차량이다. 이 차량은 짧은 차축과 야지에서 사용할 수 있는 높은 시야를 갖는 차량이다. 이 차량은 이동식 펌프의 능력(펌프와 롤)이 있고, 보다 큰 구경의 호스를 탑재하지는 않는다. 이 차량은 1,000∼2,000 L의 물탱크와 고압펌프를 장착하여 산불이 발생한 직후 화세가 강하지 않을 때와 헬기가 운항하지 못하는 야간 진화작업 및 뒷불정리 작업 시에 사용한다.

그림 7-4는 호주 뉴사우스웨일주의 산불진화 차량에 의한 산불진화 모습이다.

그림 7-3 산불진화 차량(삼척시)

그림 7-4 산불진화 차량(호주)

3 수작업 진화대원

수작업 진화대원은 모든 주요 산불에서 발견할 수 있고 진화선 구축을 위해 우선 투입된다. 수작업 진화대원은 불도저와 같이 기계화된 장비를 사용하기엔 너무나 급경사인 지역에서 진화선을 구축한다.

미국의 경우, 수작업 진화대원의 두 가지 형태가 있는데 Type I 수작업 진화대원은 가장 잘 훈련되었으며 작업 제한지역을 가지질 않는 형태가 있고, Type II 수작업 진화대원은 다소 적은 양의 훈련을 받았고 다소간의 지역 제한을 받는 형태가 있다. 이 형태들의 최소 인원은 18명에서 20명이다.

수작업 진화대원은 효과적인 자원이며 화염의 강도가 너무 강하지 않다면, 수작업 진화선 구축을 위해 불의 경계면 가장자리에서 직접 작업할 수 있다. 만약, 화염의 강도가 너무 세다면, 수작업 진화선은 화염의 가장자리에서 떨어진 지역에 구축한다. 수작업 진화대원의 또 다른 이용은 장비에 대한 수송 지원과 잔불 진화이다.

우리나라의 경우는 10명 내외로 구성되는 산불전문예방진화대가 있으며, 이들은 산불방지 계도 및 산불요인 사전제거 등 예방사업과 산불진화 및 뒷불감시 그리고 진화장비의 유지·관리 등 산불방지와 관련된 업무를 수행한다. 또한, 산불진화 전문성을 강화하기 위하여 2018년부터 산불재난 특수진화대를 운영하고 있다.

그림 7-5 산불 공중진화대 (사진제공: 김명철)

특히, 미국 산림소방대인 스모크점퍼(Smoke jumper)와 캐나다의 헬기 공중진화대가 모티브가 되어 1997년부터 우리나라 최초의 산불진화 전문조직인 산림청 공중진화대가 창설되어 현재 활동 중에 있다.

4 항공기

항공기의 두 가지 대분류는 산불진화에서 발견할 수 있는데 고정익 항공기와 헬기가 있다. 고정익 항공기는 일반적으로 장기간의 지연제를 투하하는 데 사용되며, 이것은 화선의 바로 앞에서 산불의 확산을 더디게 한다. 이들은 지연제나 물을 투하하는 데 또한 사용될 수 있다.

고정익 항공기는 다량의 화재 진화제나 지연제를 산불지역까지 매우 빠르게 수송할 수 있다. 이러한 항공기는 초기진화 장비로써 산불을 작게 유지시켜 진화하기 쉽게 하는 역할을 한다. 이것을 이용하는 데의 몇 가지의 단점은 지연제 탑재지에서 탑재 시간과 되돌아가는 시간이 길고, 경사지나 깊은 계곡, 지표화가 일어나는 밀생된 교목층이나 수관층이 발달되어 있는 곳에는 적당하지 않다.

그림 7-6 고정익 항공기 [좌 : CL-415(캐나다), 우 : BE-200(러시아)]

헬기는 일반적으로 화선에 직접 물을 투하하고 비화를 진화한다. 헬기의 장점은 ① 고정익기보다 정확하고 안전하게 험준한 지형에서 작업을 할 수 있고, ② 재급유를 위해 기지로 돌아갈 필요가 없기 때문에 진화용수를 투하하는 보다 짧은 교체 시간을 갖으며, ③ 산불지역에서 항공수송작업에 사용될 수 있다.

고정익 항공기는 수송하는 진화용수나 지연제의 양에 의해 구분된다. 헬기는 좌석, 탑재 중량, 소화약제나 진화용수의 탑재 용량에 의해 구분된다.

그림 7-7은 초대형 헬기(S-64E)와 대형 헬기(KA-32)의 산불진화 모습을 나타낸 것이며, 그림 7-8은 헬기의 형태와 그들의 특성을 나타낸 것이다.

그림 7-7 헬기에 의한 산불진화(좌 : S-64E 초대형, 우 : KA-32 대형)

KA-32

- 제작사 : 러시아 KUMERTAU
- 탑승인원 : 18인
- 엔진 : 2,200×2 Hp
- 순항속도 : 200 km/h
- 체공시간 : 3시간 10분
- 인양능력 : 5,000 kg
- 물/약 적재량 : 3,000/2,000 L

AS350

- 제작사: 프랑스 EUROCOPTER
- 탑승인원 : 6인
- 엔진 : 732 Hp
- 순항속도 : 245 km/h
- 체공시간 : 3시간 20분
- 인양능력 : 1,150 kg
- 물/약 적재량 : 800/500 L

그림 7-8 산불진화 헬기의 특성

출처: 배택훈 · 이시영(2015)

Bell 206

- 제작사 : 미국 BELL
- 탑승인원 : 7인
- 엔진 : 650 Hp
- 순항속도 : 180 km/h
- 체공시간 : 3시간 20분
- 인양능력 : 821 kg
- 물/약 적재량 : 600/400 L

S-64E

- 제작사 : 미국 ERICKSON
- 탑승인원 : 5인
- 엔진 : 4,500×2 Hp
- 순항속도 : 178 km/h
- 순항시간 : 2시간 30분
- 인양능력 : 5,000 kg
- 물 적재량 : 8,000 L

Bell 412

- 제작사 : 미국 BELL
- 탑승인원 : 12인
- 엔진 : 900×2 Hp
- 순항속도 : 222 km/h
- 체공시간 : 2시간 20분
- 인양능력 : 2,040 kg
- 물/약 적재량 : 950 L

그림 7-8 (계속)

5 산불진화 기계화시스템

산불진화 기계화시스템은 먼 거리에 위치한 산불을 신속하고 효율적으로 진화하기 위하여 중형펌프/대형펌프와 간선호스를 사용하여 급수량을 최대화하고, 호스도르래를 사용하여 호스설치에 소요되는 노동력과 시간을 최소화하며, 분배기와 간이수조를 사용하여 산불현장까지 공급된 물을 낭비 없이 활용할 수 있게 하는 시스템이다.

1) 사용 환경

수원지에서 산불현장까지 고도차가 많고 먼 거리에 위치하여 호스를 설치할 경우 지면과 나무 등의 마찰이 많이 일어나는 산림환경에서 펌프진화를 수행할 경우 사용한다.

2) 산불진화 기계화시스템 개념도

중형펌프, 진화차 등을 활용하여 진화용수의 공급능력을 높이고 호스를 용이하게 설치하도록 호스도르래를 이용한 손 당기기, 호스설치 이후 두 갈래 지선호스 진화, 간이수조에서 등짐펌프에 물 공급 등이 가능하다. 그림 7-10은 실제 산불현장에서의 진화상면을 나타낸 것이다.

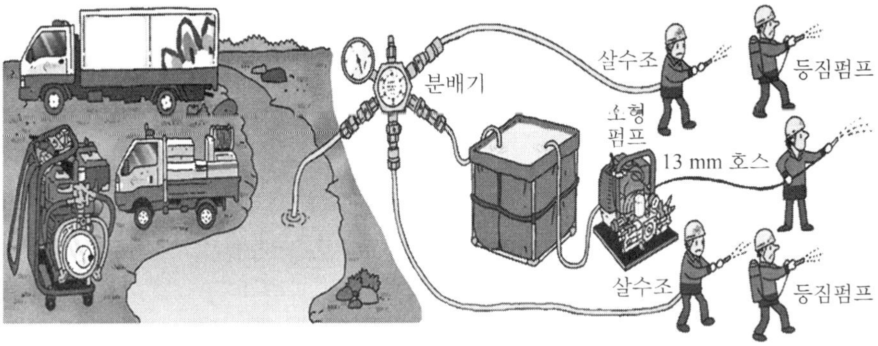

그림 7-9 산불진화 기계화시스템 개념도(산림청)

그림 7-10 산불현장에서의 진화장면

3) 사용 장비

기계화시스템의 장비는 주축을 이루는 펌프, 호스, 분사총과 보조장비인 분배기, 간이수조, 호스도르래가 있다. 중형펌프, 진화차는 내경 13 mm의 간선호스를 사용하므로 무게가 무거워 호스도르래를 사용하는 것이 호스설치에 용이하다. 또한, 공급되는 진화용수가 많기 때문에 분배기를 설치하여 3갈래 분기하고 간이수조를 설치하여 등짐펌프에 물을 공급하는 방식을 사용한다.

표 7-1 산불진화 기계화시스템 사용장비 성능(산림청)

구분	중형펌프/진화차 시스템		성능
펌프	진화차 중형		급수능력 증대
간선호스	13 mm 700 m		급수능력 증대
호스도르래	2개/1인 2개/100 m		호스설치 노력절감
지선호스	8.5 mm 400 m		물 활용성 증대
분배기	흡입 1구 - 배출 3구	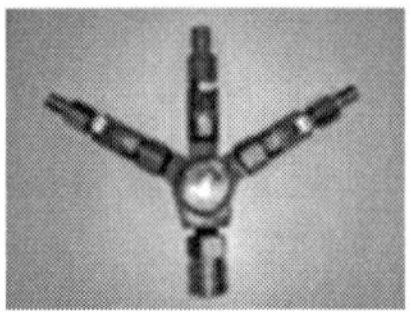	물 활용성 3배 증대

표 7-1 (계속)

구분	중형펌프/진화차 시스템		성능
간이수조	500 L 1000 L		등짐펌프 운반용이
분사총	3개		진화역량 증대

6 개인 진화장비

1) 개인 수작업 진화장비 세트

산불발생 시 신속하게 출동할 수 있도록 개인별 진화배낭 속에 진화복(방염처리), 안전모, 안전화, 안전장갑, 수통 및 탄띠, 방염텐트 및 방연마스크 등 안전장비와 야간 진화에 대비한 손전등과 휴대용 개인 진화장비는 필수적이다.

그림 7-11 개인 수작업 진화장비 세트

2) 등짐펌프

플라스틱 또는 특수합성수지로 제작되었으며 저장용량은 14~15 L이고, 현재 가장 널리 보급된 필수적인 개인 진화장비로 활용된다.

그림 7-12 등짐펌프

3) 수작업 진화도구

불 갈퀴	
진화선 내의 지표낙엽, 잡초, 잔디, 뿌리 등 가연물질을 긁거나 제거하고, 뒷불 발생 위험 연료 및 불 찌꺼기를 흩뜨리며 불붙은 통나무를 뒤집으면서 긁는다. 주로 진화선 구축에 사용한다.	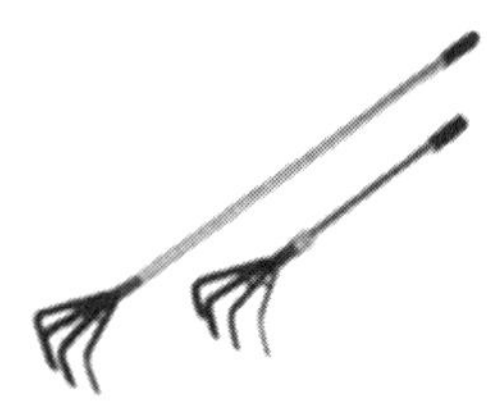
삽	
지표화의 불을 삽 등으로 문지르거나 흙을 파서 화염에 뿌리거나 덮으며, 도랑을 파서 불씨 등이 굴러가지 않게 모으거나 땅에 묻는데 많이 사용한다.	

그림 7-13 수작업 진화도구(1)

갈퀴 겸 야전삽

갈퀴는 불 갈퀴용, 야전삽은 삽·괭이용으로 잡목이나 뿌리를 자르며 땅을 긁거나 파고 묻으며 지표의 가연물질을 긁는다. 불 찌꺼기를 흩뜨리며 불타는 통나무를 뒤집는다.

삼발갈퀴 겸 괭이

갈퀴는 지표의 가연물질을 제거하고, 괭이는 도랑 파기 등 긁거나, 파거나 불 찌꺼기 분산, 통나무 뒤집기 및 나무줄기에 불붙은 나무껍질 벗기기를 한다.

도끼 겸 곡괭이

곡괭이는 진화선을 구축하거나 불에 뿌릴 흙을 삽으로 파기 쉽게 땅을 쪼거나 뜨거운 불씨를 묻는데 사용하고, 도끼는 불씨가 있는 나무를 자르거나 불타는 통나무를 쪼개고 불씨를 긁는데 사용한다.

낫

진화선 구축 및 이동 시 관목, 나뭇가지, 덤불 등을 잘라 내거나 불타는 가지 등을 제거 및 뒤집기에 사용한다. 왼손으로 나무줄기를 잡고 앞으로 당기면 활모양으로 휘어지는 부분을 낫 안쪽으로 내리치면 쉽게 잘라진다. 이때 양다리 간격은 어깨 넓이로 벌리고 작업한다.

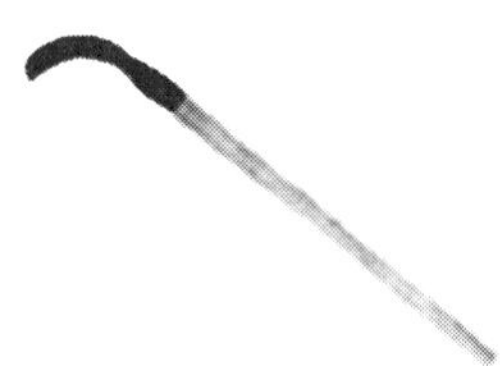

접이식 톱

관목, 나뭇가지, 어린나무, 덤불 등을 자르거나, 나무줄기에 불붙은 가지가 있을 경우에 사용할 수 있다.

기계톱

진화선을 구축하기 위하여 굵은 나무 등을 자르거나, 나무줄기에 불붙은 가지가 있을 경우 절단에 사용할 수 있다.

그림 7-14 수작업 진화도구(2)

4) 개인보호 장비

(1) 개인보호 의복

산불에 대응하는 제1방어선인 개인보호 의복은 화선에서 항상 착용되어야만 한다. 미국의 경우 이것은 국가화재보호기구(National Fire Protection Association, 1977, NFPA) 기준의 "산불진화를 위한 보호 의복과 장구류 기준"의 요구조건에 부합해야 한다.

개인보호 의복은 다음의 종류들을 포함한다. 즉, 헬멧과 보호막, 보호안경, 방연마스크, 방화복과 면 셔츠, 소매가 긴 티셔츠, 방화복 하의, 장갑, 장화, 방염텐트, 수통, 면 속옷, 면 혹은 모직 양말 등이다.

미국의 노맥스 재질의 방화복은 화염의 복사열의 43%를 반사하는 방화제 섬유이다. 이 섬유는 열에너지의 추가적인 39%를 흡수한다. 나머지 18%는 피부로 전도된다. 이때 추가적으로 긴팔 면 T셔츠를 입으면 직접 피부로 전도되는 18%를 차단하는데 도움이 된다. 개인보호 의복은 구멍이나 찢어진 부분이 있는지를 각 인원의 배치나 재배치 후에 검사되어야만 한다. 이것은 사용 후 청결히 보관되어야 한다.

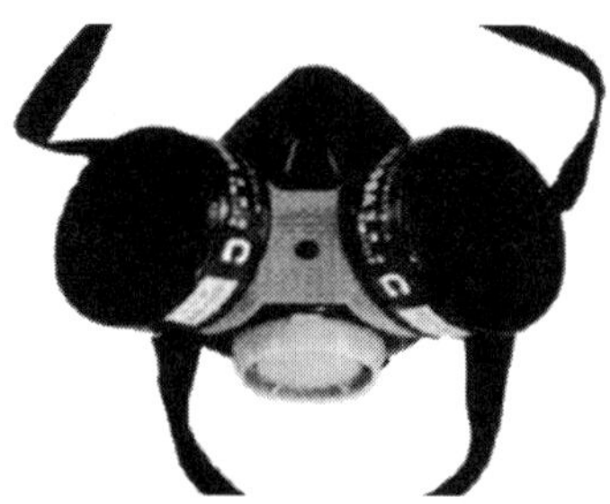

그림 7-15 방연마스크

그림 7-16 헬멧, 장갑, 방화복, 안전화 등 방열장비

(2) 방염텐트

산불 방염텐트는 진화대원 각자 소지하는 안전 장구류 중 가장 중요한 장비이다. 이것은 우선 복사열을 반사시키는 역할을 한다. 실제로, 산불에서 나오는 복사열의 95%를 반사한다. 이것은 최후의 방편으로써 크기가 작은 연료 지대나 연료가 제거된 지역에서 전개되어야 한다. 이 텐트는 강한 강도와 크기가 큰 연료에서 지속되는 열을 견딜 수 없다. 이것은 약 1,200도에서 녹을 것이며, 다행히 산불의 온도는 약 1,100도이다.

산불 방염텐트를 전개하는 방법은 두 가지이다. 정적 전개(static deployment)는 한 장소에서 전개하는 것이고, 동적 전개(dynamic deployment)는 달리면서 전개하는 것이다. 동적인 산불 방염텐트 전개는 미국 Colorado 주의 South Canyon 산불의 결과로 개발되었다. 14명의 인원이 그 산불에서 탈출하려다 죽음을 당했다. 그리하여, 많은 산불기관은 달리는 도중에 수행될 수 있는 산불 방염텐트의 구상과 개발을 하였고, 그것이 "동적 전개"라 불리는 이유이다. 사용은 휴대한 방염텐트를 양손으로 펼친 상태에서 열풍이 들어오지 않도록 산불진행 쪽으로 발을 위치하면서 머리는 연소 반대방향으로 한 후 몸을 완전히 감싸고 엎드리는 방법으로 사용한다(그림 7-18, 그림 7-19).

그림 7-17 방염텐트

그림 7-18 방염텐트 사용법(산림교육원)

그림 7-19 방염텐트 사용 연습(미국)

출처: Michael Thoele(1995)

7 진화용수 공급

1) 수원

산불진화에서 물은 유용한 자원이며, 그것은 널리 사용된다. 산불이 발생한 지역에 도착하면, 우선 수원을 찾는 것이 필요하다. 물은 가용한 물 투하 헬기와 차량 진화대에 공급할 필요가 있다. 일단 수원이 정해지면, 그것을 알리고 산불진화 자원을 공급한다.

(1) 시냇물, 호수, 연못, 관개 수로

자연 시내, 관개수로, 호수 혹은 연못은 차량이나 진화용수 수송 차량에 물을 공급하는 데 사용할 수 있다. 이러한 지역은 도달이 용이하고, 차량의 흡입기관은 지류나 수로에서 물을 빨아들이기 위해 직접 주차할 수 있어야 하며, 물은 충분한 수량과 충분한 깊이를 가져야 한다.

차량이 수원지에 충분히 가까이 댈 수 없다면, 다른 장비(휴대용 펌프, 부력식 펌프)가 물을 공급할 수 있도록 하여야 한다.

(2) 수영장

수영장은 긴급한 물 수요에 대용량의 물을 공급한다. 수영장이 가옥의 뒷마당에 있기 때문에 접근이 항상 용이한 것은 아니다. 접근이 제한되는 상황에서 부력식 펌프나 휴대용 펌프의 사용을 고려하여야 한다.

(3) 물탱크

물탱크는 보완된 콘크리트로 만들어진 지하 저장고이다. 차량은 탱크에 있는 호수 연결부를 사용하여 물탱크에서 물을 얻을 수 있다. 이러한 점에서 차량은 물탱크에서 물을 유입시켜야 하는데 만약, 배출구를 차량의 위에 위치하면, 중력의 흐름으로 차에 물을 채울 수 있다. 이러한 상황에서 커버를 제거하고 물탱크 안에 호스를 집어넣어 그것을 빨아들일 필요가 있다. 물탱크는 몇몇 야외 지대에 있으며 진화의 목적으로 물을 공급한다.

(4) 소화전

소수의 소화전은 산림지역에서도 볼 수 있다. 소화전은 다양한 크기와 모양이 있다. 소화전 배출구의 홈은 진화차량에서 사용되는 그것과 일치하여야 한다. 특히 다른 지역에 나가게 되면, 차량의 연결부를 갖는 것은 중요하다.

대규모의 도시/산림 접경지의 산불에서 소화전의 이용에 과중하게 의존하지 말고, 제2의 수원을 확보해야 한다.

그림 7-20 소화전

(5) 진화용수 수송 차량

진화용수 수송 차량은 대용량의 물을 저장하는 탱크 차량이며 진화용수의 공급이 원활하지 않거나 진화용수 공급시스템이 없는 지역에 물을 수송하기 위해 산불지역에서 널리 사용된다.

일반적으로 산불책임기관은 산불에 대한 책무로 일정 규모의 수송대를 보유한다. 운전자는 화선에서 작업하는 동안 개인보호 복장을 착용하여야 한다. 수송 차량이 작업하게 될 곳의 지형은 중요 고려사항이다. 이 지역에서 좁고 굽어진 지역이나 교량 한계 하중 혹은 도로의 적재 제한 중량이나 탱크의 용량 제한을 파악하는 것이 중요하다.

그림 7-21 **진화용수 수송 차량(삼척시)**

(6) 휴대용 물탱크

휴대용 물탱크는 차량이 물을 보충하는 장소로 물을 저장하는 저장고로 사용될 수 있다. 대용량 개방 물탱크는 물흡입기(snorkel)를 가진 헬기에 물을 보충하기 위해 사용될 수 있다. 수송 차량 혹은 먼 거리 지역에서 헬기는 이러한 휴대용 탱크로 물을 수송할 수 있다. 만약 지류나 연못이 휴대용 탱크가 있는 지역 가까이 있다면, 휴대용 펌프와 부력식 펌프에 의해 물을 공급할 수 있다.

휴대용 탱크는 개방형으로 밀폐되어 있다. 이런 탱크는 상자형 모양으로 혹은 베개 모양 형상으로 스스로 유지될 수 있다. 접이식 물탱크는 속이 빈 튜브 금속 뼈대로 구성되어 있다. 접으면 쉽게 이동할 수 있다. 탱크의 크기는 2,000～10,000 L까지 다양하다.

그림 7-22 **휴대용 물탱크**

(7) 이동식 저수조 및 중력 물주머니

이동식 저수조는 헬기 등으로 운반하여 헬기, 등짐펌프 및 소형 펌프 등에 물을 공급하거나 직접 호스를 연결 진화할 수 있고, 깔때기 모양으로 되어 있는 물주머니는 경사지 계곡의 물을 모아서 중력을 이용하여 진화용수를 호스를 통해 직접 진화, 잔불정리 및 등짐펌프 등에 물 공급을 할 수 있다.

그림 7-23 이동식 저수조 및 중력 물주머니

그림 7-24 이동식 저수조에서 헬기 물 급수

Chapter

8 전략과 전술

학습목표

이 장을 통하여 효율적인 산불진화를 위한 전략과 전술을 이해하여야만 한다.

- 산불진화를 위한 의사결정 과정에 대해 알아본다.
- 현장이동과 도착 시 해야 할 일에 대해 알아본다.
- 연료, 지형, 기상인자의 파악 내용에 대해 알아본다.
- 진화도구 평가에 대해 알아본다.
- 행동계획 수립 및 진화방법 결정에 대해 알아본다.

1 개요

전략은 목표를 향한 책략 혹은 계획을 전개하거나 계획을 세우는 예술 행위로 규정될 수 있다. 이것은 여러분들이 산불진화의 목표에 도달하기 위해 사용하게 될 일반적인 방법 혹은 방법들이다. 전술은 산불진화의 목적에 도달하기 위해 수행되어져야만 하는 절차를 설명한다. 그것들은 짜여진 전략에 의해 구성되어진다. 즉, 그것들은 당신이 어떻게 행동할지를 묘사한다. 전술은 산불진화의 작전 측면의 것이다. 산불지휘자 혹은 진화대장은 산불 발생 시 전술적인 지시를 할 책임을 가진다. 또한 보다 효과적인 전략과 전술을 계획하기 위해서는 산불의 발생·진행 및 대형화 특성을 알아야 한다.

표 8-1 산불의 발생·진행 및 대형화 특성

구분	산불의 발생	산불의 초기진행	산불의 대형화
원인	▪ 산불위험시기 불사용 ▪ 논밭두렁 소각 관행 지속	▪ 지표화 ▪ 상향사면으로 연소진행 ▪ 원형 및 타원형의 연소형태	▪ 수관화 ▪ 능선을 따라 빠르게 진행 ▪ 원거리 비화 다발 발생 ▪ 산불 동시다발 발생
임상	▪ 침엽수림 낙엽 ▪ 마른 풀, 잡초 ▪ 연료습도 10% 미만	▪ 침엽수림 ▪ 마른 풀, 낙엽, 낙지 ▪ 밀생임분지역	▪ 침엽수림 연속배열 ▪ 유령림지역 수관화 ▪ 산림의 관리부족
지형	▪ 사면에 둘러싸인 좁은 평탄지 ▪ 등산로, 차로, 철로변 ▪ 묘지 및 논밭두렁 근처	▪ 급경사지역 ▪ 서향 또는 남향사면 ▪ 건조한 지대	▪ 능선 따라 연속진행 ▪ 구릉성지대 ▪ 좁은 협곡 ▪ 해안형 산림지대
기상	▪ 이상건조한 날씨 ▪ 낮은 상대습도(40% 이하) ▪ 약풍(5 m/s)에서 빈번 ▪ 맑은 날	▪ 지표풍 영향 ▪ 풍상지역 ▪ 이상건조한 날씨 지속	▪ 산불현장 지역풍(강풍) 발생 및 기상조건 급변 ▪ 상승기류에 의해 불기둥 및 비화 발생
진화활동	▪ 발견 및 신고의 지연	▪ 물 부족으로 초기진화 지연 ▪ 교통장애 등으로 진화대원 도착 지연	▪ 야간진화의 곤란 ▪ 인력진화의 한계 ▪ 강풍 시 공중진화 불가능

2 의사결정

의사결정은 산불 현장까지 이동하는 동안에 산불진화에 관한 전반적인 과정을 마음 속 그림으로 그리는 일련의 과정이다. 이것은 또한 산불이 진행하는 장소와 산불이 미치는 영향에 대한 가능성에 대해 분석하게 된다. 의사결정은 산불이 역동적이고 지속적으로 재평가 되어질 필요가 있기 때문에 진행형이다. 산불진화를 위한 좋은 의사결정 요소 중 첫 번째는 사실을 이해하고 인지하는 것이다. 의사결정에 있어 어떤 문제에 대하여 충분히 생각하지 못하고, 전후 관계를 파악하지 못한 채 성급한 결론에 도달할 때 의사결정에 문제가 생길 수 있다. 그림 8-1은 산불 의사결정시스템의 구조이고, 그림 8-2는 2023년 3월 11일 경남 하동 산불 당시 산불진화 현장지휘본부 운영사례를 나타낸 것이다.

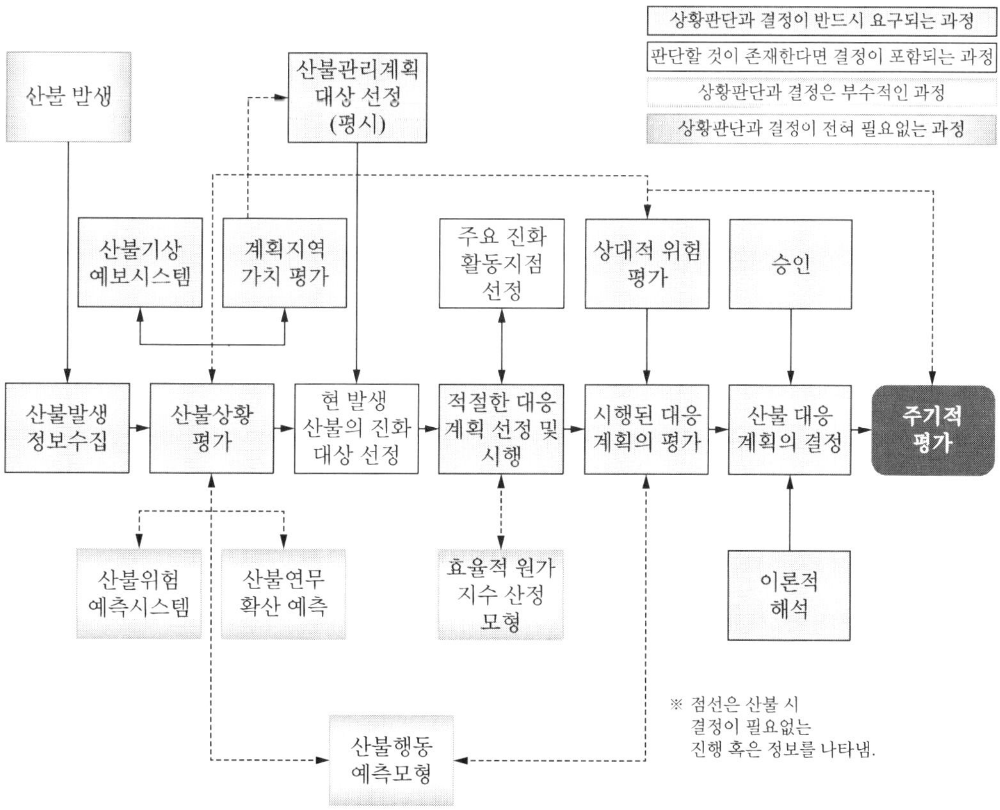

그림 8-1 산불 의사결정시스템의 구조

그림 8-2 산불진화 현장지휘본부 운영사례 (사진제공: 문현철)

3 현장이동 시 파악 인자

의사결정은 변경 지시가 시작되기 이전에 산불지휘본부의 모든 경로에서 시작되어야만 한다. 진화작업의 경로에서 우선 산불현장의 기상요인을 조사해야 한다.

산불이 신고 되면 지도상에서 산불이 일어난 지역을 보고, 그 장소에 대한 이전의 지식으로부터 얻어진 그 장소에 대한 장면을 상상하여 지도상의 지형과 비교해야 한다. 산불 지휘자는 그 장소의 지형적인 특성과 현존하는 연료, 그리고 일중 바람의 변화를 상기하려고 노력해야 한다.

산불현장을 가는 도중에 지휘자는 현재의 기상요소를 다시 조사한다. 바람이 불어오는 방향은 어딘지? 풍속은 얼마인가? 바람이 돌발적인지? 아니면 고른지? 불안정한 조건을 나타내는 적운이나 다른 구름의 형태가 있는지? 오늘의 기상예보와 현장의 날씨가 일치하는지? 등을 파악해야 한다.

산불 지휘자는 연기기둥의 방향과 모양, 크기, 높이, 색깔의 측면에서 연기기둥을 조사한다. 연기의 색은 산불이 타고 있는 지역의 연료 형태에 대한 좋은 참고 사항이다. 밝은 빛의 연기는 산불이 풀과 같은 신선하고 크기가 작은 연료에서 연소하고 있다는 것을 보여준다. 어두운 색의 연기는 산불이 가지나 대경목과 같은 보다 크기가 큰 연료에서 연소하고 있다는 것을 보여준다.

일단 산불지휘자가 산불에 대한 관측이 가능한 자리에 있으면 산불은 평가되어진다. 특히, 화염의 길이를 보고, 산불을 간접적 방법으로 진화할지 직접적인 방법으로 진화할지에 대해 판단해야 한다. 화염의 길이 관찰은 산불의 강도를 규정하는 데 도움을 준다

산불의 확산속도와 산불의 방향을 조사하고, 그것이 다른 형태의 연료로 옮겨 붙을 것인가? 그곳에는 자연적 혹은 인공적인 산불 방화벽이 있는가? 지형은 어떻게 변화할 것인가? 산불은 어떻게 커질 것인가? 비화가 있는가? 등을 조사해야 한다.

4 현장도착 시 파악 인자

현장에 도착하면, 산불지휘자는 사실을 모으고 또한 일련의 진행과정을 예측한다. 일단, 초기의 의사결정이 종료되면, 산불지휘자는 초기 산불환경 조건에 대한 보고를 한다. 이것은 도착하는 산불진화대에게 산불의 크기, 연료형태, 확산속도, 산불확산의 방향, 위치, 그리고 초기 파견 진화대에 진화규모 결정에 대한 정보를 주게 된다. 특히, 최초 고려사항은 안전지역을 평가하는 것이다. 일단, 안전지역이 구분되고 진화대원에게 전파되면, 산불진화 지휘자는 초기 산불진화 작전에 대한 적합한 인자를 조사해야 한다. 이 시기에 산불지휘자는 산불에 대한 명령을 내리거나 산불을 진화하기 위해 진화대원과 함께 작업한다. 산불지휘자가 진화대원과 함께 진화한다면, 명령은 일반적으로 다음 도착하는 산불지휘자에 의해 이루어진다. 산불에 대한 명령의 결정은 의사결정 인자에 의해 근거한다. 최초 산불을 접한 산불지휘자가 그의 장비로 산불을 진화할 수 있다고 생각되면, 진화대원과 함께 남아서 산불을 진화한다. 산불이 확대되어 대형산불 진화가 필요하다면, 인력과 장비의 지원요청과 함께 대형산불 지휘자가 사건 명령자가 될 것이다.

의사결정을 종결하기 위해 관찰해야 할 중요한 사실은 관찰된 산불행동, 현재 연료, 기상, 그 지역의 지형 그리고 발생한 시간과 같은 것에 근거를 두어야 한다. 또한, 화염 길이를 관찰하므로서, 여러분은 예상되는 화선의 강도를 판정할 수 있다.

5 연료인자 파악

연료는 산불을 위한 최고의 에너지를 제공한다. 연료는 다음 인자를 위해 조사되어야만 한다.

(1) 어떠한 형태의 연료에서 산불이 일어나 어떠한 형태의 산불로 옮겨갈 것인가?
(2) 연료상의 지속성은 어떠한가?
(3) 대규모의 사연료 구성을 가진 오래된 연료상이 있는가? (사연료 대 생연료의 비율)
(4) 사다리형 연료가 존재하는가?
(5) 키가 큰 관목이나 교목의 수관부로 산불이 옮겨갈 수 있는가?
(6) 그러한 수관 연료의 수평적인 연속성은 어떠한가?
(7) 그 지역 내에 그루터기 등이 있는가?
(8) 굵기가 가는 사연료 내의 수분량은?
(9) 특히, 이전년도에 소실되지 않은 연소지역이 있다면, 재연소 가능성이 있는가?
(10) 연료가 특히, 소나무와 같이 휘발성 기름을 포함하는가? 이러한 연료는 보다 강한 화선 강도를 만들게 된다.

6 지형인자 파악

지형적 인자는 산불의 방향과 확산속도에 영향을 미치기 때문에 반드시 평가되어야만 한다.

(1) 경사의 급함
(2) 경사지 내의 산불발생지 (언덕의 바닥, 중간, 꼭대기)
(3) 연소지역이 따뜻한 경사지인가? 아니면 차가운 경사지인가? 하루 중 어느 때인가?
(4) 확산속도를 높이고 산불을 강하게 할 수 있는 지형적인 특성 (암벽 틈, 산능선, 상자형 골짜기)
(5) 산불이 좁은 협곡에 일어났는가? 다른 방향으로 쉽게 비화가 옮겨 붙을 수 있는가?
(6) 산의 고도

7 기상인자 파악

기상인자는 실제 산불에 영향력을 가진다. 이러한 인자는 항상 변화하기 때문에 지속적으로 관찰해야만 한다. 다음의 기상인자를 관찰하여라.

(1) 바람의 속도와 방향은? 바람이 잔잔한가, 급격한가?
(2) 뇌우 활동이 관찰될 수 있는가?
(3) 사전 변화 사항에 대한 징후가 있는가?
(4) 공기 덩어리의 불안정에 대한 예보가 있는가? 시계는 양호한가? 연기기둥의 윤곽이 뚜렷하고 높이 올라가는가?
(5) 산불 소용돌이와 연무가 관찰되고 있는가?
(6) 온도는 몇 도인가?
(7) 습도는?
(8) 온도 역전층에 대한 자료가 있는가?
(9) 그 지역의 평소 바람은?
(10) 바람이 갑작스럽게 조용해지거나, 심해지는가?

8 진화도구 평가

산불 지휘자는 진화작업을 위해 가용한 장비를 평가해야만 한다. 진화도구가 적당한 종류나 형태인가? 현재 자원이 충분한가? 추가적인 자원 투입에 소요되는 시간은? 등을 파악한다. 산불 지휘자는 진화대원을 평가하고 그들이 그 작업에 투입될 준비가 되었는지를 결정해야 할 필요가 있다. 즉, 휴식 시간 없이 이제 막 다른 진화선 구축 작전을 마쳤는가? 산불진화를 위해 장거리 이동을 하였는가? 진화대원들이 마지막으로 식사한 때는? 등을 파악한다.

다음으로 산불 지휘자는 진화대원의 지원을 평가하여야 할 필요가 있다. 산불지역으로부터 진화대원이 얼마나 떨어져 있는가? 수원지의 종류와 담수량은? 그리고 최종적으로 산불 지휘자는 이미 시작된 진화작업을 계속할 것인가? 중지하고 새로운 계획으로 변경시킬 것인가? 등의 수행된 작업을 평가하여야 한다.

9 예측

산불 지휘자는 또한 산불이 발생하고 있는 지역의 이전 사실에 근거하여, 산불의 강도 등급은? 30분 혹은 1시간 후에 산불이 일어날 장소는? 등을 이해하고 예측할 필요가 있다.

가장 중요한 결정 중의 하나는 관련된 인원의 위험성을 평가하는 것이다. 즉 산불이 주거지역으로 이동할 것인가? 어떻게 그들을 대피시킬 것인가? 불가능하다면, 그 장소를 어떻게 소개시킬 수 있는가? 등을 평가하고, 그 지역에서 거주민들을 소개시키기 위한 결정은 현재 관찰된 산불 행동과 예상되는 미래의 산불 행동의 의사결정에 근거한다. 산불 지휘자는 또한 대피가 진행되는 동안 산불로부터 안전한 대피로를 결정해야만 한다.

행해지고 있는 예측의 부분은 항공기와 수작업 진화대원 그리고 진화차량과 같은 중요한 지원 장비의 가용성과 관련된다.

10 행동계획의 수립

행동계획의 발전은 다음 단계에 근거한다.

(1) 현재 사실을 이해하고
(2) 가능한 장비를 조사한 후
(3) 예측을 완료한다.

산불 지휘자는 산불을 진화할 장소를 결정해야만 한다. 최초 고려사항이자 행동계획 수립 시 최고의 우선순위는 항상 생명의 보호이다. 사건의 안정화는 다음 우선순위이고, 세 번째 우선순위는 산불 경로상의 가옥의 보전이다.

11 작전단계

전술적 목표가 계획된 후, 산불지휘자는 세 가지의 작전단계 중 한가지로 자원을 배치한다. 세 가지는 공격, 방어, 조합의 단계이다. 작전단계는 산불의 크기와 행농, 그리고 가용 자원의 수와 형태에 의해 결정된다. 만약, 가용 자원이 충분하다면, 공격단계로 진화의 전략적인 목표가 수행될 수 있다. 만약, 자원이 제한된다면, 사건 명령자는 3가지 중 한가지의 작전단계로 자원들의 진화단계가 발령된다. 이러한 단계는 충분한 가용자원이 도착할 때까지 사건의 전략적 목표를 수행하는 동안 손실을 최소화한다. 조합단계는 산불진화 시 공격단계와 방어단계 모두를 조합한 작전을 수행한다.

12 산불의 연소부분 명칭

산불을 진화하기 위해서는 산불의 부분을 알고 이해하여야 한다.

산불의 화두(head)는 가장 빠르게 확산하고 가장 강한 강도를 가진 부분이다. 화변(flanks)은 산불의 옆면이고 강도는 화두의 약 절반 정도이다. 산불의 화미(base)는 산불의 뒷부분이다.

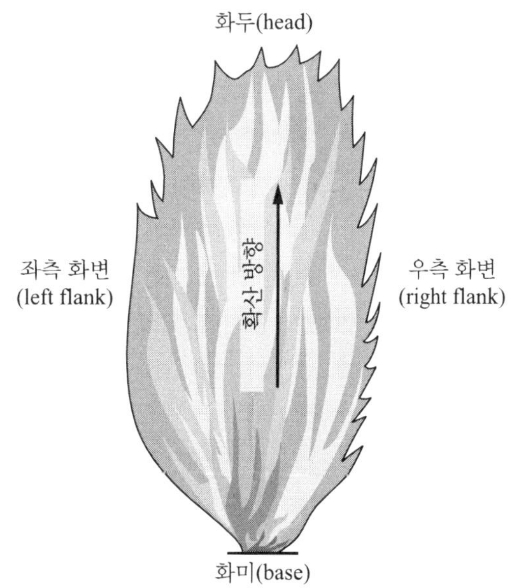

그림 8-3 산불의 연소부분 명칭

출처: Joseph D. Lowe(2001)

13 산불진화방법 결정

의사결정 후, 산불진화계획은 진화대원에게 통보되어야 하고, 주 진화지점은 산불진화가 시작되는 시점에서 선택한다. 주 진화지점은 도로면과 같이 산불에 대한 물리적 방어선이다.

산불 지휘자는 그 후에 산불을 진화할 위치를 결정해야만 한다. 산불은 일반적으로 산불이 확산하기 가장 쉬운 장소에서 공격을 받는다. 경계면 산불과 같은 상황에서는 산불 지휘자는 최초 산불을 억제하려고 노력했는지를 평가할 필요가 있고, 주택들을 보호할 필요가 있다. 산불의 진화는 산불의 화두 혹은 화미, 화변에서 혹은 이 세 군데를 조합하여 산불을 공격하는 자원을 요구할지도 모른다. 이러한 결정은 산불의 강도 등급과 산불의 확산 등급에 의해서 결정된다. 산불의 강도를 판정하는 좋은 방법은 화염의 길이를 보는 것이다. 화염의 길이는 발전하는 화염의 후부 중앙으로부터 끝까지의 측정치이다. 화염 길이의 평가는 산불 지휘자가 초기 산불진화와 보다 큰 산불의 진화 모두에서 산불을 진화하는 부분을 결정하는 데 도움이 된다. 산불 지휘자가 산불 진화방법을 선택하는 데 도움이 되는 기준은 표 8-2와 같다.

산불 지휘자는 항상 산불이 신속하게 제압될 수 있는 시기에 산불진화를 위한 제2의 계획을 세워야 한다. 산불의 강도 등급과 확산 등급 그리고 산불에 접근하는 진화대원의 능력에 근거할 때, 산불 지휘자는 산불에 공격하는 방법을 결정해야 한다. 기본적으로 산불 공격에 세 가지 방법이 있다. 직접, 평행 그리고 간접이다.

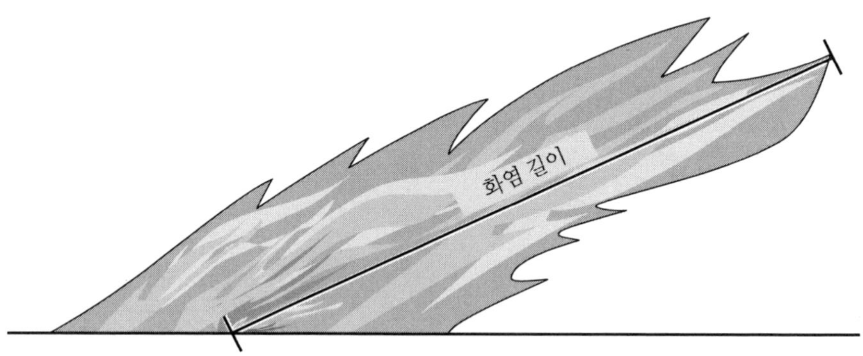

그림 8-4 산불의 화염 길이

출처: Joseph D. Lowe(2001)

표 8-2 화염의 길이에 근거한 산불진화방법

화염 길이	산불 강도	진화방법
0～1.2 m	25.2 kcal/ft/sec	수작업 도구에 의한 직접진화
1.2～2.4 m	126 kcal/ft/sec	호스, 지연제, 불도저 진화
2.4～3.3 m	252 kcal/ft/sec	직접진화가 어렵고, 비효과적일지도 모르는 화두 부분에 진화노력
3.3 m 이상	252 kcal/ft/sec	간접진화, 주불, 비화, 비효율적인 화두 진화노력

출처: Joseph D. Lowe(2001)

Chapter

9

산불의 안전조치

학습목표

이 장을 통하여 여러분은 산불 상황에서의 안전조치를 수행할 수 있어야 한다.

- 산불의 위험요인에 대해 알아본다.
- 산불진화 중 안전사고 유형에 대해 알아본다.
- 복장 및 개인보호 장비에 대해 알아본다.
- LCES 체크리스트에 대해 알아본다.
- 산불진화 안전수칙에 대해 알아본다.

1 산불의 위험요인

산불진화 작업에서 안전의식의 의미는 산불에 대해 쉽게 가정하지 않는 것, 위험 신호들을 무시하지 않는 것, 과도한 자신감을 갖지 않는 것과 항상 안전이 최우선이라는 것을 인식하는 것이며, 산불의 위험요인은 다음과 같다.

1) 화재지역에서 고립

화재지역에서 고립은 다음 경우에 발생할 수 있다.

(1) 산불의 진로나 번지는 속도가 갑자기 변할 경우
(2) 진화대원들이 안전지역으로의 비상 탈출로가 봉쇄되었을 경우
(3) 대원들이 위험한 화재 진행을 일으키는 연료, 기상, 지형 특성을 사전 숙지하지 못했을 경우
(4) 고립이 되기 전에 미리 비상 탈출로를 확보하지 못했을 경우이다.

2) 위험한 연료조건

위험한 연료조건은 다음과 같다.

(1) 미세한 연료 : 잡풀, 잔가지 및 작은 나무와 통나무 부스러기
(2) 죽거나 부패한 연료 : 마른 풀, 죽거나 쓰러진 나무, 고사목, 도복목 부러진 나뭇가지, 병해충 피해 고사목 등
(3) 좁게 밀집된 연료 : 빽빽한 숲, 두텁게 쌓인 낙엽 등
(4) 고사목, 도복목 부러진 나뭇가지, 병해충 피해목

그림 9-1 위험한 연료조건

3) 위험한 기상요소

위험한 기상요소들의 특징은 다음과 같다.

(1) 풍향과 풍속의 갑작스러운 변화
(2) 고온 저습한 날씨
(3) 지속된 가뭄으로 연료 내 낮은 수분함유량
(4) 낙뢰 발생, 적운·적란운 발생, 돌풍과 풍향의 변화

그림 9-2 위험한 기상조건

4) 위험한 지형요소

위험한 지형요소들의 특징은 다음과 같다.

(1) 화재를 대규모로 확산시킬 수 있는 급경사지
(2) 지세는 굴뚝지형, 말안장지형, 좁은 협곡, 상자형 협곡, 경사의 중간도로 등
(3) 방위는 남향, 남서향 사면
(4) 땅이 갈라진 틈새, 계곡 같은 곳

5) 위험한 낙석 발생

위험한 낙석 발생의 위험요소는 다음과 같다.

(1) 지상에서의 불은 두꺼운 토양 내 유기물과 이끼 등을 연소
(2) 토양층을 불안정하게 만들어, 바위 등이 굴러 떨어지기 쉬움
(3) 중장비나 헬기 등이 일으키는 역풍(하강풍)과 경사면에서 낙석에 의해 위협 받음

6) 날카로운 도구

진화선에서 작업을 수행할 때에는 항상 발조심 하고, 도구의 손잡이가 미끄러워 빠져나가지 않도록 한다. 소화약제가 묻었을 때는 손잡이를 씻는다. 다음은 산불진화용 손도구 사용에 대한 규칙이다.

(1) 도구들은 손잡이의 무게중심을 잡고 운반한다.
(2) 날카로운 도구들은 사용하지 않을 때 덮개를 씌워두어야 한다.
(3) 도구들은 날카롭게 해 두어야 한다. 무딘 도구들은 위험하다.
(4) 도구들은 사용하지 않을 때는 밟아 미끄러지거나 다른 사람이 다치지 않도록 보관한다.
(5) 머리 부분이 느슨한 도구는 사용하지 않는 것이 좋다.
(6) 다른 동료들과 적어도 3 m 거리에서 걷고 작업을 하여야 한다.
(7) 도구들은 그 목적에 맞도록 사용해야 한다.

7) 항공 소화약제 투하

항공기로 소화약제를 떨어뜨리면 이것에 맞아서 부상을 당할 수 있다. 이러한 위험 가능성이 있는 지역의 사람들은 모두 대피시켜야 한다. 안전한 지역으로 퇴각하는 것이 힘든 경우, 분진으로 인한 부상을 최소화하는 방안은 다음과 같다

⑴ 수작업 도구는 되도록 몸에서 멀리 떨어지게 할 것.
⑵ 얼굴을 아래쪽으로 향하고 안전모를 착용할 것. 낙하물에 맞아서 굴러가거나 넘어지는 일이 없도록 붙잡을 만한 것을 찾아서 단단히 잡을 것.
⑶ 확실한 퇴로가 없다면 뛰지 말 것.
⑷ 타버린 가지나 줄기를 제거할 것.
⑸ 습기가 많은 소화약제를 산포한 지역에서 작업할 때는 넘어지지 않도록 주의할 것.
⑹ 소화약제가 몸에 맞았다면 피부손상문제가 생길 수 있으니 깨끗하게 씻을 것.
⑺ 진화대원들은 소화약제를 투하하는 곳에 머물러 있지 말 것
⑻ 소화약제는 미끄러우므로 발밑을 조심할 것

8) 뱀, 진드기, 기타

⑴ 뱀이 물기도 한다는 것은 모두 알고 있지만 요즘에는 진드기도 조심해야 한다. 진드기는 발진티푸스 등을 일으킨다. 옻나무도 있고 덩굴 옻나무도 있다. 개울의 물에는 이질을 일으키는 기생충이 서식하고 있을 수도 있다.
⑵ 뱀 또는 벌레에 물렸을 때는 즉시 상급자에 보고해야 한다. 옻나무에서 되도록 멀리 떨어지도록 한다. 접촉했다면 빨리 씻고 깨끗한 옷으로 갈아입는다. 개울물을 마시지 않는다. 수통의 물을 마시도록 한다.

9) 전기선

⑴ 떨어진 전기선을 건들면 사망에 이를 수도 있다. 바닥에 떨어져 있는 전기선에는 모두 전기가 흐르고 있는 것으로 생각하는 것이 좋다. 사람들이 떨어진 전기선에 가까이 접근하지 못하도록 해야 한다.

(2) 깃발을 세워 경고하고, 접근을 막고 상급자와 동료들에게 상황을 알려야 한다. 전기회사에서 파견한 직원이 전봇대로부터 전선을 절단하고 나서 안전하다고 판단할 수 있다.

2 산불확산의 위험징후

산불진화 중 산불확산의 위험징후는 다음의 대표적인 6개의 유형이 있다.

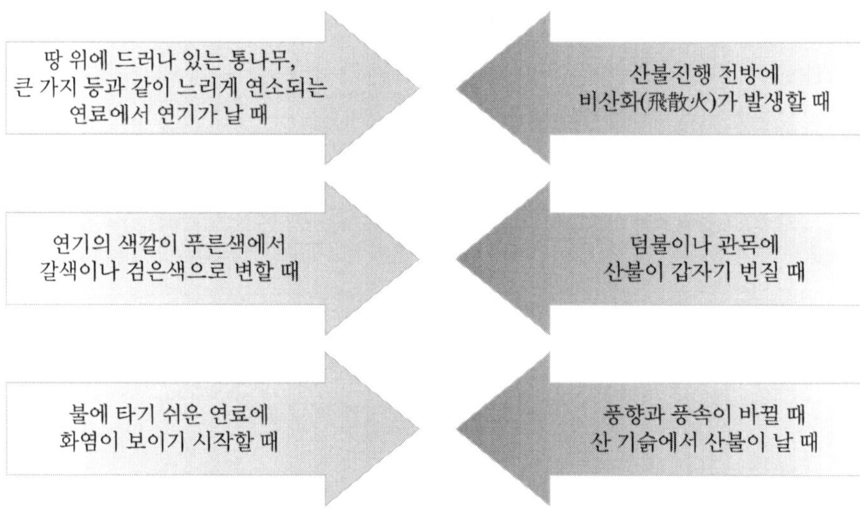

그림 9-3 산불확산의 위험징후 유형

3 산불진화 중 안전사고 유형

산불진화 중 안전사고 유형은 다음의 대표적인 8개의 유형이 있다.

그림 9-4 산불진화 중 안전사고 유형

4 진화작업 시 감독할 사항

산불진화는 위험한 작업이다. 이 작업을 수행하려면 심신이 건강해야 하고 정열적이어야 한다. 그리고 자신과 동료들이 다치지 않도록 항상 조심해야 한다. 다음은 진화작업 시 감독할 사항을 기술한 것이다.

⑴ 안전 행동의 예시를 제시하여 이것을 숙지하도록 할 것.
⑵ 진화대원들의 신체적·정신적 상태를 살필 것.
⑶ 작업 환경을 분석하여 위험 요인을 최소화할 것. 새롭게 일을 시작할 때는 항상 안전에 대해 상기시킬 것.
⑷ 부상이 발생할 때마다 적절한 치료를 해야 하며 발생원인에 대해 조사할 것.
⑸ 부상 발생의 여지가 있는 곳은 피하고 안전한 작업태도를 주지시키기 위해 올바른 작업태도의 모범을 보일 것.
⑹ 명확하게 작업 지시를 내리고 지시 내용을 잘 이해했는지 반드시 확인할 것. 지시

사항은 반드시 지켜져야 하지만 안전하지 않다고 판단되는 경우 재고될 수 있음.

(7) 안전하지 않은 상황을 보고한 대원들이 보복행위를 당하지 않도록 할 것.

5 복장 및 개인보호 장비

(1) 방화모를 착용할 것.

(2) 미끄럼 방지 밑창을 댄 8겹 가죽 부츠를 신을 것.

(3) 진화선 근처에서 작업할 때와 헬리콥터를 탈 때는 내화복을 입을 것. 합성섬유로 만든 옷은 인화성이 강해서 피부를 녹일 수도 있으므로 절대 입지 말 것(속옷 포함). 소매는 손목까지 내릴 것.

(4) 손 보호를 위해 가죽장갑을 착용할 것.

(5) 얼굴로 부스러기가 떨어질 수 있으므로 보호안경을 착용할 것.

(6) 대피처는 진화선 근처로 옮길 수도 있음.

(7) 헬리콥터나 에어탱크(고정익 항공기), 줄톱, 펌프 등 매우 시끄러운 상황에서 작업할 때는 귀 보호개를 착용할 것

6 이동

(1) 진화 장비를 안전하게 운반할 것 : 내리막길을 이용할 때는 측면 아래쪽에 위치하게 할 것. 적절한 안전장치가 되어 있는 전기톱을 제외하고는 절대 어깨에 메지 말 것.

(2) 진화선에서 적어도 10발자국의 거리를 두고 이동할 것.

(3) 뛰지 말고 걸어서 이동할 것.

7 LCES 체크리스트

산불발생 시 경계(Lookouts), 의사소통(Communications), 퇴로(Escape routes), 안전구역(Safety zones)이 진화대원들의 안전에는 핵심이 되는 요소이다.

LCES의 각 요소는 진화대원들 자신을 위한 안전 체계를 이루고 있다. 이 안전 체계는 진화에 들어가기 전에 정비되어 있어야 한다. 경계를 하고 의사소통 체계를 갖추고, 퇴로를 선택하며 안전구역을 마련해야 한다.

LCES는 산불의 강도가 경계해야 할 상황인지 판단하고 안전에 방해가 되는 요소에 대해 서로 의사소통해야 한다. 진화대원들은 안전구역으로 이동하면서 퇴로를 사용한다.

LCES는 두 가지 기본적인 지침 하에 이루어진다. 첫째, 안전이 위협받기 전에 LCES 안전 체계를 사용할 것을 항상 명심해야 한다. 둘째, 상황 변화에 따라 LCES 안전 체계를 계속적으로 점검해야 한다.

(1) 경계

① 조망이 좋은 곳에서 경계를 충분히
② 대원 위치 파악
③ 퇴각 지점과 안전구역 파악
④ 지도, 기상장비 세트 활용

(2) 의사소통

① 라디오 주파수 확인
② 대체 통신장비 확인
③ 상황변화에 따른 갱신
④ 경고 알람은 빨리 맞춰둘 것

(3) 퇴로

① 1개 이상의 퇴로 확보
② 정찰 : 토질 / 암석 / 절벽 / 식생

③ 알맞은 때를 놓치지 말 것 : 행동이 느린 사람, 피로 등 일시적 요인 점검
④ 표시 : 주야로 기를 올려서 신호 전달

(4) 안전구역

① 방염텐트 없이도 생존 가능
② 자연적 안전구역 : 전소지역 / 암석지역 / 물
③ 인위적 안전구역 : 대피처 구축 / 깨끗하게 제거 / 도로
④ 차량 퇴로
⑤ 규모와 위험 요소 조사
⑥ 퇴각 시간 안에 충분히 도달할 수 있는 거리에 위치
⑦ 지형적 위험 요소를 피할 수 있는 곳에 위치
⑧ 오르막길 = 열 영향 많이 받음 = 대규모 안전구역 확보
⑨ 바람방향 = 열 영향 많이 받음 = 대규모 안전구역 확보
⑩ 타기 쉬운 연료 = 열 영향 많이 받음 = 대규모 안전구역 확보

8 산불의 행태

모든 행동은 현재와 향후 예상되는 산불의 행태를 보고 결정해야 한다.

(1) 산불의 행태가 심각하게 전개되는 지표에 주의하라.

① 진화선 안으로 나무가 넘어지는 것
② 연기 발생
③ 먹구름 아래쪽으로 적란운이 접근할 때
④ 많은 양의 먼지와 회오리바람이 생길 때
⑤ 비화가 증가할 때
⑥ 갑자기 조용해질 때
⑦ 구름이 바람 방향과 반대로 대규모로 이동할 때

9 복사열로 인한 쇼크

열에 의한 쇼크는 보통 4가지로 구분한다.

(1) 열경련

① 땀을 많이 흘려서 염분이 부족하게 되거나 신체 균형이 흐트러지게 된다.
② 증상은 근육에 쥐가 나고 통증이 오는 것이다.
③ 쉬게 하고 소금물이나 이온 음료, 레모네이드, 토마토 주스 등을 마시게 한다.

(2) 열탈진

① 체내 수분 부족에 기인한다.
② 증상은 걸음을 제대로 못 걷거나 극도의 피로감을 호소하는 것이며, 식은땀을 흘리거나, 두통, 메스꺼움, 기절 등이 나타난다.
③ 물을 마시게 하고 그늘진 곳에서 쉬게 한다.

(3) 탈수현상

① 여러 날 동안의 체내 수분 부족에 기인한다.
② 증상은 체중 감소 및 극도의 피로감이다.
③ 물을 마시게 하고 몸이 회복될 때까지 충분한 휴식을 취하게 한다.

(4) 발작

① 체온 조절 기작이 제대로 작동하지 않음에 기인한다. 이것은 생명에 위협을 주는 경우이므로 즉시 응급의료팀을 불러야 한다. 치료가 늦어질 경우 뇌손상 또는 사망에 이를 수 있다.
② 증상은 피부 건조, 고열(41℃ 이상), 정신 착란, 흥분, 지각 상실, 경련 등이다.
③ 찬 물을 적신 수건으로 몸을 닦아주거나 시원한 바람으로 즉시 몸을 차갑게 해야 한다. 체온이 38.8℃ 이하로 떨어질 때까지 계속해야 하며 일단 체온을 낮추고 나서 쇼크를 치료해야 한다.

(5) 일산화탄소 인지

① 일산화탄소는 냄새도 없고 색깔도 없어서 눈에 보이지 않는 기체이다. 이것은 나무 및 기타 다른 연료의 연소, 엔진 연소 등 여러 가지 요인에 의해 발생한다.
② 산불이 나면 일산화탄소가 매우 많이 발생하여 연기와 함께 방사된다. 이것은 최초 한 시간 가량은 체내에 빠른 속도로 침투하며 다음 4~8시간은 보다 느린 속도로 침투한다.
③ 오염되지 않은 상황에서 일산화탄소를 체외로 배출하는 데에는 약 8시간 정도가 소요된다.

10 일산화탄소 중독 관리

(1) 대원들, 특히 펌프와 체인톱을 사용하는 대원들이 일산화탄소 중독 증상/행동을 보이지 않는가를 계속적으로 관찰한다.

표 9-1 일산화탄소 중독 현상

혈중 농도	증 상	행 동
중간	약간의 두통, 메스꺼움, 피로감 증가	주의력 감소, 착시현상, 판단력 감소, 신체적 균형 손상, 자기 만족감 증가. 이런 행동들이 점차 격렬해지고 심해지게 된다.
높음	두통, 피로감, 졸음, 메스꺼움, 토사, 착란, 흥분, 호흡 곤란	

(2) 위의 증상에 비추어 보아 중독 증상을 보이는 대원을 일산화탄소가 없는 지역으로 이동시킨다.
(3) 가능하다면 연기가 많고 일산화탄소가 집적되어 있는 곳에 대한 노출을 최소화하면서 진화할 수 있는 전략을 강구해야 한다(간접 진화 등). 보통 일산화탄소가 집적되어 있는 곳과 안전조치사항은 다음과 같다.
① 현재 활성화되어 타고 있는 불의 전방 및 근처
② 중장비 근처
③ 연기가 자욱한 지역

④ 뒷불 정리(낮은 농도지만 노출 시간이 길기 때문에)
⑤ 연기가 집적되기 쉬운 지형(저지대, 협곡 입구 등)
⑥ 대원들이 농도가 높은 지역과 낮은 지역에서 번갈아 가면서 작업할 수 있게 할 것.
⑦ 필요하다면 농도가 높은 지역에서 일하는 대원들이 빨리 교대할 수 있도록 추가 인력을 할당할 것.
⑧ 대원들이 연기가 없는 지역 또는 적은 지역에서 휴식을 취할 수 있게 할 것.
⑨ 기지는 연기가 없는 지역에 마련하여 일산화탄소 중독을 빨리 회복할 수 있게 할 것.
⑩ 흡연자들은 흡연량을 줄이거나 금연을 하도록 장려할 것. 흡연은 혈중 일산화탄소 농도를 크게 증가시킨다.
⑪ 대원들이 위에 열거한 증상을 보이는 경우에는 차량을 운전하지 못하게 할 것.

⑷ 위의 증상을 보이는 대원들은 그 정도에 따라 다른 임무를 할당받도록 조치해야 한다.

11 산불진화 안전수칙 10조

진화대원들은 산불진화 안전수칙 10조를 배우고 이해하며 따라야 한다. 이 안전수칙을 이해하고 실행하여야 자신의 목숨도 지킬 수 있고 동료들의 목숨도 지킬 수 있다.

⑴ **산불은 적극적으로 진화해야 하지만 안전을 우선한다.** 진화대원들은 산불진화에 언제나 적극적이지만 안전을 가장 중요시 한다. 지나치게 욕심을 부려서 상식을 넘어서는 행동을 해서는 안 된다.

⑵ **산불 행태의 현재와 예상에 근거해서 모든 행동을 시작한다.** 산불진화 활동이 성공하려면 산불행태에 관한 자신의 지식을 활용하여 불이 어디로 향하는지 얼마나 빨리 진행되는지를 예측해야 한다. 불이 나아가고 있는 곳을 공략하는 전략 및 전술을 실행한다. 항상 불의 행태를 살핀다.

⑶ **현재의 일기조건을 인식하고 예상한다.** 날씨를 보고 진화작업에 착수할 것인지 포기할 것인지를 결정한다. 최신 예보를 구한다. 날씨를 예상하지 못하면 불의 행태를 예측할 수 없다.

(4) **지침을 받았는지 그리고 이해하고 있는지를 확인한다.** 계획이 무엇인지 모르고 있다면 정말 놀랄 수 있다. 상급자가 계획을 말했는지 확인한다. 지침을 내리는 위치에 있다면 진화대원들이 복창하도록 한다. 진화대원들이 계획을 알고 이해하고 있는지를 확인할 수 있다.

(5) **산불 행태에 관한 현재 정보를 구한다.** 현재 불이 진행되고 있는 상황을 알아야 한다. 불이 확산되고 있는지, 건물이 손실되는지, 다른 불은 없는지 등의 상황을 알아야 한다. 모든 것이 중요하다. 이러한 것을 알아야 현재 상황을 이해하고 예상할 수 있다.

(6) **동료대원, 상급자, 협조인력과 항상 연락을 취해야 한다.** 의사소통은 매우 중요하다. 긴밀한 연락을 취하고 있어야 상황이 바뀌어도 서로 협력할 수 있다. 상호 연락을 통해서 대원들은 자신이 처한 상황과 산불 행태에 대하여 동료들에게 알릴 수 있다. 대원들은 자신 주위의 상황에 대하여 정기적으로 보고해야 한다. 얼굴을 맞대고 대화하는 것이 가장 확실하다.

(7) **안전지역과 탈출통로를 확보한다.** 진화선을 만들기 전에 대원들은 안전지역을 확보해 두어야 한다. 안전지역을 확보할 필요가 없다면 항상 다른 안전지역으로 피할 수 있는 위치에 있어야 한다. 상급자와 동료들과 이러한 문제에 대하여 의논하는 것이 좋다. 모든 대원들은 안전지역이 어디에 위치하는지, 어떻게 갈 수 있는지를 알고 있어야 한다. 탈출통로는 쉽게 이동할 수 있어야 하고 불길을 피할 수 있어야 한다.

(8) **예상되는 위험상황에서 관찰대원을 세워 두어야 한다.** 관찰대원은 눈과 귀를 이용하여 예상되는 위험상황을 살펴야 한다. 관찰대원은 위험을 살피고 위험의 규모를 이해하고 위험지역에 있는 동료들에게 경고해야 한다. 망을 보는 것은 신참들만의 업무가 아니다. 관찰대원은 눈앞에 벌어지고 있는 현상과 대처방안을 알고 있어야 한다. 대원들은 항상 관찰대원과 연락을 취하고 있어야 한다. 관찰대원들이 중요한 정보를 알고 있으면서 시의적절한 방법으로 대처할 수 없게 하는 것은 옳지 않다.

(9) **항상 상황을 통제한다.** 대원들은 자신 주변의 현상을 이해하고 상황을 통제하고 있어야 한다. 다른 대원들이 자신에게 의존한다면 그들에게 자신이 알고 있는 것을 전하고 지침에 따르도록 한다. 주변상황을 통제하고 있어야 사고위험을 줄일 수 있다.

(10) **방심하지 말고, 침착하며 분명히 사고하고 과감하게 행동해야 한다.** 당황하면 복잡한 상황이 더욱 위험해진다. 침착해야 한다. 자신에 대한 믿음을 가져야 하고, 충분히 생각해야 한다.

Chapter 10

산림/도시 경계지역 산불

학습목표

이 장을 통하여 여러분은 산림/도시 경계지역에서의 산불상황과 대응방법을 이해하여야만 한다.

- 산림인접지 개념에 대해 알아본다.
- 산림인접 피해시설물 피해과정에 대해 알아본다.
- 산림인접지 산불진화 전략과 전술에 대해 알아본다.
- 우리나라 산림인접 시설물의 산불위험도 평가에 대해 알아본다.
- 산림인접 주택의 위험요인에 대해 알아본다.

1 개요

지난 수 세기 동안 산불은 주거공간을 파괴해 왔지만 '산림/도시 경계면 산불(wildland /urban interface fires)과 건물과 산불의 접경지역(structural wildland interzone)'이라는 단어가 생겨난 것은 근래이다.

산림/도시 경계면 산불은 산림 식생에서 발생한 불길이 도시로 옮겨가는 화재이다. 연료는 나무 또는 관목에서 건물 또는 가로수로 바뀐다.

2009년 2월, 호주 빅토리아주(The Australian state of Victoria)에서는 '검은 토요일 산불(The Black Saturday Bushfires)'이라고 불리는 사상 최악의 산불이 발생하여 173명의 사망자와 7,500여명의 이재민이 발생하였고 총 43만ha가 소실되었으며, 가옥 2,029채가 전소되었고, 1,400여채가 파괴되는 손실을 입었다.

우리나라에서도 1996년 고성 산불, 2000년 동해안 산불, 2002년 청양·예산 산불과 2005년 천년고찰 낙산사를 전소시킨 양양 산불, 2019년 고성·속초 산불 등은 인명 및 재산피해는 물론 특히 송이 및 문화재 등의 소실과 더불어 많은 사회경제적 피해를 가져왔고, 산림인접지 주변의 농작물, 농업시설물, 축사, 가축, 축산기자재, 사료, 송이, 군사시설, 도로, 송전시설, 통신시설, 전력, 상수도가 피해를 본 사례가 있다. 이처럼 산림/도시 경계면 산불(일명 도시형 산불)은 한 번의 발생으로 막대한 피해를 가져오며, 점차 우리나라도 간과해서는 안 되는 재난으로 판단된다.

그림 10-1 고성·속초 산불 피해 시설물(2019년)

그림 10-2 강릉·동해 산불 피해 시설물(2019년)

2 산림인접지의 개념

산불발생 시 산림인접지는 산불로 인해 피해를 입을 가능성이 있으므로 그림 10-3과 같이 "산림을 위험물(Hazard)로, 인접시설을 산불피해 위험 가능성을 가진 대상물(Risk)"로 정의할 수 있다. 따라서, 산림인접지와의 위험 이격거리 설정은 시설물을 기준으로 설정하는 개념보다는 산림으로부터 산불발생 시 화재가 옮겨 붙을 수 있는 거리로 설정하는 것이 타당할 것으로 판단된다.

국립산림과학원(2011) 보고서에서 산림인접지 산불위험거리를 30 m 이내의 지역으로 정의하고, 비화로 인한 화재대비를 위해서는 산림으로부터 300 m 이내 지역을 잠재적인 산불위험지역으로 정의한 바 있다(그림 10-4).

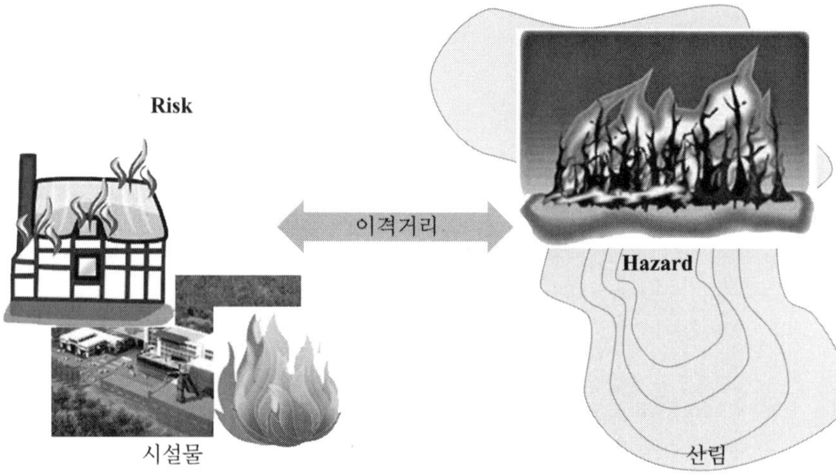

그림 10-3 산림인접지 산불위험 개념도

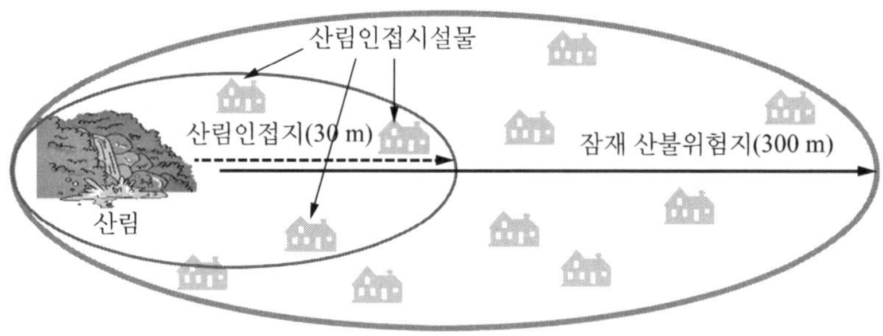

그림 10-4 산림인접지 산불위험 구분도

출처: 국립산림과학원(2011)

3 산림인접 피해 시설물의 화원 전이경로

2019년 고성·속초 대형산불 피해 시설물들의 경우 지붕재질은 콘크리트를 제외한 아스팔트 싱글, 기와, 슬레이트, 함석 등이었고, 벽재질도 콘크리트를 제외한 목조, 샌드위치패널, 블록 등이 대부분 전소하였다. 표 10-1은 산불피해 시설물의 화원 전이경로 추정표를 나타낸 것이다. 또한, 산불피해 당시 고성군 A 마을의 경우, 가옥 22채 중 7채만 생존한 바 있다(표 10-2, 그림 10-5).

표 10-1 산불피해 시설물의 화원 전이경로 추정표

구 분	주 전이경로		공통사항
	연료 종류	화원	
철근콘크리트	지붕(아스팔트 싱글 등)	비화물+복사열	- 주변 가연물(장작, 초본류, 낙엽, 데크, 에어컨 실외기 등) - 주변 농기계류(트랙터, 건조기, 경운기 등)
	벽체(드라이비트)	비화물+복사열	
	창문틈새	복사열	
철골 (샌드위치패널)	창문	복사열	
	벽체	복사열	
	바닥틈새	비화물	
벽돌 (블록)	창문	복사열	
	벽체쪽 일부	복사열	
목조	지붕(기와, 슬레이트, 함석 등) - 낙엽 등 퇴적 가연물	비화물	
	벽체	복사열	
	바닥	비화물	
컨테이너	바닥틈새	비화물	

출처: 국립산림과학원(2019)

표 10-2 산불 전·후 시설물 피해

구 분	피해 전 시설물	미피해 시설물
강원도 고성군 A 마을	▪ 가옥 22채 ▪ 마을회관 1개소 ▪ 창고 7개소(컨테이너 5) ▪ 비닐하우스 5개소	▪ 가옥 7채 ▪ 마을회관 1개소 ▪ 창고 1개소(컨테이너 1) ▪ 비닐하우스 1개소

산불 전　　산불 후

그림 10-5 강원도 고성군 A 마을의 산불피해 상황(2019)

4 산불진화 전략과 전술

산림/도시 경계면 산불에는 특별한 전략과 전술을 요구하는 다음과 같은 조건들이 있다.

(1) 수많은 건물들이 이미 불길에 휩싸이거나 또는 위협받고 있다. 위험에 처한 주택들의 수가 가용 소방차의 수보다 많다. 이러한 상황에서 각 대원들은 항상 기동상태로 있어야 하고 건물들을 선별해야 한다. 모든 건물들을 보호할 수는 없다.

(2) 산불은 사고를 주도한다. 진화대원들은 방어태세로서 불길의 확산에만 대응한다. 이러한 상황에서 대원들은 산불의 동태를 계속 관찰해야 한다. 산불이 사고를 주도하고 있기 때문에 대원들은 날씨와 산불동태의 미묘한 변화를 감지해야 한다. 보다 가벼운 호스를 사용하여 대원들이 너무 지치지 않도록 한다.

(3) 진화방법을 계획하고 조직할 수 있는 시간적 여유가 없다. 대원들은 다소 독자적으로 작업해야 하지만 전반적인 계획을 염두에 두어야 한다. 자신의 활동이 불길을 잡는 효과에 기여할 수 있는지 확인한다. 현재 벌어지고 있는 일들에 귀를 기울인다. 들은 정보에 따라 자신의 활동을 조정한다. 상급자 및 동료들과 불에 관한 정보를 공유한다.

(4) 물이 충분하지 않다. 따라서 물을 현명하게 사용해야 한다. 물을 낭비하는 것은 다른 사람이 정말 필요로 하는 물을 빼앗는 것과 같다.

(5) 사람들의 대피, 떨어진 전깃줄 등 불과 관계없는 문제들도 많이 있다. 이러한 문제들도 다루어야 한다. 자신이 하든지 또는 다른 사람을 시켜서 하도록 한다.

(6) 이러한 조건들 때문에 보통의 건물 화재진화전략은 효과가 낮다. 보통의 건물 화재진화전략은 융통성이 적다. 소방대원들은 소화전에만 붙어 있지 말고 유연해야 하고 기동성이 있어야 하며, 집집마다 옮겨 다녀야 하고, 가능한 많은 건물들을 보호해야 한다.

(7) 번지는 불길로부터 건물을 보호하는 최선의 방법은 건물에 불길이 닿기 전에 불길을 잡는 것이다. 시간과 진화자원이 있다면 불길을 공격한다. 시간이 없거나 또는 적절한 진화자원이 없다면 방어자세를 취하여 건물들을 보호한다. 또는 건물을 보호하기 위해 진화선을 설치한다. 어떤 경우이든 대원들은 상황평가를 하고 계획을 수립하고 행동을 취해야 한다.

5 상황평가

산불현장에 도착해서 중요하게 고려해야 할 사항은 소방대원의 안전, 생명의 위협, 예상되는 산불농태, 접근방법, 건물에 미지는 위협의 특징, 불 공급이다.

1) 과거의 산불

해당 지역에서 발생했던 과거의 산불들과 그 조건에 대해 알고 있다면 그 정보를 활용하여 상황평가를 한다. 산불들은 유사한 날씨 조건에서 과거의 패턴을 따르는 경향이 있다. "고참"들이 "지난번에 어떤 일이 있었는가"를 말해 줄 수 있다.

2) 날씨 조건

온도, 습도, 풍속과 풍향은 어떠한가? 예상과 일치하는가? 공기는 안정적인가 또는 불안정적인가? 시각은? 불꽃이 가장 강할 때 도착했는가? 영향인자가 되는 국지적인 바람이 있는가? 등을 파악한다. 날씨변화에 대하여 올바르게 예측하지 않으면 불의 동태가 어떻게 바뀔지 예측할 수 없다. 최근의 일기예보를 듣지 못했다면 상황실에 문의한다.

3) 연료물질

연료물질은 크기가 작은가 아니면 크기가 큰가? 연료물질에는 오래되거나 죽은 나무들이 많은가? 연료수분은 어떠한가? 연료량은 어떠한가? 등을 파악한다. 연료물질의 종류를 보아서 진화전술과 장비를 결정한다. 풀밭은 매우 빨리 타 버릴 것이므로 위협도 짧다. 나무 또는 잔목들은 오랜 시간 타므로 장시간 위협이 된다.

4) 지형

협곡, 산정상부가 있는가 또는 상대적으로 평평한가? 진화선으로 활용할 수 있는 천연 장애물 또는 인공 장애물이 있는가? 고도는 얼마인가? 등을 파악하고, 지세를 보아서 접근방법과 산불진화방법을 결정한다. 세밀하게 지세를 파악하고 불길 앞의 지세를 관찰한다.

5) 불의 동태

불꽃이 튀는가, 수관으로 올라가는가 또는 그냥 바닥에만 머무는가? 불의 동태와 날씨조건으로 보아서 불길이 언제 건물을 위협할 것인가? 등을 파악하고, 불의 동태를 보아 직접 행동을 취해 위협을 줄일 수 있다면 그렇게 한다.

불의 주위를 통제할 만큼 시간과 자원을 보유하고 있지 않다면 방어자세를 취하여 건물을 보호한다. 대원들이 항상 관찰해야 하는 산불의 3가지 동태는 확산속도, 불똥이 튀는 나뭇가지들의 수, 연료물질이 얼마나 오래 타는가를 파악할 수 있는 화선의 길이이다.

6) 불붙은 나뭇가지

불붙은 나뭇가지들은 주요 위협물이 될 것이다. 문제가 되는 나뭇가지들에 불길이 다가가지 않도록 한다.

7) 위협받는 건물들의 수

위협받는 건물들은 무엇이며 밀도는 어떠한가? 건물들의 지붕과 측면은 가연성 재료인가? 방어공간이 있는가? 액화석유가스 탱크가 있는가? 위에 전깃줄이 지나가는가? 등을 파악하고, 직접 위협받는 건물들이 언제 위협받게 되는지 판단한다.

직접적인 위협구역은 마을 전체가 아니라 불길이 위협하는 지역이다. 위협을 현실적으로 추정해야 한다.

8) 접근방법

길은 좁고 훼손되어 있는가? 쌍방 통행이 가능할 만큼 도로 폭은 충분한가? 길 위에 잡목들은 없는가? 중장비가 지나갈 수 있을 만큼 교각은 튼튼한가? 도로를 진화선으로 활용할 수 있는가? 도착하는 장비들을 보관할 곳은 어디인가? 등을 파악하여야 한다.

9) 수원

소화전은 있는가? 다른 수원은 있는가? 등을 파악하고, 이동 소화방법을 적용할 때는 소방차 탱크가 주요 수원이 된다. 또한, 연못, 풀장, 기타 고정된 수원은 보충용으로 사용한다. 고정된 수원에 연결해서는 안 된다. 그렇게 하면 더 이상 이동할 수 없다.

물에 띄울 수 있는 소형펌프는 매우 유용하다. 이것들을 이용하면 풀장, 연못 또는 개울에서 소방차에 물을 보충할 수 있다. 그리고 소방호스와 노즐, 소화전 또는 물에 띄우는 소형펌프를 가진 소방대원들은 더 많은 불과 싸울 수 있다. 투하 탱크를 장착한 급수차는 수원이 될 수 있다. 소방차처럼 급수차는 산불 사고에 물을 공급하여야 한다.

10) 대피

사람과 동물들을 대피시켜야 하는가? 등 대피시켜야 하는 결정은 매우 어렵다. 산불 동태가 심각해질 것으로 예상되고 시간적인 여유가 있다면 대피를 요청한다. 법적 책임이 있는 담당자만이 대피 명령을 내릴 수 있다.

대개의 지역에서 소방대원들은 대피하도록 조언할 수는 있지만 명령을 내릴 수는 없다. 동시에 소방차들이 진입하고 주민들이 대피하면 교통문제를 일으킨다는 점을 명심한다. 주민들이 남으려 한다면 그들도 지켜야 할 자산으로 포함한다. 그들에게 앞으로의 일을 말해주고 접근방법과 수원 등에 관한 정보를 얻는다.

11) 특별한 위험물질

예상되는 위험물질이 있는가 또는 건물밖에 폭발물이 있는가? 그 지역에 고압 전선이 존재하는가? 지상 연료저장 탱크가 있는가? 등을 파악하여야 한다.

12) 가용 진화자원

어떤 진화자원을 보낼 것인가? 현장에 도착하는 데 시간은 얼마나 소요되는가? 등을 파악하여야 한다.

6 초기행동

상황평가와 지속적인 관찰에 근거하여 1시간마다 불길이 어디에 도달할 것인지 예측한다. 각 시간마다 위협이 되는 것은 무엇일까? 시각, 연료물질, 지형, 날씨조건을 고려한다. 불의 동태는 어떻게 될 것인가? 날아다니는 나뭇조각들, 불길의 반사, 직접적인 접촉 등 건물에 위협이 되는 것은 무엇일까? 진화자원은 언제 도착할 것인가? 등을 파악하고, 전략을 수립하고 예상되는 위협에 적절한 진화자원을 적절한 시점에 배치한다.

현장에 도착하여 앞으로 오게 되는 모든 자원을 보관할 수 있도록 보관소를 설치한다. 예상되는 자원들을 수용할 수 있을 만큼 충분한 공간이 있어야 하고 찾기 쉬워야 한다. 상황실과 현장에 있는 모든 대원들에게 위치를 알려야 한다. 불길이 빠르게 움직이면 보관소도 매우 역동적으로 움직일 것이며, 진화대원들은 보관소를 끊임없이 드나들게 될 것이다.

1) 진화자원

모든 노력을 위협받는 건물에만 쏟아서는 안 된다. 수 킬로미터의 진화선을 설치하고 유지해야 함을 명심한다. 시작하면서 지휘본부와 보급본부를 설치해야 할 것이다. 세상에 있는 모든 진화차를 모아도 관리하지 않는다면 혼란만 가중시킬 것이고 작업수행의 효율성은 저하될 것이다.

필요하다고 판단되는 진화자원은 다음과 같다.

⑴ **헬기** : 연기나 바람조건이 나쁘지 않다면 건물을 보호할 때 효과적이다. 항공기는 불길이 건물에 다가갈 때 그 앞에 소화약제를 투하하면 가장 효과적이다.
⑵ **장비·대원** : 진화선을 설치하거나 건물 주위에 방어공간을 확보하고 진화작업을 할 때 효과적이다.
⑶ **행정기관** : 주민 대피가 필요하다면 지방의 행정기관 직원들이 훌륭하게 처리할 수 있다. 그리고 도로 교통을 통제할 때도 이들을 활용할 수 있다. 대피명령이 내려지면 그 지역의 치안을 유지해야 하는 책임이 있는데 이는 행정기관의 역할이다.
⑷ **동물 통제기관** : 산불지역에 말과 가축이 많이 있다면 동물을 통제할 수 있는 직원을 활용하여 가축을 옮기고 가두어야 한다.
⑸ **사회 기반시설** : 이는 수도, 전력, 전화회사를 말한다. 산불현장에 들어가기 전에 미리 접촉하여 사고 발생을 알리고 협조사항을 요청한다. 수도 시스템을 이해하여야 산불진화를 원활이 수행할 수 있다. 전력공급을 중단하면 안전을 도모할 수 있지만 물을 공급하는 펌프 시스템의 전력을 끊을 수도 있다.
⑹ **도로담당 부서** : 도로를 통제하고 중장비와 급수차를 제공한다.
⑺ **재해 구호기관** : 의료팀, 적십자와 같은 기관들은 피난민들을 위한 보호소를 운영한다. 이들은 집을 잃은 사람들에게 상담을 제공한다.
⑻ **언론매체** : 방송매체를 이용하여 산불발생과 대처방법에 대하여 홍보한다. 대규모의 주민대피가 필요하다면 지역 라디오와 텔레비전 방송국을 이용한다. 가능한 빨리 홍보담당관에게 맡긴다. 그렇게 하지 않으면 언론의 질문에 작업을 방해받게 된다.

2) 보호해야 할 건물의 선별

소방대원들의 경우 어느 건물을 보호할 것인지를 평가할 때 가장 중요하게 고려해야 하는 것은 진화대원들의 안전이다. 건물은 3가지 범주로 구분하는데 위협받지 않는 건물, 절망적 또는 너무 위험해서 보호할 수 없는 건물, 위협받을 가능성이 있고 구해낼 수 있는 건물이다. 이것이 대원들이 구하고자 계획을 세워야 하는 것들이다. 표 10-3은 보호해야 하는 건물을 선별할 때 고려해야 하는 요인들을 정리한 것이다.

표 10-3 보호해야 할 건물을 선별할 때 고려해야 하는 요인

요 인	이 유
연료의 근접성	연료물질(임목 또는 관상수 등)이 건물과 접해 있으면 방어공간이 없다. 불길이 조금만 세게 타면 건물을 구하는 것이 매우 어렵다.
불의 동태와 세기, 불꽃의 튀는 정도	불길의 세기를 보면 방어공간이 어느 정도 필요한가를 알 수 있다. 불길이 강하면 연료의 틈새도 더 넓혀야 한다. 불길이 번지면 번지는 지역의 모든 불길을 통제한다.
지붕과 담벽 재료의 가연성	건물의 지붕과 담벽이 가연성 물질이라면 건물을 구하는 것이 어렵게 될 것이다. 그리고 연료물질의 청소가 되어 있지 않다면 건물을 구하는 것은 불가능하다.
시간과 진화자원의 가용성	가용 진화자원이 없거나 설치할 시간적 여유가 없다면 선택의 폭이 매우 좁다.
안전	건물을 보호하기 위해 대원들을 과도한 위험에 처하도록 해서는 안 된다. 집은 다시 지을 수 있다.

가능한 많은 건물을 구할 수 있도록 결정을 내려야 한다. 하나를 선택하여 어떠한 희생을 감수하더라도 지키겠다고 해서는 안 된다. 그 동안 다른 모든 건물들이 불타 버릴 것이다. 가능한 모든 결과들을 고려한다. 과감해야 한다. 가능성을 가지고 행동한다.

(1) 다음과 같은 요인들이 있을 때는 건물을 구하는 것이 너무 위험하거나 또는 절망적이다. 안전하게 그리고 효과적으로 목적을 달성할 수 있을 때만 작업한다.
  ① 불길이 살아있는 나무들에서 계속 타고 건물주위는 깔끔하지 않다. 건물의 외장은 가연성 물질이다.
  ② 불의 동태가 심각하다. 불꽃이 매우 많이 튀고 불길을 통제할 수 없다.
  ③ 위협이 지속되는 동안 물이 충분히 공급되지 않는다.
  ④ 불의 세기를 보아 즉시 떠나야 한다. 그렇지 않으면 탈출 통로를 이용할 수 없을 것이다.
  ⑤ 지붕의 1/4 이상이 불타고 있다.
  ⑥ 건물 내부에도 불길이 있고 창문은 깨어졌고 바람이 분다.

(2) 산불의 동태와 연료물질의 종류를 보아서 산불진화방법을 결정한다. 표 10-4는 3가지의 산불진화방법을 정리한 것이다. 조건이 허용한다면 공격적인 진화방법을 선택하지만 항상 안전을 가장 먼저 유념한다.

표 10-4 건물 보호를 위한 3가지 산불진화방법

산불진화방법	상 황	행 동
방어적인 산불진화방법	주요 산불을 제때에 진화하여 위협을 제거할 수 없다.	가능한 많은 건물을 구할 수 있도록 집중한다.
공격적인 산불진화방법	건물이 위협받기 전에 산불을 진화할 수 있다.	주요 산불을 진화한다.
조합 산불진화방법	주요 산불의 일부를 진화할 수 있거나 또는 방어활동으로 진화선을 만들 수 있다.	주요 산불을 진화한다. 건물이 위협받으면 건물을 보호한다. 건물방어가 고정점을 주는 지점에서 경계선 진화를 확대한다.

7 행동계획

종이 쪼가리에 몇 줄 기록하는 것이라도 행동계획을 수립해야 한다. 상황평가를 하면서 확보한 정보와 건물 보호 문제의 검토, 산불진화에서 수행했던 진화방법의 지식을 활용한다.

언제 불길이 어디에 도착할 것인가를 예측하고 현장에 있는 진화자원을 어떻게 역할을 분담할 것인지를 정리한다. 큰 그림을 그려본다. 가용할 수 있는 진화자원과 물을 이용하여 할 수 있는 일들을 구상한다.

일반적인 법칙으로서 "건물위험구역(structure threat zone)"에 있는 건물 하나에 진화차 한 대씩을 배치하고 소방차 4대당 1대를 추가 배치하여 지역을 순찰하고 예비용으로 활용한다. 건물들이 가까이 밀접해 있다면(15 m 이내) 진화차 한 대가 두 채의 건물을 보호할 수 있을 것이다. 대형 상업용 건물 또는 이미 불타고 있는 건물에는 진화차를 추가 배치한다.

연료물질의 종류와 불의 세기를 보아서 적극적으로 건물을 보호해야 될 시점을 결정한다. 일반적인 법칙으로서 풀밭과 같은 크기가 작은 연료물질에서는 건물에 20~40분 동안 머물러 보호해야 할 것이다.

덤불에서는 하나의 불길이 오고 있다고 할 때 약 30~60분 머물러 보호해야 할 것이다. 연료물질이 크고 불꽃이 튀는 문제가 있다면 그 시간은 연장될 것이다. 나무가 많은 지역에서는 몇 시간동안 건물을 보호해야 할 것이다. 특히 건물주위에 연료물질이 쌓여 있고 건물들이 오랜 시간동안 복사열 또는 불타는 나뭇가지들에 노출되어 있다면 더욱 그러하다.

연료물질의 종류, 불의 세기와 날아다니는 불붙은 나뭇가지들의 수에 따라 필요한 물의 양이 달라진다. 크기가 작은 연료물질에서는 건물 보호를 위해 물을 현명하게 사용하면 750 L의 물로 충분할 것이다. 적극적인 산불진화에서는 1시간에 소방차 1대가 1,500～3,000 L의 물을 사용하는 것으로 계획한다. 진화차를 지원할 수 있도록 급수차를 요청하여 배치한다.

진화대원들은 전반적인 전략에 대하여 현장진화책임자와 상의해야 한다. 산불의 동태와 진행상황에 대하여 수시로 보고한다. 건물에 대한 위협과 산불진화계획을 보고한다. 필요하다면 추가 지원을 요청한다.

기존의 진화자원과 계획을 상의한다. 산불진화계획, 접근방법, 위험물질, 안전지대, 탈출통로를 간단히 보고한다. 진화자원 보관지역과 산불지휘본부의 위치, 수원을 확인한다.

중요한 것은 예상되는 산불움직임에 대응할 수 있도록 진화자원을 배치하는 것이다. 여기에는 진화차의 종류, 급수차, 적절한 관리, 감독 및 보급지원 인력을 정리하여 효과적이고 효율적으로 작업기능을 수행할 수 있도록 한다.

1) 시민들의 문제

주택이 있는 곳에 사람들이 있을 것이다. 그들의 집이 산불의 위협을 받는다면 그 집의 주인은 근심하고 화도 나고 흥분해 있을 것이다. 대부분 자기소유 지역을 벗어나고 싶을 것이다. 가능하다면 그들에게 진화활동을 방해하지 않는 통로를 이용하여 대피하도록 한다.

머물러서 돕고 싶은 사람들은 해야 할 일들을 교육받아야 한다. 표 10-5는 자신의 집을 지키기 위해 취할 수 있는 행동을 정리한 것이다. 지역주민들에게 수원, 위험물질, 접근방법에 대하여 질문한다. 이 정보는 상황이 악화되어 갈 때 매우 중요하다.

표 10-5 자신의 집을 지키기 위해 취할 수 있는 행동

임 무	구체적인 행동과 이유
가족과 애완동물을 대피시킨다.	건물 보호에 적극적으로 활동하지 않을 사람들을 이동시킨다. 그렇게 해서 위험에 처하게 될 사람들의 수를 줄인다.
가연물질을 제거한다.	모든 가연물질(장작, 옷감, 낙엽 등)을 건물에서 제거한다. 그렇게 해서 건물 주위의 연료량을 줄인다.
출구를 닫거나 가린다.	처마, 지하실 통풍구 등 모든 창을 가리거나 닫아둔다. 창문과 애완동물의 출입구도 닫아둔다. 모든 덧문과 가리개 또는 중형 창문 덮개를 닫는다. 그렇게 해서 불길 또는 열이 창문을 통해 집안으로 들어오는 것을 막는다.
건물내부의 모든 문을 닫아둔다.	불길이 건물 안으로 들어왔다면 불을 가두어 번지는 것을 막을 수 있다.
가스를 잠근다.	모든 가스(LPG, 천연가스, 기름)를 잠근다.
산불진화를 위해 물을 확보한다.	정원의 호스를 연결한다. 풀장과 욕조, 쓰레기통, 기타 큰 통에 물을 채운다. 여러 통을 채운다. 물의 이용가능성은 건물 보호에 매우 중요하다.
사다리를 확보한다.	소방대원들이 사다리를 이용하여 지붕으로 올라가서 불길을 진화할 수 있도록 안전한 곳에 사다리를 놓아둔다.
동력펌프 또는 발전기를 확보한다.	기름동력의 펌프 또는 발전기를 준비하고 연료를 채워둔다. 이는 건물진화에 도움이 된다.
탈출한다.	차를 차도에 대기시키고 창문을 올려둔다. 이 차를 이용하여 탈출할 수도 있다. 귀중품들은 차에 둔다.
문과 전등	차고의 문 개폐시스템을 끊어둔다. 문은 잠그지 않은 채 둔다. 현관 전등을 켜둔다. 그렇게 해서 소방대원들이 집을 찾고 필요할 경우 집에 들어갈 수 있도록 한다.

2) 소방차 활동과 호스 배치의 변화

대원들의 전체적인 작업은 소방차에 집중된다. 필요할 경우에는 작업의 편의와 위험 지역을 벗어날 수 있도록 소방차를 배치하는 것이 중요하다. 건물에 접근하고 소방차를 배치할 때 명심해야 할 사항이 몇 가지 있다.

(1) 길을 따라 존재하는 표지와 위험물질을 적어둔다. 그 지역을 서둘러 떠나거나 짙은 연기상태에 방치할 수도 있다. 예상되는 안전지대를 적어둔다.

(2) 마지막 U-턴 지점에서 물러선다. 도로가 짧으면(15 m 이하) 도로에 주차하고 싶을 것이다.

(3) 다른 교통수단을 방해하지 않도록 소방차를 주차한다. 불에 탈 수 있는 식생이 있는 곳, 전깃줄 아래, 고열이 있는 곳 또는 LPG 탱크 근처에 주차하지 않도록 조심한다. 호스배치가 팽팽해지지 않도록 여유 있게 주차한다. 소방차의 창문 또는 문에 가까이 가지 않도록 한다. 가연 물체(호스 주머니, 개인 장비, 침낭 등)를 진화차 위에 놓아두지 않는다.

(4) 지역을 조사하여 구멍이나 절벽, 버려진 탱크, 철사 담장, 흥분한 짐승 또는 보호동물, 연료저장 탱크, LPG 탱크, 살충제 등 위험물질의 존재 여부를 확인한다.

(5) 정원 호스를 찾아서 소방 물탱크를 보충하도록 한다. 모든 기회를 포착하여 탱크를 마무리한다. 찾아낼 수 있는 모든 물을 필요로 할 것이다.

(6) 일단 진화차가 안전한 장소에 자리를 잡으면 건물 주위를 돌아보며 상황을 파악한다. 연료물질의 존재여부와 상태를 검토한다. 건물의 취약점은 무엇인가와 수원, 사다리, 호스, 기타 필요한 도구들이 있는지 현지의 자원을 찾아본다. 가스를 닫지만 전기는 켜두어서 현장의 펌프가 계속 가동되도록 하고 주택을 밤에도 쉽게 찾을 수 있도록 한다.

(7) 노즐사용은 조합노즐이 가장 좋겠지만 바람이 강할 때는 직접 분사 노즐로 바꾸어야 할 것이다. 가장 흔한 호스 배치는 두 개를 사용하는 것인데 건물의 양쪽에서 각각 사용하는 것이다.

(8) 건물들이 조밀하게 위치해 있다면 건물 사이에 두 개의 호스를 배치한다. 둘레의 일부가 노출되지 않는다면 위협받는 부분에 단일 호스를 사용한다. 필요 이상으로 많은 호스를 사용하는 것은 좋지 않다. 둘레의 전부를 포괄한다. 모든 호스를 진화차의 같은 방향에 연결한다. 이는 필요할 때 빨리 연결을 끊을 수 있다.

(9) 지붕을 보호해야 하면 건물에 사다리를 두고 호스를 배치한다. 가능하면 소유주의 사다리를 활용한다. 지붕이 내화물질로 만들어졌어도 보호할 필요가 있다.

(10) 소화용수를 확보하고 있지 않고 신속하게 진화할 수 없다면 큰 호스를 사용하지 않고, 소직경 호스를 사용한다.

8 산불진화 전술 상황

접근하는 산불로부터 건물을 보호하는 것과 관련해서 4가지 산불진화 전술 상황이 있다. 표 10-6은 건물 보호를 위한 4단계를 설명하고 있는데 비산화(spotting) 흩뜨리기, 완전 진화(full control), 부분 진화(partial control), 방치(no control)이다. 불길이 너무 강하여 진화할 수 없다면 건물 또는 소방차로 피신한다. 상황이 호전될 때까지 기다렸다가 다시 작업에 착수한다.

여건이 매우 나쁘지만 오래갈 것 같지 않은 산불에서는 대개 그렇게 한다.

지붕의 1/4 이상이 타지 않고 있다면 그 건물을 구할 수도 있다. 외부 및 내부 소화 라인을 모두 이용한다. 천장을 당겨서 다락으로 접근할 수 있도록 한다. 건물 내부에서 열심히 진화작업을 수행하는 모든 대원들은 개인보호 장비를 갖추도록 한다. 불이 신속하게 진화되지 않는다면 성공가능성이 낮으므로 이동한다.

시간이 위급할 경우 뒷불 정리와 정밀검사 할 때에는 기계톱을 사용하여 주택 또는 바닥에 있는 타 버린 것들을 신속하게 제거할 수 있다.

표 10-6 건물 보호의 4가지 상황

상 황	조건/행동
비산화 흩뜨리기	공중에 날아다니는 나뭇조각의 불은 긴급한 문제이다. 이는 몇 시간 동안이나 위협이 된다. 기동상태로 대기하면서 맡은 지역을 조사한다. (관찰요원 활용 또는 순찰) 필요할 때만 호스를 배치한다. 가능한 빨리 번지는 불길을 진화한다. (불길이 살아나지 않도록 확인한다.) 상태가 심해지고(크기가 큰 연료물질로 번지면) 물이 부족하면 이동한다.
완전 진화	경계선 진화가 가능하다. 진화선의 지점을 선택한다. 행동을 취하여 마당 끝에서 불길을 멈추도록 한다. 진화선을 설치하여 다시 불길이 살아나지 않도록 한다. 자신이 설치한 진화선을 다른 진화선 또는 고정점에 연결한다.
부분 진화	진화선의 위치는 자신의 선택사항이 아니다. 시간이 부족하거나 또는 불길이 세어서 완전 진화할 수 없다. 건물에서 움직이는 불길을 진화한다. 호스라인을 이용히여 건물 주위의 불길을 진화한다. 건물은 체크하여 점화되지 않았는가 조사한다.
방치	불길이 지나 갔거나 또는 너무 뜨거워서 진화할 수 없다. 소방대원과 시민들을 보호한다. 장비를 보호한다. 안전하다면 건물에 있는 불길을 진화한다. 필요하다면 호흡기와 호스라인을 이용한다. 필요하면 후퇴하거나 안전지대로 이동한다. 불길이 건물을 지나쳤다고 해도 반드시 모든 것을 잃어버리는 것은 아니다. 돌아와서 행동을 취한다.

1) 기동상태로 대기

항상 움직여야 한다면 상황이 바뀔 때 움직일 수 있도록 준비한다. 연료물질이 너무 많거나 또는 누군가가 긴급한 도움을 요청하면 움직여야 할 것이다. 또는 산불의 위협이 지나가 버려서 지킬 수 있는 다른 건물들을 찾아야 한다면 이동한다. 이유가 어떠하든 이동은 신중해야 하고 목적이 있어야 한다. 다음은 자리를 잡고 이동할 때 명심해야 할 몇 가지 사항들이다.

(1) 가능한 모든 호스라인을 짧고 조금만 배치한다. 필요 이상으로 많은 호스를 들고 가고 싶지는 않을 것이다. 소방차 앞에는 어떤 라인도 배치하지 않는다.
(2) 소화전에 직접 연결하지 않는다. 소화전은 수원으로 활용하고 하나의 지점에 대한 고정점으로 활용하지는 않는다. 소방차의 측면에 있는 쾌속 호스를 사용한다.
(3) 짐을 다시 싣고 시간이 허락한다면 호스의 물을 빼내고 아코디언 모양으로 접어서 두거나 또는 사다리, 선반 등 편리한 장소에 걸어둔다. 펌프 배출구에 연결된 호스는 그대로 두고 노즐은 제자리에 둔다. 이렇게 하면 이동했을 때 신속하게 이 라인을 다시 사용할 수 있다.
(4) 빨리 이동하고 라인을 버려야 한다면 라인을 잠그고 소방차에서 떼어내며 노즐을 회수한다. 호스라인은 잘 보이도록 둔다. 나중에 다시 필요하게 될 수도 있다. 사다리를 사용했다면 잊지 않도록 한다. 이 작업은 모두 2분 이상이 소요되지 않도록 한다.
(5) 시간이 허용한다면 숨은 불길이 있는 지 다시 한 번 살펴본다. 불붙은 나뭇가지들이 건물 안으로 들어 갈 수 있는 장소는 많다. 구한 건물이 나중에 손실되어 버리는 것을 바라지는 않을 것이다. 누군가를 시켜서 나중에 그 건물을 체크하는 것은 매우 중요하다.
(6) 이동할 때 항상 불길의 진행을 체크한다. 넘어진 나무와 전깃줄, 도로에서 굴러다니는 찌꺼기, 타 버린 교각과 같은 위험물질에 대해 주의해야 한다. 통로에 연기가 가득하면 매우 조심해야 한다.

2) 물의 이용

(1) 물은 매우 아껴 사용해야 한다. 물은 보통 부족하다. 그 지역에 소화전 시스템이 있다면 그것을 알아둔다. 압력, 흐름속도, 저장량, 작동하는 데에 전력이 필요한 지를

알아둔다. 전력이 없으면 시스템은 자주 망가진다.

(2) 다른 수원을 찾아야 한다면 위치와 접근방법을 알아둔다. 수원을 찾으면 다른 소방차에도 알려준다. 불길의 열파가 최고점에 있을 때는 물을 낭비하지 않는다.

(3) 물 또는 포말을 사용하여 강렬한 복사열에 노출된 건물의 측벽을 식혀줄 경우 창문에 뿌리지 않도록 한다. 특히 유리창이 뜨겁게 달았을 때는 더욱 그렇다. 불의 확산을 진화할 수 있거나 또는 건물의 열을 충분히 내릴 수 있을 때만 물을 사용한다.

3) 건물용 포말

(1) 건물을 보호해야 하는 상황에서 A급 포말은 큰 도움이 된다. 다른 도구들처럼, 포말은 적시에 적절한 방법으로 사용하여야 효과적이다. 보통 포말의 공급량은 제한되어 있으므로 낭비해서는 안 된다.

(2) A급 포말은 건물의 지붕 또는 담벽에 뿌려서 복사열 또는 불붙은 나뭇가지들로부터 보호한다. 포말 피복은 차가운 상태에서 몇 시간 동안 지속되지만 대개의 상황에서는 15~30분 정도 지속된다.

(3) 포말을 사용해야 할 마지막 순간까지 기다린다. 포말을 뿌린 다음 그 지역을 비워야 한다면 다시 돌아와서 불길이 안전하게 지나간 지를 확인한다. 포말은 건물을 보호할 수 있는 제2의 기회를 제공한다.

(4) A급 포말을 보유하고 있다면 노출된 건물에 뿌리고 불길이 지나가는 동안 그 지역을 벗어나야 한다. 그리고 돌아와서 각 건물에 남은 불을 확인한다. 이는 불길이 빠르고 세게 지나갈 때 유용한 전술이다.

4) 일반적인 발화점

(1) 불길은 건물에서 다소 떨어져 있어도 불붙은 나뭇가지들이 지붕위로 날아올 수도 있다. 가연성 지붕과 부스러기들은 확인해야 하는 첫 번째 연소물이다. 불길이 가까이 다가오면 처마 등 지역은 열을 유지하게 될 것이다. 주위를 깔끔히 치우지 않으면 가연성 담벽도 문제가 될 것이다.

(2) 망 없는 통풍구, 창문, 지붕의 구멍과 같은 틈, 열린 문 등 역시 불길이 건물로 들어올 수 있는 입구가 된다. 바람이 불 때는 불길이 실제 시붕의 타일 등 어떤 틈을

통해서도 들어올 수 있다. 목재 테라스 바닥, 야외 가구, 장작더미, 쓰레기 더미 역시 복사열의 원천이 될 수 있다.

(3) 복사열을 과소평가해서는 안 된다. 복사열을 누적되는 경향이 있다. 마당의 낙엽 또는 폐물(낡은 차, 나무더미 등) 역시 열원이 될 수 있다. 이들은 작업도 어렵게 하고 위험하기도 하다. 보호해야 하는 건물들에 이런 것들이 많이 있으면 작업시간도 증가할 것이다.

5) 화입작업

(1) 건물을 보호하기 위해 화입하는 것은 우리나라에서는 아직 사용하지 않고, 주로 미국에서 사용하는 방법으로 간단히 소개하고자 한다. 다음과 같은 상황에서는 화입을 고려한다.

① 불길이 전력으로 진화선을 넘어 오면 안전을 유지할 수 없다.

② 화두 불길의 세기가 건물을 위협한다.

③ 화두 불길이 오기를 기다릴 시간이 없다.

④ 약한 불은 수관화를 예방하는데 도움을 줄 수 있다.

(2) 화입하기 전에 진화선을 확보해야 한다.

① 잔디밭, 도로 등 기존의 장애물을 활용하고 손도구 또는 불도저가 설치한 진화선을 활용한다. 수성진화선은 크기가 작은 연료물질에서 효과가 있을 것이다. 진화선은 불길을 잡을 수 있을 만큼 설치한다. 함께 있는 동료들, 상급자와 화입작업을 조정하고 시기를 정한다.

② 진화선을 설치하자마자 화입한다. 불길이 들어올 때를 기다려서는 안 된다. 거의 도움이 되지 않는다. 진화선을 따라 바람을 마주하고, 경사 아래로 화입한다. 조건이 바람직한가를 보려면 진화선 끝부분을 시험 삼아 태워본다. 보다 넓은 진화선이 신속하게 필요하다면 띠형 화입법을 사용한다.

③ 다양한 경사면과 바람의 조건을 이용하여 분할해서 화입한다. 동료들이 진화선을 확보하기도 전에 화입해서는 안 된다. 진화선을 위협하는 불길을 잡는다. 불꽃이 튀어 발생하는 불길들을 살핀다.

④ 화입을 하는 방법에는 선형 입화, 띠형 입화, 고리형 입화가 있다. 여기에서 커다란 주 불길이 접근해오고 그들 사이에 많은 양의 임목들로 집들이 둘러싸인 상황에서 구조물을 보호하는데 가장 적합한 기술이 고리형 입화이다. 이 입화 기술은 불길의 앞부분을 갈라놓음으로써 보호받을 구조물 주변으로 불길을 다

른 쪽을 이동시키는 기술이다.

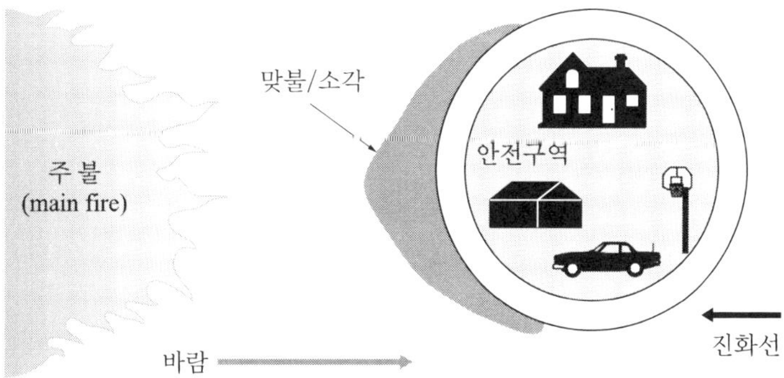

그림 10-6 건물 보호를 위한 고리형 화입

출처: Joseph D. Lowe(2001)

6) 건물과 정지작업

시간이 허용한다면, 건물을 구할 가능성을 개선하도록 한다. 시붕의 새료를 바꿀 수는 없지만 찌꺼기들을 제거할 수는 있다. 그리고 빗물받이에도 가연물질들을 제거한다. 지붕의 통풍구와 냉각기를 덮는다. 건물 보호 준비에 사용한 시간은 불찌꺼기, 복사열, 열의 접촉에 의한 위협을 줄임으로써 보상된다. 주택을 지키기 위해 적극적으로 나서야 하는 시간을 절약해 줄 것이다.

방어공간도 중요하다. 건물 주위의 연료물질과 땅의 경사에 따라 깨끗이 해 두어야 하는 면적을 결정한다. 연료물질이 조금 큰 편이라면 방어공간은 예상되는 불꽃의 약 3배가 되어야 한다. 대개의 연료물질의 불꽃 길이는 연료 높이의 2~3배가 된다. 이 폭은 경사면에 따라 2배 또는 3배가 된다.

연료물질을 제거하여 불길이 수관으로 번지는 것을 예방하고 사다리 연료물질을 끊는다. 작은 나무들과 관목, 낮은 곳의 가지들을 제거한다. 잘라낸 것들은 건물에서 가능한 멀리 버려서 위협이 되지 않도록 한다. LPG 탱크 주위를 깨끗이 한다. 불필요하게 벌채할 필요는 없다. 장작이나 가연성 재료가 쌓여 있지 않도록 한다.

9 우리나라 산림인접지 시설물의 산불위험도 평가

국립산림과학원(2012)에서 산림인접지 시설물들의 산불위험도를 평가할 수 있는 기준을 개발하였다. 평가요소는 시설물까지의 접근경로 4항목, 식생(연료 모형) 3항목, 지붕자재 3항목, 소방자원 4항목으로 총 146점으로 구성되었으며, 평가관련항목 사진과 평가표는 그림 10-7～그림 10-9와 표 10-7과 같다.

그림 10-7 시설물까지의 접근경로

그림 10-8 시설물 주변의 식생(연료 모형)

그림 10-9 산림과 시설물와의 이격거리

표 10-7 산림인접 시설물 산불위험도 평가표

구성번호	소번호	내용	점수
		접근경로	23점 만점
1	진입/탈출로		
	a	진입/탈출로의 개수가 2개 이상	0
	b	진입/탈출로의 개수가 1개	7
2	도로폭		
	a	7.3 m 이상	0
	b	7.3 m 미만	4
3	노면상태		
	a	포장도로, 경사 5% 미만	0
	b	포장도로, 경사 5% 이상	2
	c	비포장도로, 경사 5% 미만	2
	d	비포장도로, 경사 5% 이상	5
	e	도로 없음	7
4	진화 자원 접근		
	a	90 m 이내 교차로가 있음	0
	b	90 m 밖에 교차로가 있음	2
	c	90 m 이내 교차로가 없음	4
	d	90 m 밖에 교차로가 없음	5
		식생 (연료 모형)	60점 만점
1	90 m 이내의 우점 식생의 특성		
		없음	0
	a	초본, 화초류 등	5
	b	활엽수	10
	c	소·중 밀도의 침엽수	20
	d	밀 밀도의 침엽수	25

표 10-7 (계속)

구성번호	소번호	내용	점수
2	산불 방호 공간		
	a	건물에서 관리된 식생까지 30 m 이상 이격	1
	b	건물에서 관리된 식생까지 20~30 m 이격	3
	c	건물에서 관리된 식생까지 10~20 m 이상 이격	10
	d	건물에서 관리된 식생까지 10 m 미만 이격	25
3	건물과 90 m 이내의 지형		
	a	9% 이내	1
	b	10~20%	4
	c	21~30%	7
	d	31~40%	8
	e	41% 이상	10
		지붕자재	40점 만점
1			
	a	기와집, 콘크리트 가옥	0
	b	너와집, 굴피집, 가연성 지붕자재	25
2	주요 구성물		
	a	비가연성/내화성 자재 사용	0
	b	가연성 벽채와 바닥재	10
3	인접 경사지역(15도 이상)		
	a	10 m 이내에 존재	0
	b	10 m 밖에 존재	5
		소방자원	23점 만점
1	산불진화 용수 가용성		
	a	300 m 이내 가용수 있음	0
	b	300 m 이내 가용수 없음	10
2	산불진화 조직		
	a	소방서에서 8 km 이내	1
	b	소방서에서 8 km 이상	3
3	산불진화용 장치		
	a	스프링클러	0
	b	없음	5
4	가스 및 전기시설		
	a	모두 지중화	0
	b	한 가지만 지중화	3
	c	모두 지상화	5
	합계		146

출처: 국립산림과학원(2012)

산림인접 시설물별 산불위험도를 평가한 후에 산림인접 시설물에 대한 산불위험도 구분을 나타낸 기준표는 표 10-8과 같다.

표 10-8 산림인접 시설물 산불위험도 구분 기준표

위험도 구분	점 수
만점	146
저위험	< 15
보통	16 ~ 44
위험	45 ~ 87
고위험	88 <

출처: 국립산림과학원(2012)

2019년 국립산림과학원에서는 2012년 점수표를 이용한 산림인접지 시설물의 산불위험도 평가표를 보다 실용적으로 사용할 수 있게 표준화된 산림인접 산불위험 시설물 선정 기준표를 개발하였다. 평가항목으로는 지형(경사, 사면장의 위치, 사면향), 임상, 이격거리, 연료형태(지붕, 벽, 방화벽, 주변 가연물 야적)를 3등급(고, 중, 저)으로 분류하였다(표 10-9).

표 10-9 산림인접 산불위험 시설물 선정 기준표

구분	인자	고	중	저
지형	경사	21.5° <	5 ~ 21.5°	5° >
	사면장의 위치	10 ~ 90%	0 ~ 10%, 90% 이상	0
	사면향	180 ~ 270	90 ~ 180, 270 ~ 359	0 ~ 90
임상	임상	침엽수, 침엽수 + 혼효림	혼효림, 활엽수 + 혼효림	활엽수
이격거리	이격거리	0 ~ 30 m	31 ~ 100 m	100 m 이상
연료형태	지붕	가연재	-	불·난연재
	벽	가연재	-	불·난연재
	방화벽	없음	-	있음
	주변 가연물 야적	있음	-	없음

출처: 국립산림과학원(2019)

10 산림인접 주택의 산불위험요인 사례

그림 10-10은 1991년 10월 20일 미국 버클리 산불 때 2,449채의 가옥과 437채의 아파트, 콘도미니엄이 소실되었다. 그러나 이 모든 것들이 산불 때문만은 아니다라는 비판과 함께 주택 주변의 조경과 가옥 구조, 가옥의 건축 자재 등에 대한 11가지 산불 위험요인이 있어 소개한다.

다음은 이 당시 상황을 소개한 것이다. “많은 가옥들이 나무로 만들어졌고 목재 지붕으로 지붕이 덮여 있었다. 목재 바닥은 가파른 경사면 위에 있어 열기가 집중되도록 도왔다. 자연의 풀과 재배되는 야채는 숲으로부터 집까지 계속 이어지고 지붕 위로 기대져 있었다. 이런 가연성 물질이 불을 집 안으로 끌어들이고 집 안을 통과하게 하였다. 집 안의 불길은 보통 점토 또는 콘크리트 타일의 지붕, 외관상의 치장토벽, 이중창살 창문 또는 발코니 등을 통과하였으나 불길은 집으로부터 9 m 정도 거리에 있는 식물에서 타올랐다. 만약 당신이 숲 속이나 숲과 도시의 경계에 집을 지을 계획이라면 집의 건축자재나 조경이 산불의 재료가 될 것인지 아니면 산불로부터 남을 수 있는지를 결정해야 한다.” 라는 비판이 있었다. 우리나라의 경우도 2019년 특별재난지역으로 선포된 고성·속초, 강릉 산불에서 많은 주택 등 시설물들의 피해가 있었기에 국가차원에서의 특별대책 수립이 필요하다.

당신의 집을 불의 신에게 재물로 바치는 11가지 방법;
① 집이 경사지역에 위치해 있다. ② 나무로 만들어졌다. ③ 나무로 된 베란다가 경사로에 얹혀 있다. ④ 땔감이 집 옆에 저장되어 있다. ⑤ 가연성이 있는 나무로 지붕이 만들어졌다. ⑥ 나무의 큰 가지가 지붕에 걸쳐져 있다. ⑦ 관목이 집 옆에 위치해 있다. ⑧ 큰 단일 칸막이 창문의 앞면이 경사져 있다. ⑨ 보호되지 않은 통풍창이 경사와 접해 있다. ⑩ 불꽃 불똥막이가 굴뚝 꼭대기에 있지 않다. ⑪ 폭이 좁은 길 또는 도로로 인하여 화재진화 차량의 접근이 어렵다.

그림 10-10 산림인접 주택의 산불위험요인(미국 버클리)

출처: 이동욱 외(2003)

Chapter 11

산불의 조사 감식

학습목표

이 장을 통하여 여러분은 산불조사 감식 과정을 이해하고, 현장 감식을 수행할 수 있어야 한다.

- 일반적인 산불의 연소형태에 대해 알아본다.
- 연소진행 감식지표에 대해 알아본다.
- 산불원인 현장감식 지침에 대해 알아본다.
- 산불원인 규명에 대해 알아본다.
- 산불현장 촬영 및 기록 방법에 대해 알아본다.

1 개요

산불조사 감식(Forest Fire Investigation)이란 산불피해 현장에서 산불 진행경로를 추적하여 발화지점을 찾아내고 발화원인을 조사 규명해내는 업무를 말한다. 우리나라의 경우 현재까지는 사람에 의한 산불이 대부분을 이루고 있으나 앞으로는 도로개설과 차량증가에 따라 장비 등에 의한 산불이 늘어날 것으로 예상된다. 이 경우 과학적인 방법으로 원인을 규명하는 산불감식 기술과 지식은 더욱 필요할 것이다.

2 일반적인 산불의 연소형태

산불의 연소형태에 영향을 주는 환경인자는 지형, 연료, 기상조건이다. 산불이 발생하였을 때 산불의 연소형태는 일반적으로 타원형으로 확대되는 것으로 가정(Albini 1976, Anderson et al. 1982, Rate of Spread: 1983)할 경우 그림 11-1에서와 같이 발화점으로부터 전면확산율[head ROS(Rate Of Spread)]은 a+c가 되며, 측면확산율(flank ROS)은 b, 후면확산율(back ROS)은 a−c가 된다. 이때의 a, b, c는 연료, 지형, 기상조건에 의해 결정되는 ROS와 타원형의 형태를 결정하는 폭 대 길이 비율(LB : Length-to-Breadth ratio)에 의해 결정된다. LB의 개념은 Anderson(1983)에 의해 처음 제시되었다.

산불은 발생지점으로부터 가장 빠른 부분을 축으로 확산하는데, 그 형태를 불머리(화두, head), 측면(flank), 후면(rear)으로 나눌 수 있다. 전면은 불이 가장 빠르게 확산되는 화두부분이며, 측면은 전면으로 확산되는 불이 바람, 지형, 연료조건 등의 영향을 받아 불의 수직각 또는 비스듬하게 확산되는 화변부분이다. 후면은 불의 꼬리부분을 가리키며 전면에서 확산되는 불의 반대방향으로 확산되는 화미부분을 나타낸다.

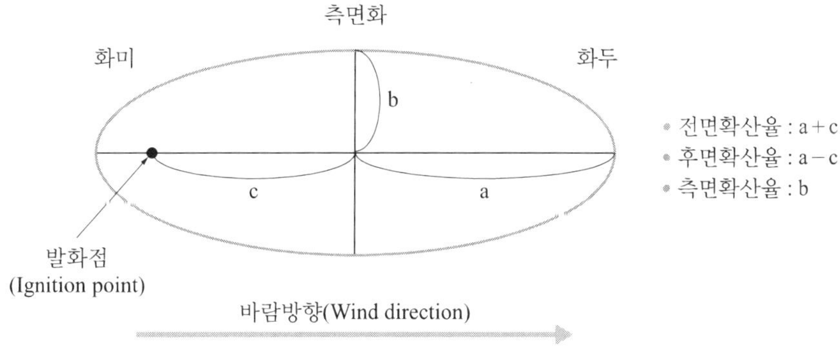

그림 11-1 바람에 의한 일반적인 산불의 확산형태
출처: 이병두(2005)

3 산불의 연소진행과 감식지표

산불은 연료, 지형, 풍향에 따라 발화지점에서부터 연소가 진행된다. 산불이 진행되면서 나무줄기, 수관, 풀, 바위, 깡통, 울타리 등에 일정한 형태로 산불이 진행한 표식을 남기게 되는데 이를 지표(indicator)라 하며 산불 감식의 기본이 되는 내용도 이 지표를 조사 추적하여 발화지점을 찾아내고 발화물질을 규명하는 것이다.

1) 산불의 연소형태와 진행

산불지표는 진행방향을 나타내는 물리적 특징이라 할 수 있으며 지표를 통하여 진행방향과 확산형태, 진행방향 전환지점 등을 규명할 수 있다.

(1) 전진하는 산불의 특징

① 빠른 확산
② 불머리(화두)
③ 앞으로 진행
④ 높은 산불 강도

⑤ 거시지표

(2) 후진하는 산불의 특징

① 확산속도가 느림
② 바람과 반대방향으로 진행
③ 경사 아래쪽으로 진행
④ 미시지표

(3) 측면으로 번지는 불의 특징

① 확산속도는 전진, 후진 형태에 따라 다름
② 옆으로 수평진행

(4) 산불 방향전환지점

① 산불 진행방향 전환지점
② 지표의 특징이 변화됨
③ 특정지역에 국한
④ 전환지점 규명
⑤ 산불연소 특징을 규명하는 주요 지점

2) 산불 감식지표

산불 감식지표는 산불의 연소형태에 따라 산불이 진행하는 과정에서 나무, 풀, 돌, 철조망 등에 남겨지는 표식을 말하며 이것은 산불의 발화지점을 추적하는 로드맵(road map)으로서 이를 정확하게 감식 조사하여 발화지점을 추적해 낼 수 있는 전문가가 되기까지는 상당한 반복 숙달 훈련, 실습, 경험이 있어야 한다. 지표를 분류하면 특징의 표시가 수관, 줄기 등에 크게 나타나는 거시지표와 암석, 깡통, 초본류 등에 나타나는 미시지표로 구분할 수 있다.

(1) 거시지표

① 표시가 큼
② 쉽게 관찰 됨
③ 불의 강도가 높음
④ 산불 진행지역을 나타냄

그림 11-2 거시지표(원경)

그림 11-3 거시지표(근경)

(2) 미시지표

① 표시가 작음
② 쉽게 관찰되지 않음
③ 발화지점 부근에서 중요성 증대

그림 11-4 미시지표

(3) 여러 지표의 집단 군락

① 여러 형태의 지표군
② 산불 진행방향과 일치
③ 신뢰성과 여러 지표의 수는 일치
※ 단일 지표에 의존하기 보다는 여러 지표들을 종합할 때 신뢰성이 높음.

3) 감식지표의 판단 기준과 원칙

(1) 한 가지 지표만으로는 산불 진행방향을 감식할 수 있는 신뢰성이 저하되므로 거시지표, 미시지표, 지표 집단에서 주요지표를 중심으로 판단해야 하며 가능한 모든 지표를 종합 판단해야 한다.

① 가능한 많은 지표조사

② 과학적인 방법으로 감식조사

(2) 언제나 산불 연소의 일반원칙에 근거하여 지표를 감식해야 한다.

① 산불 연소원칙 이해
② 연료분포 조건의 재구성
③ 목격자 면담조사

(3) 발화지점에 가까울수록 지표는 선명하지 않음

① 연소규모가 작게 시작
② 강도는 점차 증가
③ 미시지표는 강도가 약함

(4) 감식지표를 종합하여 보고서를 작성함

① 산불확산 형태 스케치
② 진행방향 깃발 표시
③ 조사목표 유지
④ 사진촬영
⑤ 필요시 조사방법 재구성

(5) 가장 피해가 심한 곳에서 가장 약한 곳으로 산불 전진방향에서 후진방향으로 추적 조사

① 첫 번째 방향전환지점 규명이 쉽지 않음
② 발화지점의 훼손 방지
③ 거시지표로 진행방향을 판단
④ 발화지점이 여러 곳인 경우도 존재할 수 있음

(6) 발화지점 규명을 속단하지 말아야 함

① 발화지점 범위는 대개 2 m×2 m 이내에 위치
② 서두르지 말 것

4) 산불 감식지표의 유형

산불의 진행방향을 나타내는 지표는 호주 뉴사우스웨일즈(New South Wales)주 산불 소방청(Rural Fire Service) 자료와 미국의 산불원인조사요령 그리고 저자의 산불원인 현장조사 자료를 참고로 하여 그림 11-5~그림 11-18과 같이 14개 지표군으로 분류하였다.

그림 11-5 보호

그림 11-6 풀줄기

그림 11-7 잎의 굳어짐

그림 11-8 돌의 파손

(1) **연소 피해정도** : 불꽃과 접촉정도, 더 심하게 연소된 정도, 더 많은 하얀 재 축적, 더 많은 피해 등 표시

(2) **연소 깊이** : 갈라짐, 파열정도로서 수피가 얇고 매끄러운 경우 연소 깊이가 깊다.

그림 11-9 연소 깊이

그림 11-10 연소 각도

출처: 한국산지보전협회(2005)

그림 11-11 잎의 오그라듦

그림 11-12 얼룩

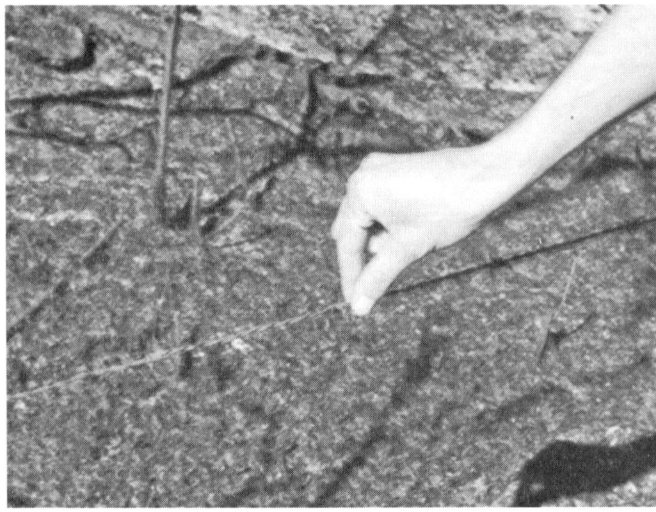

그림 11-13 그을음

그림 11-14 하얀 재

그림 11-15 컵 모양 패턴 1

그림 11-16 컵 모양 패턴 2

그림 11-17 자연진화 패턴

그림 11-18 V 패턴

4 산불원인 현장감식 지침

본 내용은 산불 감식전문가가 현장에서 업무를 수행하는데 필요한 단계적 준비사항과 업무절차, 산불 감식지표에 대한 기본 개념을 정리한 휴대용 현장 지침서이다.

1) 산불원인 현장감식조사를 위한 기본 점검표

1. 산불원인 현장감식조사에 필요한 기본 자료와 도구 사전 준비
2. 모든 활동과 확인내용과 다음 관련 사항 기록
   a. 산불이 신고된 시간
   b. 산불 신고자의 이름과 신원
   c. 산불 발견 과정 - 사람과 차
   d. 기상 - 맑음, 구름 낌 등
   e. 발화지점 부근의 사람과 차종과 신원 확인
3. 발화지점 위치 파악 및 현장 보존
4. 화재원인의 증거 확보를 위한 발화지점 조사
5. 증거 보존 - 훼손을 막기 위해 필요한 경우가 아닌 한 옮기지 말 것
6. 모든 증거와 관련된 지점의 정확한 측정을 통하여 발화지역의 스케치 작성
7. 발화지역과 주요 증거들을 원거리, 중거리, 근접을 포함한 모든 각도에서 사진 촬영
8. 모든 기록과 정보, 물적 증거를 담당 사법기관에 제출하거나, 또는 조사 간이기록을 공식기록의 일부로 작성

5 산불원인 현장감식조사 세부지침

1) 사전 준비물

발화원인을 조사할 때 도움이 되는 몇 가지 기본적이고 간단한 기구들이 있다. 이 목록은 효율적인 작업을 하기 위해 최소한으로 준비해야 할 것들이다.

(1) 깃발(Flagging)

깃발은 발화지점을 명확히 표시하여 훼손되지 아니하고 보호될 수 있도록 한다. 또한 철저한 조사를 위한 조사구역 구분에도 도움이 된다. 그림 11-19의 산불조사 세트에서 발화지점은 흰색 깃발, 전진산불은 적색 깃발, 횡진산불은 노란색 깃발, 후진산불은 청색 깃발을 나타내며, 흰색 1번 라벨은 증거물 번호를 나타낸 것이다.

(2) 직선자(Straightedge)

직선자는 발화지역을 조사할 때 작은 관찰지점에 대한 거리측정을 숙달하도록 도와준다. 또한 증거물 사진의 배경으로 도움이 된다. 직선자는 사진촬영을 위해 불투명해야 한다.

(3) 자석(Magnetic)

자석은 브레이크 슈의 파편처럼 너무 작아 찾아내기 어려운 자성물질들을 찾는데 도움이 된다. 자석은 깨끗한 상태를 유지하기 위해 비닐봉투 속에 보관한다.

(4) 카메라

카메라와 어느 정도의 사진기술을 아는 조사요원이나 진화대원들이 화재원인조사를 위한 카메라를 사용하고, 카메라는 발화지역에서 발견된 증거들을 시각적으로 확보하는데 도움을 준다.

(5) 필기도구

줄이 쳐진 공책과 연필 등 필기도구는 발화지역 스케치에 필요하다.

(6) 깅칠 테이프 줄자

강철 테이프 줄자는 증거의 위치와 관련된 영구적인 경계표 사물 사이의 정확한 거리를 알게 한다.

(7) 나침반

나침반은 모든 방위로 스케치의 방향을 잡는데 사용된다.

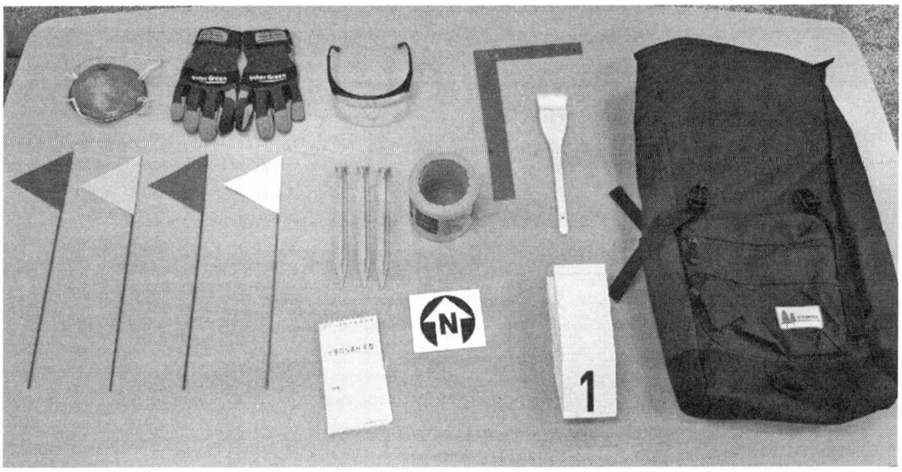

그림 11-19 산불조사 세트

그림 11-20은 강원도 홍천군 산불감식 사례를 나타낸 것이다.

그림 11-20 산불현장감식 사례

2) 현장 기록

현장조사에서의 세세한 기록은 법정까지 가는 경우 감식조사관의 증언에 도움을 준다. 그리고 감식조사관의 법률 집행 대리인에게도 조사와 보고를 위한 정확한 증거자료를 제공한다.

(1) 현장조사 기록원칙

현장조사 기록이 유용하게 쓰이기 위해서는 기록은 반드시 다음과 같이 이루어져야 한다.

① 명료성

기록은 당사자뿐 아니라 필요한 관련자는 누구라도 읽을 수 있어야 한다. 기록은 내용이 애매모호해서는 안 되며 반드시 뜻이 분명한 단어를 써야 한다.

② 간결성

간결한 문장과 어구를 사용해야 하며 읽는 사람에게 혼란을 주는 길고 두서없는 문장은 피한다.

③ 사실성

조사 관찰된 것을 사실적으로 묘사하는 단어를 사용한다. 예를 들어 '타는 물체'보다 '타는 성냥'으로 쓴다. 종종 스케치는 글로 묘사한 것을 보충하는 역할을 한다.

④ 정확성

현장조사 기록은 시간, 날짜, 이름, 날씨상태, 별명, 주소, 현장묘사와 일련번호와 면허번호를 포함한 차종 등을 정확하게 묘사 기술해야 한다. 지도의 위치 역시 정확하게 기술되어야 한다.

⑤ 객관성

조사 기록자는 반드시 스스로가 내린 주관적 의견이나 결정을 피하고, 그것들을 기록에 절대 포함시키지 말아야 한다.

⑥ 완전성

조사 기록은 '누가, 언제, 어디서, 무엇을, 어떻게, 그리고 왜'의 질문에 답할 수 있도록 작성되어야 한다.

(2) 현장조사 기록의 용도

공식 현장조사 결과에 대한 기록은 특별사법경찰관이나 산불진화담당공무원에게 넘겨야 한다. 특별사법경찰관이나 산불담당공무원이 폐기지시를 않는 한 절대 버리면 안 된다.

3) 화재현장 행동요령

(1) 산불현장 도착 전까지 행동요령

산불원인 현장조사는 반드시 진화작업 완료 전에 시작해야 한다. 반드시 산불발생 소식을 듣는 즉시 관찰기록을 시작해야 한다. 경보가 난 시간부터 화재현장에 도착하기까지 현장 기록은 아래의 것들을 반드시 포함해야 한다.

① **기록자의 신분** : 이름, 소속, 직급 기록
② **시간과 날짜** : 정보를 받은 시간과 날짜를 기록
③ **산불신고자** : 산불을 신고한 사람의 완전한 신분을 기록. 이 사람이 특별사법경찰관이 면담조사할 수 있는 유일한 목격자일 수 있다. 가능한 신고자의 주소와 전화번호를 얻도록 한다.
④ **사람 또는 차량** : 산불방향으로부터 오는 것이 목격된 모든 사람과 차량에 대해 완전한 설명, 위치 시간을 기입
⑤ **출입문 또는 흔적** : 부서졌거나 열렸거나 잠겨 있는 출입문도 조사 기록. 만약 더럽혀진 길 또는 철로 위라면 자동차 흔적이나 발자국을 주의 깊게 찾아본다. 이런 흔적의 훼손을 피하기 위해 운전 또는 보행 시 주의한다. 산불원인 조사자를 따라오는 진화대원들에게 현장증거 보존의 필요성을 알린다.
⑥ **연기** : 산불현장 가는 길에 연기기둥을 보면, 그 연기로부터 바람의 방향과 접근속도, 화재의 크기를 가늠하고, 화재 크기를 추정하고 시간을 기록
⑦ **기타 누락항목** : 기타 관찰된 내용 중 중요하다고 생각되는 사항을 추가 기록
⑧ **기상** : 날씨상태, 온도, 구름형태, 강우 등을 기록

(2) 산불현장 도착 시 행동요령

산불현장 도착 시 우선 산불이 더 번지는 것을 막는 것이다. 그와 동시에 다음 것을

할 수 있어야 한다. '당신의 행동을 기록하라.'

① 산불 크기 추정

산불의 크기를 추정하고 시간을 기록. 크기와 화재의 진행방향, 진행속도, 연료 유형, 경사, 풍향과 풍속, 기타 날씨상태를 기록

② 개략적인 발화지점의 표시 및 보호

대개는 90%의 산불이 0.4 ha 이내에서 진화되기 때문에 조사자는 대부분 도착 즉시 개략적인 발화지점의 위치를 알아낼 수 있을 것이다. 가능하면 이 지역을 표시하기 위해 가져온 깃발을 이용한다. 화재의 크기 추정과 전항에서 언급했던 다른 사항들을 함께 검토해야 한다.

가능하다면 개략적인 발화지점에 감시자를 세우고, 이 지역 내의 진화는 최소화 한다. 차량, 트랙터, 오가는 진화대원들에게 현장을 우회하여 다니도록 한다. 진화대원이나 목격자들이 담배꽁초 같은 물질들을 이 깃발이 꽂혀진 지역 내에 던지지 않도록 유의해야 한다.

만약 산불지역이 넓어 발화시점을 찾기가 쉽지 않다면, 발화지점이 포함되어 있다고 생각되는 넓은 구역에 줄을 치든지 접근을 제한한다. 이때 가장 중요한 것은 훼손되지 않도록 이 전체 구역을 보호하는 것이다.

③ 증거 확보 조사와 보존

발화지점 보존 후 사람, 차량, 흔적들, 점화물, 버려진 폴라로이드 뒷면, 종이봉투, 맥주캔, 또는 어떤 물체나 사소한 것일지라도 단서로써 가치가 있는 것을 찾아본다. 이러한 물건들을 훼손하지 말아야 한다. 발견된 어떤 것이라도 깃발을 이용해 표시한다. 도로 위의 흔적은 흔적물 위에 주차를 하여 보존할 수 있다. 철도 위의 발자국이나 흔적들은 철도의 다른 쪽만을 이용케 함으로써 보존한다. 만약 귀중한 증거물의 훼손이 불가피하다면, 가능한 조심해서 다루고, 안선한 장소로 옮긴다.

④ 산불현장의 목격자와 기타 참고인의 신원확인

- **목격자**

현장에서 목격자와의 면담조사는 현장조사에서 아주 중요한 부분이다. 하지만 법률 때문에 목격자의 인터뷰는 반드시 법률 집행 대리인에 의해서만 이

루어진다. 현장조사 기록에 다음의 정보를 기록함으로써 사법 처리 시 도움이 될 수 있다.
- 현장의 사람들 이름과 인물 묘사
- 현장의 차량 번호와 차량 묘사
- 현장에서 사람들의 언급 중 산불과 연관이 있는 어떤 것이라도 기록

▪ **기타 참고인**

산불현장에 도착했을 때 현장에 있는 사람들이나 산불이 진행되는 도중에 온 사람들은 종종 자발적으로 진술을 해주지만, 나중에는 달갑지 않아 할 수 있다. 그러나 이러한 현상을 주저해서는 안 된다. 자필로 기꺼이 써주는 관찰 내용이나 또는 다른 내용들을 기록하기 위하여 참고인들에게 단순히 요구하는 것을 목격자 진술과 혼동해서는 안 된다. 아래의 것들은 자발적인 진술을 얻을 때 도움이 될 수 있다.
- 그들이 자세한 사실을 진술 기록하게 한다.
- 가능하면 사람들에게 편의를 제공하여 방해받지 않고 진술 기록이 이루어질 수 있도록 한다.
- 각 페이지마다 페이지 번호, 날짜 사인을 하도록 한다.

이 진술이 법정에 소개되는지의 여부보다는 진술한 모든 내용에 관한 신속하고 정확한 기록들을 얻는 것이 더 중요하다.

법률 집행 대리인(특별사법경찰관)이나 산불담당공무원 외에 누구와도 조사자의 의견이나 화재에서 본 것, 또는 다른 사람이나 발화원인일지도 모르는 것에 대한 내용을 유출하지 않는다. 화재 조사자의 일은 정보의 수집이지 정보의 제공이 아니라는 사실을 기억해야 한다.

4) 발화지점 감식조사 확인

(1) 발화지점 감식 규명

만약 산불이 조기 발견되었다면 개략적인 발화지역에는 이미 정확하게 깃발이 표시되어 있을 것이며, 산불이 조기 발견되고 깃발로 표시된 경우에는 산불원인 규명이 용이하다. 하지만 어떤 이유에서든, 일차 산불진화대가 도착했을 때 이미 산불이 진화되었다면 정확한 발화지점을 찾아내기 위해 보다 넓은 지역을 조사해야 한다.

넓은 지역에서도 발화지점을 정확하게 알아낼 수 있는 과학적 방법이 있다. 산불 형태에 대한 충분한 지식은 발화지점 규명에 필수적이다. 산불은 작게 시작해서, 그을리는 형태로 태우고, 다음은 서서히 진행하며, 규모가 커지면서 달리듯 빠르게 진행된다. 수관화가 되면 날아가듯 확산된다.

산불이 활동은 날씨, 연료와 지형에 의해 좌우된다. 산불이 한 지역을 넘어 이동할 때는 산불이 이동하는 방향을 알려줄 뚜렷하게 불탄 흔적과 특징을 남긴다. 산불이 진행될 때 남겨지는 여러 가지 유형별 흔적은 발화지점이 어디인지를 알게 해준다. 어느 한 지역만의 흔적만으로는 불충분하다. 여러 지점에서 불길이 진행한 방향을 조사하고, 모든 흔적들이 발화지점으로 모아질 때까지 역추적해야만 한다.

이 장에 수록하고 있는 산불 전개의 원리와 산불방향의 지표를 이용해서 몇 헥타르(ha) 범위에서 정확한 발화지점까지 좁혀 조사해 나갈 수 있다. 발화지점을 규명한 후에만 산불원인에 대한 감식조사를 전개할 수 있다.

(2) 산불확산의 기본 원리

산불은 언제나 그 시작 지점에서 바깥으로 확산되며 타들어간다. 만약 모든 조건이 동일하다면 산불은 원 또는 타원형으로 탈 것이다. 또한 산불은 발화지점 근저에서는 보통 작은 규모로 천천히 타며, 지표에는 연소되지 않은 물질을 더 많이 남겨 놓는다.

산불이 일정 규모의 크기에 도달하면 불길은 이전과 동일한 세기에 머물지 않는다. 바람의 세기, 경사도, 연료의 양, 장애물과 같은 요인으로 인해 불길은 천천히 번지거나 빨라지고, 약하거나 더 강해진다. 이러한 변화들은 일반적으로 지표에 나타나며, 발화지점을 알 수 있도록 해준다.

① 바람

바람은 아마도 불길의 속도와 세기에 영향을 주는 모든 요소들 중 가장 큰 영향을 줄 것이다. 불길은 바람과 함께 이동할 때, 바람에 역행할 때보다 더 빠르게 탄다. 이 차이는 불탄 흔적과 연소된 연료의 양에 나타난다. 산불이 일정 크기에 도달하게 되면 불길은 스스로 바람을 만들고, 이전보다 더 빠르게 진행된다. 불길은 보통 바람이 부는 방향으로 날아간다. 만약 반대 방향에서 새로운 불길이 신고 되면 주의 깊게 살펴본다.

② 경사도

경사도는 산불이 확산되는 속도에 영향을 주는 두 번째로 큰 요소이다. 오르막에 위치한 연료의 예열 때문에 오르막이 내리막보다 빨리 불길에 탄다. 불이 내리막 방향이면 더 천천히 이동한다.

③ **연료**

연료는 또한 산불의 중요 인자이다. 산불은 연료가 건조할 때 더 빨리 그리고 더 완전히 태운다. 습도가 높거나 수분이 많이 함유된 연료는 보다 천천히 타고, 연소되지 않는 물질을 더 많이 남긴다.

④ **장애물**

통나무나 돌 같은 장애물은 불길이 천천히 가거나 심지어 꺼지는 원인이 될 수 있다. 대부분 장애물은 불길이 통과할 때 최소한 산불의 강도를 낮추게 한다. 장애물은 또한 짧은 거리라도 불길의 방향이 바뀔 수 있는 소용돌이의 원인이 되기도 한다. 불길이 진행한 실제 방향과 장애물 때문에 일시적으로 불길의 방향이 변화된 것을 혼동하지 않도록 한다.

5) 산불 진행방향을 나타내는 지표

(1) 산불 진행방향 지표

대부분 다음 지표들은 크고 작은 연료에서 모두 확연히 나타난다.

① **초본류 줄기 지표**

화염이 초본 줄기에 다가가면 불에 접한 면부터 타기 시작하며, 불탄 면은 크기가 작아지고, 연약해진다. 이는 마치 나무를 넘어뜨릴 방향으로 도끼자국을 내는 것과 같은 효과를 가져온다. 결국 초본 줄기는 연약해진 부분 쪽으로 쓰러질 것이다. 불길이 식생 쪽으로 올 때 넘어진 수간은 불길이 진행하여 온 방향을 가리킬 것이다.

그러나 모든 지표와 함께, 반드시 몇 가지 다른 인자를 통해서 정확한 진행방향을 찾아내야 한다. 왜냐하면 바람이나 시간 같은 인자들이 초목이 쓰러지는 방향에 영향을 줄 수 있기 때문이다.

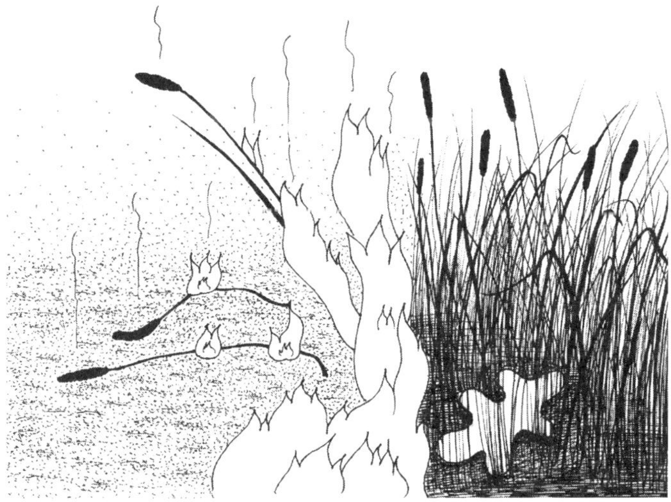

그림 11-21 초본류 줄기 지표

출처: 한국산지보전협회(2005)

② 보호된 연료의 지표

낮은 온도로 천천히 타들어가는 산불의 경우는 불이 다가오는 쪽과 접촉한 면만을 태울 것이다. 종종 보존된 연료는 불에 탄 아무런 표시도 보이지 않을 것이다.

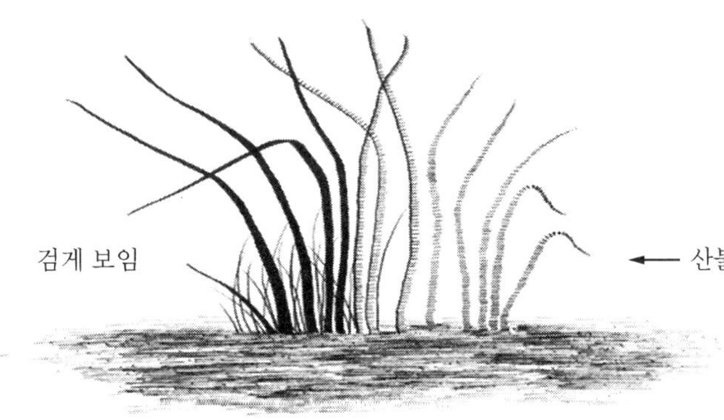

그림 11-22 보호된 연료의 지표 1

출처: 한국산지보전협회(2005)

이러한 이유로, 천천히 타들어간 넓은 지역은 발화지점에서 산불이 진행해 가는 방향 쪽을 바라보면 보다 완전히 연소된 재 때문에 밝게 보이고, 반대로 발화지점에서 멀어진 쪽을 바라보면 더 어둡게 보인다.

잎이나 판자의 부분은 불이 접근하는 쪽에서 더 완전한 연소를 보이며 이러한 부분의 가장자리에서 탄 흔적, 흰색 재, 숯이 더 나타나고, 반면 다른 쪽은 보존되어 불탄 표시가 덜 나타난다.

연소물 위에 놓여 있는 물체는 어떠한 것이라도 불이 진행해 나간 방향을 나타내는 형태를 확연하게 남긴다. 그림 11-23에서는 가지 위의 숯, 흰 재, 탄 흔적 외에도 보존된 구역이 매우 뚜렷하게 나타난다.

'A' 지점이 나타내는 앞쪽 면에는 선명하게 불탄 선이 나타날 것이고, 'B' 지점이 나타내는 반대쪽에는 부분적으로 불탄 선이 나타날 것이다. 이는 불이 'A' 지점에서 'B' 지점으로 이동했음을 나타내는 것이다.

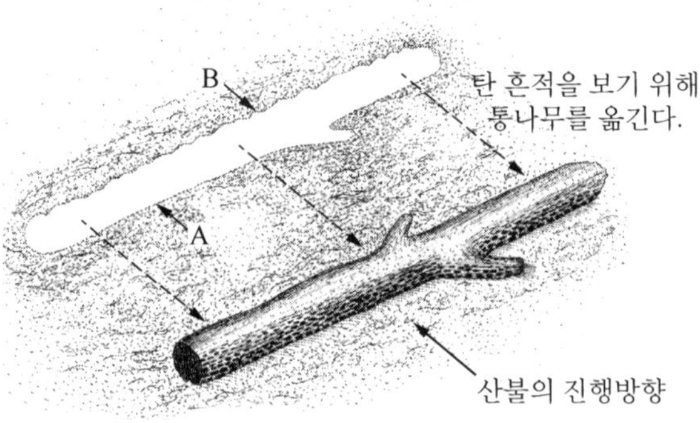

그림 11-23 보호된 연료의 지표 2

출처: 한국산지보전협회(2005)

③ 흡인지표

흡인효과는 보통 수목의 그루터기, 덤불, 초본의 바람 부는 쪽에서 발생한다. 그림 11-24에서 바람에 가장 많이 노출된 쪽이 가장 깊이 탈 것으로 예측된다. 반면 반대쪽은 보다 서늘하게 유지될 것이고, 불탄 쪽의 남겨진 부분에 의해 보존된다.

이 효과는 심지어 타들어간 초본류에서도 나타나고, 손목 뒷부분을 불탄 초본에 문지르는 것으로 조사할 수 있다. 불길이 타들어온 방향에서 문질렀을 때는 매끄러운 느낌이 들 것이나, 반대방향의 것을 문질렀을 때는 손목에 흡입느낌과 까끌함을 느낄 것이다. 가장 매끄럽고, 가장 껄끄러운 방향을 찾을 때까지 모든 방향으로 손을 움직여야 한다.

특히, 흡인지표란 불탄 자리가 컵모양으로 움푹 타들어간 것을 말하며 대개는 산불이 진행하는 쪽과 맞닿은 쪽에 발생한다.

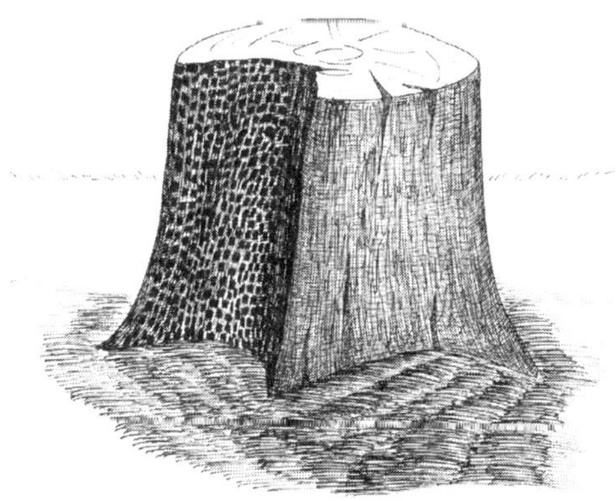

그림 11-24 흡인지표

출처: 한국산지보전협회(2005)

④ 불탄 흔적의 각도 지표

오르막 경사 쪽으로 불길이 가거나 바람방향과 함께 진행한 불길은 그림 11-25와 같은 타들어간 형태의 흔적을 남긴다. 타들어간 모습이 지면의 경사보다 더 큰 각으로 기울어지는데 한쪽 면이 많이 탄다 해서 편면연소라고도 한다. 이것은 나무에 나타나는 일반 패턴이고, 산불 이후에도 오랫동안 남는다. 이는 나무 뒤쪽 부분에서 소용돌이가 발생하여 진공상태가 되면서 불길을 끌어당기는 원인이 된다. 이때 산불의 진행은 장애물에 의해 속도는 늦춰지나 연소방향은 바람의 방향과 같은 방향으로 진행한다.

불길은 열의 이동에 의해 나무 위쪽으로 올라간다. 오르막 경사지 또는 바람방향에 위치한 연료의 축적량은 불탄 패턴 변화에 거의 영향을 주지 않는다.

반면 내리막 경사지나 바람과 반대방향으로 진행하는 불은 그림 11-26과 같은 탄 패턴을 만든다. 이런 패턴은 수평이거나 지면과 평행을 이룬다. 잔가지 등의 연소물 축적은 나무의 윗부분을 태우는 원인이 될 수 있으나, 주변 나무 수간의 불탄 패턴 변화에는 거의 영향을 주지 않는다.

그림 11-27은 불길이 나무와 덤불을 통과하면서 만들어낸 불탄 흔적을 보여준다. 바람이 약할수록 불탄 흔적은 보다 수직형태가 된다. 반면 강한 바람에서는 불탄 흔적이 지면에 거의 평행하다.

그림 11-25 불탄 흔적의 각도 지표 1

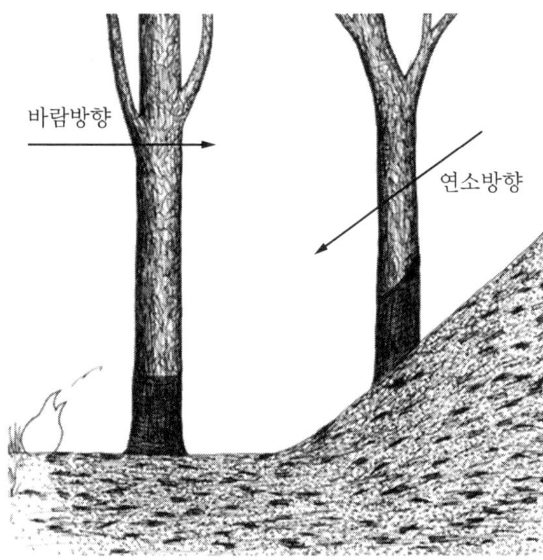

그림 11-26 불탄 흔적의 각도 지표 2

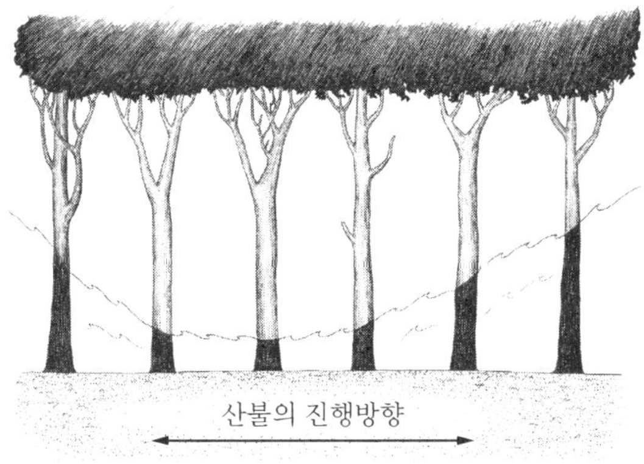

그림 11-27 불탄 흔적의 각도 지표 3

출처: 한국산지보전협회(2005)

그림 11-28은 불길이 진행하면서 서서히 열과 속도를 내가며 나무나 덤불의 수관에 주는 전형적인 효과를 보여준다. 발화지점에서 불은 아직 상대적으로 온도가 낮고, 지표의 연료가 연소되나, 수관에는 미약하거나 적게 영향을 미친다. 불이 발화지점에서 멀어질수록 불은 뜨거워지고 수관은 더욱 많이 연소되어 간다. 회염이 강해짐에 따라 수관 전부가 연소될 수도 있다. 그림 11-29는 장애물에 의한 불탄 흔적의 변화를 나타낸 것으로 산불이 연소진행하다 장애물을 만나면 와류가 생겨 방향 변화가 이루어지는데 불탄 흔적의 각도 지표 즉 편면연소가 대표적인 사례이다.

그림 11-28 불탄 흔적의 각도 지표 4

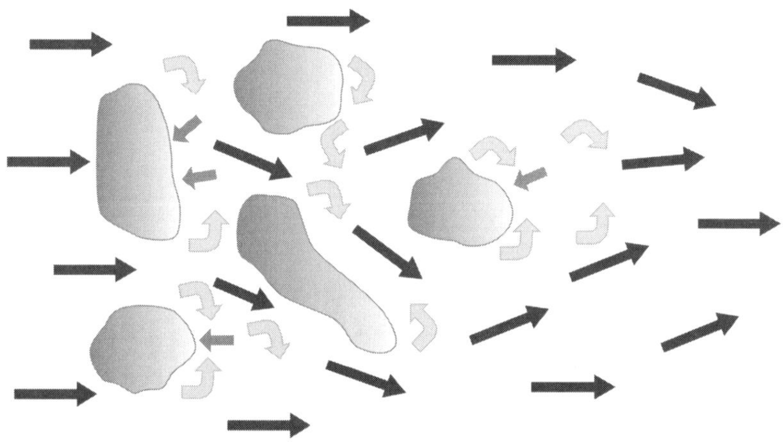

그림 11-29 장애물에 의한 불탄 흔적 변화

⑤ 엘리게이터링

엘리게이터링은 불탄 흔적이 악어 등같이 울퉁불퉁하게 갈라진 모양을 말하는 하나의 연소 흔적의 형태이고, 보통 울타리, 판자, 구조물, 표지판 등에서 발견된다. 그것은 크거나 작고, 혹은 밝거나 약간 어두울 수 있다. 크고 밝게 나타나는 경우는 고온과 진행이 빠른 불에 연소된 것을 의미하고, 작고 어두운 경우는 불길 진행이 느리고 온도가 높지 않았다는 것을 의미한다.

연소된 흔적의 깊이는 불의 진행방향을 나타내는 좋은 지표가 된다. 그림 11-30은 화살표가 나타내는 쪽 울타리의 연소 흔적이 더 깊은 것을 보여준다. 이것은 불길이 왼쪽에서 오른쪽으로 진행했음을 의미한다.

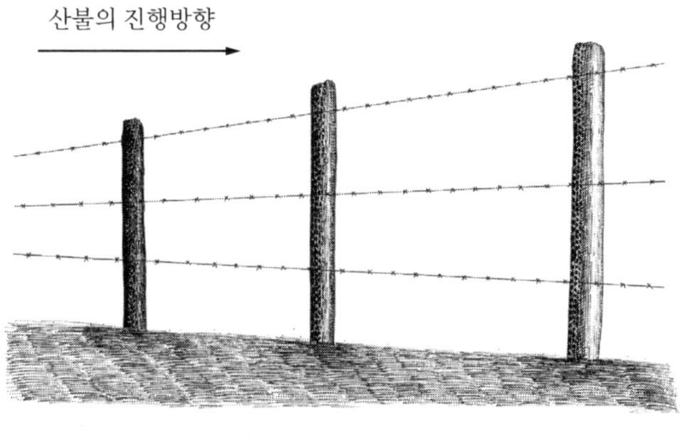

그림 11-30 엘리게이터링
출처: 한국산지보전협회(2005)

⑥ 줄기의 굳어짐

잎이나 작은 수간이 열을 받으면, 연약해지고, 일상적인 바람이나 산불에 의하여 발생된 약한 바람에도 쉽게 넘어가는 경향이 있다. 이것은 불이 통과한 후 식으면서 불의 진행방향과 같은 방향을 가리키게 된다. 그림 11-31은 작은 가지들이 불길이 지나간 방향으로 얼어붙은 것처럼 보여준다. 그러나 이 밖에도 다른 인자들을 종합 검토하여 불의 방향을 규명해야 한다.

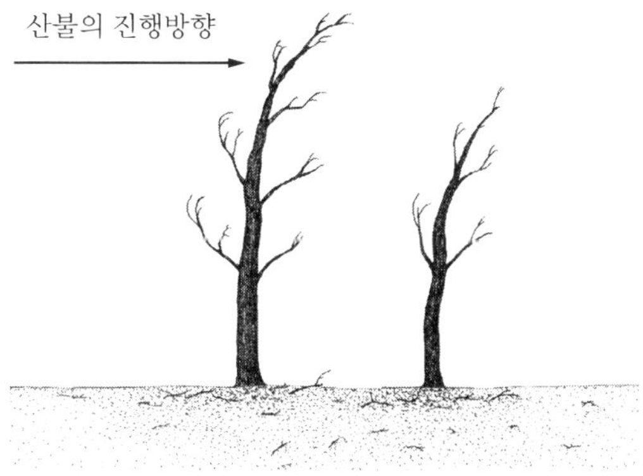

그림 11-31 줄기의 굳어짐
출처: 한국산지보전협회(2005)

⑦ 얼룩

불에 노출된 바위나 불연성 물체들은 연소재와 화염에 의해 운반된 미세한 입자들에 의해 녹 같은 얼룩이 진다. 그림 11-32에서 얼룩은 어두운 부분으로 표시되어, 불이 왼쪽에서 오른쪽으로 이동했음을 나타낸다.

그림 11-32 얼룩
출처: 한국산지보전협회(2005)

얼룩이 나타나는 것들은 맥주깡통, 양철판, 흙 덩어리, 그리고 연소되지 않은 식생 등이다.

⑧ 그을음

그을음은 발화지점 쪽을 향한 울타리 쪽에 쌓이고, 손을 철사를 따라 문지르면 알 수 있다. 큰 물체에서 그을음이 쌓인 것은 손을 표면에 문지르면 알 수 있다. 그러나 여러 경우에서 보호된 연료나 얼룩 같은 더 좋은 지표가 있을 수 있다. 철조망의 그을음을 조사할 때 아래쪽을 조사해야 한다. 그을음은 아래쪽이 위쪽보다 더 많이 나타나기 때문이다.

(2) 산불방향지표 감식조사 일반 원칙

발화지점을 찾기 위해 앞서 설명한 원인 감식지표를 활용할 때는 아래와 같은 간단한 원칙을 준수한다.

① 발화지점에 가까울수록 감식지표의 크기는 작아진다.
② 불길이 진행한 방향을 조사할 때는 언제나 한 가지 감식지표에만 의존하지 말고 여러 관련 지표들을 종합적으로 검토 결정해야 한다.

6 산불원인 규명

발화지점을 찾아내기 위한 산불 진행방향 감식지표를 조사 확보하는 과정에서 발화의 원인이 분명하게 밝혀질 수 있다. 만약 산불이 실수로 발생했다면 인화물이 아직 현장에 남아 있을 수 있으나, 산불이 고의나 방화에 의한 것이라면 인화물이 제거되거나 불에 의해 멸실 되었을 수 있다.

어떤 경우든, 산불원인을 규명할 만한 인화물을 찾기 위해 발화지점을 조사해야 한다. 아무것도 발견치 못했다면, 발화원인이 제거되었거나 파괴되었다고 확신할 때까지 조사를 계속해야 한다.

1) 산불원인별 유형분류

산불원인을 최종적으로 규명한 후 산불의 원인을 모든 산불기관이 인정하는 9가지 유형으로 분류하고 이중 하나의 범주에 포함시킨다. 이들 9가지 유형들은 다음과 같다.

(1) **번개에 의한 산불** : 별도 설명 생략
(2) **캠프파이어** : 요리 등을 위해 피운 불로부터 산불이 발생 (철도작업 제외)
(3) **흡연** : 담배꽁초, 라이터, 성냥 또는 기타 흡연도구와 흡연자에 의한 산불 (어린이의 불장난에 의한 산불과 철도작업 제외)
(4) **폐기물 소각** : 경지정리, 화전, 쓰레기 소각, 들판, 그루터기, 목초지, 송전선, 벌채잔해, 벌목, 또는 기타 입화(入火, prescribed fire)에 의한 산불 (철도작업 제외)
(5) **방화** : 누군가가 고의로 자신의 소유가 아닌 식생이나 토지에 주인이나 관련기관의 동의 없이 방화한 산불
(6) **장비 이용** : 철도 운행이 아닌 다른 기계 장비사용이 원인이 된 산불
(7) **철도** : 철로와 침목을 태우거나 철도원에 의한 흡연 등을 포함하는 모든 철도작업에 의한 산불
(8) **어린이** : 12살 미만의 어린이 불장난에 의해 시작된 산불
(9) **기타** : 다른 일반적 원인으로 분류되지 않는 산불

2) 산불원인과 관련이 없는 요소의 제거

앞서 설명했듯이 발화지점을 찾아내면 산불원인은 명백히 규명할 수 있다. 비록 발화원인이 명백하지 않더라도, 산불원인과 관계없는 요소들을 배제할 수 있다. 예를 들어, 번개가 치지 않았다는 것을 안다면 화재원인으로 번개를 제외할 수 있다. 같은 이유로 몇 킬로미터 이내에 철도가 없다면 화재원인에서 철도작업을 제외할 수 있고, 접근이 어려운 야생지역 한가운데에서 불이 났다면 장비 사용에 의한 원인을 제외할 수 있다.

이렇게 산불원인과 관련이 없는 요소들을 배제하면 발화원인을 집중적으로 규명하는데 도움이 된다.

3) 원인 규명 조사방법

조사지역을 세분하여 구역으로 나누는 방법들이 여러 가지 있는 것처럼, 발화지점을 조사하는 방법도 다양하다. 만약 지역이 극히 작다면, 한 번에 전체 구역을 조사할 수 있다. 그러나 그림 11-33처럼 구역을 세분화하여 나누어 조사하는 것이 가장 효과적이다.

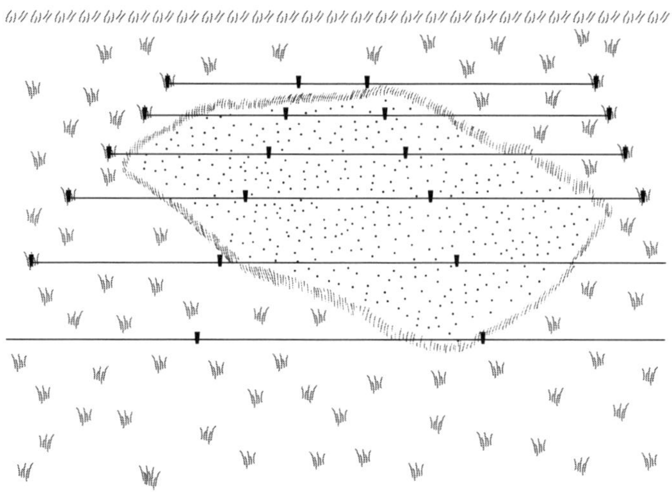

그림 11-33 원인 규명 조사방법

조사구역을 길고 좁게 나누는 것에 유의한다. 조사를 진행하는 동안 구획 내 어떤 구역도 방해 받지 않고 각 구획을 철저히 조사할 수 있어야 한다. 재조사를 할 수 있는 기회가 없을 수도 있음을 명심해야 한다.

가능하면 각 구역을 두세 번씩 조사하는 것이 바람직하고, 또한 다른 구역으로 이동하기 전에 다른 사람이 적어도 한번은 조사하도록 한다.

발화지점의 각 구역을 조사할 때, 가능한 가장 작은 단위구역을 설정하여 한 번에 한 단위구역씩 집중조사 한다. 각 구획의 좁은 부분을 가로지른 직선자를 따라 조금씩 이동하면서 자세히 조사한다. 전체 발화지역을 이러한 방식으로 조사해야 한다.

발화원인이 될 수도 있는 브레이크 파편 조각이나 배기장치에서 나온 불티같은 작은 쇠붙이 입자들을 모으기 위해 위와 같은 방식으로 강한 자석을 전 지역에 걸쳐 사용한다.

4) 인화물질 감식지표

이 부분은 불을 점화시킨 실제 인화물질이나 물체를 규명하는 지표의 목록과 설명을 기술하였다. 발화원인이 결정되면 다음에 열거된 9가지 유형에 따라 산불원인을 분류할 수 있다

(1) 번개

번개에 의한 산불은 발화지역 내에 있는 번개를 맞은 물리적 증거로 인해 대개는 쉽게 규명된다. 수목, 전신주에 번개 친 흔적, 즉 통나무, 나무, 뿌리의 파편 조각들과 토양 교란 등이 감식지표가 된다. 또 다른 지표는 발화지점이 최근 전기 합선이 자주 일어나는 곳일 수 있다. 인가에서 멀리 떨어진 곳이나 인간 활동에 의한 것이 아닌 것인 경우는 역시 번개에 의하여 발생된 산불 지표가 될 수 있다.

(2) 방화도구

방화에 사용되는 도구는 대개 성냥, 담배, 양초, 밧줄, 철사, 테이프, 또는 고무 밴드 등이다. 이것들은 단독 또는 다른 종류와 혼합하여 방화도구로 사용되기도 한다. 감식조사자는 그 지역에서 흔히 사용되는 방화도구들에 익숙해져야 한다.

성냥과 함께 담배는 방화도구로 흔히 사용된다. 담배가 발화지점에서 발견되었을 때는 성냥을 접착시키는데 사용한 테이프나 끈, 고무 밴드들의 잔해를 찾아본다. 이러한 것들이 함께 있으면 흡연으로 인한 화재보다 방화를 의미한다. 라이터가 사용되었을 때는 보통 사용자의 주머니로 되돌아가게 되고, 증거가 남지 않을 것이다. 증거의 부재 역시 규명지표가 된다.

성냥이 사용되었을 때는 하나 또는 여러 개피가 발화지점에서 발견될 수 있다. 반면 불을 놓은 사람이 성냥을 챙겨서 다른 곳에 버렸을 수도 있다.

(3) 사람에 의한 화재이면서 발화원인이 명백한 것

다음은 발화원인이 쉽게 밝혀지는 것들이다.

① 건물 화재
② 쓰레기 소각
③ 차량 화재

④ 캠프/난방으로 인한 화재
⑤ 비행기 충돌로 인한 화재
⑥ 폐기물 소각(debris burning)
⑦ 토지 관리 작업으로 인한 화재
- 농경지 소각
- 토지 정리
- 입화 소각
- 통행로 확보를 위한 소각

⑧ 횃불로 인한 화재 (사람 실종 시)
⑨ 모임이나 게임 중 흡연

(4) 사람에 의한 화재이나 발화원인이 명백지 않은 것

아래 목록은 발화원인이 쉽게 확인되지 않는 것들이다.

① 폭파

폭파는 다이너마이트 같은 폭발물이 사용되는 건설, 지반 정리, 도로건설, 그루터기 제거 등과 관련이 있다. 대부분 사람들의 활동과 관련 있으며 지표면에 폭파의 증거물이 있다. 폭파 후 폭파지역에서 날아간 불붙은 물질로부터 인화된다.

② 장비사용

- **브레이크**
  브레이크에서 나오는 부서진 금속 조각이나 파편들이 화재원인이 될 수 있으며, 일반적으로 철도작업과 관련이 있다. 일반적으로 기차가 내리막을 내려갈 때나 커브에 다가가 브레이크를 밟을 때, 선로 변경 시, 인접 철로 교차점에서 문제가 된다. 보통 금속 조각은 육안으로 볼 수 있을 정도로 크고, 내리막의 흙이나 논밭으로 굴러갈 수도 있으나 제방 너머까지 굴러가는 경우는 드물다.
- **고장**
  기계 결함이나 고장으로 뜨겁게 달궈진 금속 조각이 부채꼴로 흩어진다. 포장도로에서 냉각팬의 끝이나 충격이 가해진 부분의 끝이 부러지거나 날아가

버릴 수 있다. 금속 조각이 흩어진 범위는 차의 진행방향과 대략적 속도를 나타낸다. 브레이크 고장은 긴 내리막에서 가장 많이 발생한다. 클러치의 미끄러짐 현상과 파열은 오르막에서 발생한다.

▪ **절단, 용접, 연삭**

용접, 절단작업, 바퀴 연삭과 마모는 발화의 원인이 된다. 뜨거운 불티가 건조한 땅위, 썩은 나무, 잘게 부서져 쌓인 연료 위에 떨어질 때 흔히 산불이 발생한다. 바람과 태양에 의한 건조와 예열이 발화 가능성을 높인다.

용접에서 발생되는 뜨거운 파편, 용접 후 남은 재, 달궈진 용접봉과 남은 용접봉 토막 끝부분, 또는 절단작업의 폐기물들이 발화조건이 맞을 경우 지표에 쌓인 연료를 인화시키는 원인이 된다.

바퀴의 마찰에서 발생한 불꽃은 지속시간이 짧은 덕분에 그리 심각하지 않다. 때로는 연삭기에서 나오는 큰 금속 입자는 높은 온도를 오래 유지하고 있어, 산불의 원인이 될 수 있다. 이러한 입자들은 눈에 쉽게 보이지 않은 경우, 자석을 사용하여 검출해 낸다.

▪ **배기장치**

배기장치로부터 나온 배기가스나 탄소 입자들은 비교적 크기 때문에 연료를 점화시킬 수 있는 열을 유지할 수 있다. 트럭, 기관차, 트랙터 종류와 같이 크기는 크나 압축력이 낮은 엔진은 크기가 작고 공기 압축력이 높은 자동차 엔진보다 탄소 입자들을 더 많이 배출한다.

어떠한 엔진이든 뜨거운 불티를 배출한다. 엔진이 짧게 가동될 때 정비가 불량한 엔진은 실린더와 배기장치에 탄소 침전물을 축적한다. 엔진이 장시간 가동되면 엔진 온도가 높아지면서 축적된 탄소 침전물은 부드럽고 강도가 약해진 상태로 축적되기도 한다. 이렇게 축적된 물질들은 밖으로 배출될 수 있다. 배기가스는 엔진속도가 변화될 때 더욱 많은 탄소 입자들을 방출한다. 이런 현상이 고속도로나 철길 횡단면, 경사진 초원 주변에서 일어나면 배기파이프가 인접해 있는 연료에 불을 붙이는 셈이 된다.

배기가스에 함께 배출되는 입자들은 자석으로 수집할 수 있는 철이나 강철이 포함되어 있다. 산불원인 감식을 위해서는 면밀한 조사가 필요하다. 다음은 산불원인 규명에 도움을 줄 수 있는 파편에 대한 설명들이다.

- 작고, 불규칙적이고, 부드러운 파편 조각은 다기관 엔진의 침전물이다.
- 배기관이나 흡입관의 내부 탄소는 파이프 모양을 띠며 외부는 부드럽고 검다.
- 외부의 입자들은 일반적으로 녹의 박편이거나 침전된 외부 물질로 파이프

의 바깥쪽에서 압축된다. 이런 조각들의 내부 표면은 부드럽다.

- **마찰**

철사 케이블과 벌채목, 입목, 그루터기 사이의 마찰은 케이블 벌채 작업에서 가능한 발화원인이 된다. 이러한 발화 유형이 의심될 때 케이블이 지나는 곳의 마찰 대상물을 자세히 조사하면 패인 자국과 기타 연마의 표시를 찾을 수 있을 것이다. 케이블 장비의 손상된 도르래나 도르래 바퀴가 케이블에 묶이고 과열되어 뜨거운 파편이나 타는 나무를 마찰지점의 바로 밑에 축적된 연료 위에 떨어뜨릴 수 있다. 두 철제 표면 사이의 마찰이나 철제표면과 바위 사이의 마찰은 연료를 태우는 불꽃을 발생시킬 수 있다. 이러한 발화원인은 마찰 지점이나 발화지점의 마모된 철제 입자로 알 수 있으며 자석으로 검출한다.

- **타이어와 윤활유**

기름, 녹은 고무, 그리스와 같은 가연성 물질을 떨어뜨리는 차량은 쉽게 감식 규명할 수 있는 흔적을 남긴다. 차량 이동경로를 따라 응고되어 타지 않은 연료를 산불구역 인근에서 찾을 수 있다. 점화는 연료의 쌓인 높이와 축적량에 따라 지표면이나 지표면 위에서 발생한다.

- **폭죽**

안전하다고 생각하는 폭죽은 사용자에게 거의 해가 없다고 하지만, 이것 역시도 높은 산불 발생 가능성을 갖고 있다. 예를 들어 불이 붙은 폭죽을 마른 연료 위에 버리면 쉽게 발화된다. 폭죽에 붙은 철사 역시 뜨겁고 달아오른 상태에서 버려진다면 발화의 원인이 될 수 있다.

기폭장치나 폭죽의 잔여물은 발견하기가 더욱 어렵다. 찢겨진 종이가 타거나 혹은 타지 않은 채 폭발지점으로부터 일정 거리에 흩어져 있을 수 있다. 폭발지점에서는 지표면이 패이거나 약간 압축되어 있다. 바로 이 지점을 자세히 조사하면 폭발 시 토양과 섞여진 종잇조각을 찾을 수 있다.

- **송전선**

전력 송전선은 그 선 자체나 부품 고장을 수반할 때 인근 산림에 산불을 일으킬 수 있고, 서있던 나무가 부러져서 전선으로 넘어질 때 발생할 수 있다. 전신주에서의 화재는 절연체가 깨졌거나, 선에 과부하가 걸렸을 때, 정기적인 관리유지 점검이 이루어지지 않았을 때 발생한다. 전선이 같이 흔들리거나 인접한 전선에 겹쳐져 아래에 있는 나무 위로 떨어질 때 심한 불꽃을 일으켜 산불이 발생할 수 있다.

지표화는 전선이 땅에 떨어지거나 끊어져 발생될 수 있다. 감전사한 동물이나 새, 나무나 가지 같은 것들이 가까이에 있을 경우는 비록 전신주가 넘어지지 않더라도 발화될 수 있다. 기타 전신주 꼭대기, 변압기 부품, 끊어진 퓨즈도 화재원인이 될 수 있다. 끊어진 전선을 점검하는 동안 전기가 다시 흘러 화재가 발생할 수도 있다.

▪ **흡연, 담배, 성냥**

담배, 성냥. 버려진 담배가 발화되려면 연료상태가 매우 건조해야 하고, 적어도 타고 있는 담배의 30%는 매우 잘게 부서진 연료와 맞닿아 있어야 한다. 지면과 직접 맞닿은 면은 담배가 서서히 타기 때문에 완전히 연소되지 않는다. 연소되지 않은 담배 종이와 니코틴 얼룩은 담배꽁초가 원인임을 가리킨다. 담배꽁초가 오래되었는지 여부는 그동안 날씨상태와 꽁초의 연소상태에 의해 쉽게 알 수 있다.

▪ **자연발화**

자연발화는 외부의 열 원인이 없는 발화를 말한다. 기름, 그리스 또는 페인트와 같은 복합적 경우에 발화 과정은 화학적 작용에 의해 시작된다. 부패되고 있는 건초, 곡물, 톱밥 같은 식물적 성분이 포함될 때는 박테리아의 작용이 발화를 일으킨다. 이것은 완전 산화를 필요한 적절한 산소 없이 한정된 공간에서 발생하는 열이 원인이 된다. 화학적 또는 생물학적 과정에 의해 발화를 위한 충분한 열이 발생하기까지는 많은 시간이 소요된다. 수분, 열, 무산소는 연소 과정에 중요하다. 젖은 건초나 축축한 톱밥 더미는 야생에서 가장 빈번한 자연발화의 원인이 된다. 숯처럼 보이는 검은 탄화물질이 생성되어 발화원인 규명에 도움이 된다.

▪ **예광탄과 소이탄**

예광탄과 소이탄은 산탄이 잘게 부서진 연소물이나 마른 나무 위에 떨어질 경우 탄환이 발사된 곳에서 몇 백 미터나 떨어진 거리에서도 산불원인이 될 수 있다. 예광탄은 총탄 뒤편에 주머니를 갖고 있다. 이 주머니는 날아가는 탄환의 마찰열로 발화되는 폭발물을 담고 있다. 소이탄은 일반적으로 접촉 시 폭발하고 발화하는 탄두에 인성분이나 폭발물을 담고 있다.

또한 강철 심탄은 탄착지점에서 발생하는 불꽃이나 마찰로부터 산불원인이 될 수 있다. 이러한 산불원인의 규명 지표로는 산불 시작 전 총소리, 장총을 들고 이 지역을 떠나는 사람, 자석에 붙어오는 사용된 총알 등이다.

7 촬영 기록 작성

1) 화재 장면 촬영

(1) 목적

사진은 어떤 장면을 재생산해내는 가장 좋은 방법이고, 말로 묘사하는 것보다 더욱 정확하게 사실을 기록할 수 있으므로, 어떤 조사에서든 귀중한 도구이다. 사진은 아래와 같은 이점들을 제공할 수 있다.

① 사실과 물리적 상황을 시각적으로 나타낸다.
② 마모될 수 있는 증거를 그림으로 보존한다.
③ 부동성, 크기, 무게 등의 이유로 법정으로 옮기지 못하는 증거의 참고를 가능케 한다.
④ 증언을 증명한다.
⑤ 무심코 지나칠 수 있는 사실과 증거를 드러낸다.

(2) 방법

사진은 눈높이에서 찍어 시야에 자연스럽게 보여야 한다. 전체 장면의 조망을 위해, 카메라 렌즈는 선 지점에서 전체 장면을 잘 관찰할 수 있도록 설치되고, 방향을 잡아야 한다. 사진은 문제가 되는 장면이나 물체를 공정하고 정확하게 재현해야 하며, 이는 사진이 나중에 법정에서 이용된다면 더욱 중요하다.

사진에서 중요한 증거를 표시하거나 상대적인 크기를 알리기 위해 깃발을 이용하고자 할 수 있다. 그러나 어떤 법정은 인위적 요소가 가미된 사진을 거부하기 때문에, 깃발이나 표시를 한 사진과 그렇지 않은 사진 두 가지를 찍어야 한다.

(3) 범위

관찰자가 어디서, 어떻게 산불이 시작되었는지 이해할 수 있도록, 연속된 사진에서 최대한 유용한 정보를 기록하기 위해 발화지점을 주의 깊게 조사해야 한다. 일련의 사진은 아래의 것을 포함해야 한다.

① 전체장면

첫째로 관련되는 위치에서 모든 적절한 물질들이 보이도록 다양한 위치에서 전체장면을 찍는다.

② 중간거리 사진

전체장면 사진보다 중요한 지역을 더욱 자세하게 보이도록 중간거리에서 사진을 찍는다. 중요한 각 지역들이 전체장면에서 쉽게 찾아지도록 사진을 찍어야 한다.

③ 클로즈업 샷

모든 중요한 아이템들이 가능한 자세하게 나타나도록 가능한 가깝게 찍어야 한다.

(4) 신발과 타이어 자국조사를 위한 특별 기술

증거들이 나중에 법률 집행 대리인에 의해 석고 모형으로 제작되더라도, 사진을 찍어 기록을 보존해야 한다. 유용한 흔적 사진을 찍기 위해서는 특별한 카메라 기술이 필요하다. 필름 면은 땅에 평행하고 물체에 가능한 가까워야 한다. 확인에 도움이 되는 홈, 단면, 불규칙한 마모들을 드러내는 흔적을 가진 지역을 찾는다. 자취를 깨끗하게 나타내기 위해 가능한 낮은, 측면 각도에서 빛을 이용한다.

(5) 기록

샷의 방향, 카메라와 렌즈의 유형, 필름 타입, 노출, 사진 찍은 사람의 이름뿐 아니라 각각 찍은 사진, 물체 확인, 시간, 날짜, 위치, 날씨에 대해 세심하게 기록해야 한다. 만약 당신이 폴라로이드 유형의 일회용 사진기를 사용한다면 각 사진 뒤에 이 모든 정보를 기록하는 것에 반드시 유의한다.

2) 화재 장면 스케치

(1) 목적

화재 장면의 깨끗한 스케치는 사실과 상황 개요를 짜는데 도움이 된다. 화재 장면의 객관적 스케치는 어떤 것도 변경되거나 훼손되기 전에 이루어져야 한다. 스케치는 사진을 대체할 수 없고, 사진 역시 스케치를 대신할 수 없다. 스케치가 오직 중요한 아이템들과 세부만 담는데 반해, 사진은 종종 관계없는 물질들로 번잡하게 보인다.

(2) 언제 스케치 하는가

산불 현장의 스케치는 민사 또는 형사상 책임이 있는 사람에 의한 화재라고 규명할 때마다 이용된다.

(3) 어떻게 스케치 하는가

스케치는 완벽하고 간단해야 하며, 오직 중요한 세부내용만 보여주어야 한다. 스케치에서는 나침반의 네 가지 방향 모두를 보여줄 수 있도록 방향을 잡아야 한다. 포함된 아이템들과 고정된 표시까지의 위치를 정확히 측정하여 스케치에 표시해야 한다. 카메라가 이용된다면 그 위치는 스케치에 나타나야 한다.

참고가 되도록 스케치에 정확한 측정자를 이용한다. 산불원인 감식에서 철제 줄자가 없다면 보폭으로 거리를 측정한다. 스케치에 보폭이 측정으로 이용되었음을 기입한다. 보폭을 미터나 킬로미터로 절대 변환하지 않는다.

산불 현장을 떠나기 전에 모든 측정내용을 한 번 더 체크하여 측정과 기록에 실수가 없도록 한다.

Chapter 12

산불피해 복구

학습목표

이 장을 통하여 여러분은 산불피해 복구에 대한 다양한 분야의 지식을 이해하여야만 한다.

- 산불에 의한 피해분야에 대해 알아본다.
- 산불에 의한 피해복구 근거에 대해 알아본다.
- 산불피해 조사내용에 대해 알아본다.
- 산불에 의한 긴접피해 분야에 대해 알이본다.
- 산불 특별재난지역 선포기준에 대해 알아본다.

1 개요

산불은 나무의 손실뿐만 아니라 종자, 천연갱신지의 어린나무, 인공조림지의 유령임분 등이 큰 피해를 받는다. 화재를 입고 나무들이 고사하지 않았더라도 생장력이 쇠퇴되고, 재질이 훼손되며, 피해목은 다시 병충해의 발생을 유도하게 되고, 더욱이 야생조수의 보금자리를 파괴시킨다. 특히 치수는 불에 대한 저항력이 극히 약해서 약한 지표화에도 완전히 고사하는 경우가 많다.

산불은 토양에 대해서도 여러 가지 영향을 미친다. 산불은 낙엽층과 부식층을 태워서 임상이 노출되어 토양침식이 일어나 이수기능을 저하시키는 등 간접피해가 매우 크다. 따라서 산불이 발생한 임지에서는 지표유량이 증가되고 투수성이 감소되므로 이로 인하여 지중 저수능력이 감퇴되어 홍수를 일으키는 원인이 되기도 한다. 또한, 산불은 산림이 가지고 있는 수원함양기능, 국토보전기능, 풍치보전기능, 휴양기능, 대기정화기능과 야생동식물 서식지 등 산림의 공익기능을 감퇴시키거나 상실시킨다.

2 산불에 의한 피해분야

1) 성숙림분에 대한 피해

성숙목은 수피(bark)가 두껍고 코르크(cork)층이 발달되어 형성층이 고열에 대해서 잘 보호되어 있어 산불에 대한 저항력은 많으나 일단 산불에 의하여 피해를 받게 되면 큰 손실을 가져다준다.

성숙되어 수확기에 달한 임분이 피해를 입을 때에는 수십 년 동안 투입된 온갖 예산과 노력이 헛것이 될 뿐만 아니라 기대하였던 수익이 없어져서 산주에게 막대한 손해를 끼치며, 또한 산림경영계획에 많은 수정을 요하게 되어 이 때문에 예기치 않았던 비용이 들게 된다. 성숙림이 산불에 의하여 완전히 죽었는지 살았는지 외형만 보고서는 판단하기 어려울 때가 있는데, 이때에는 한 생장기간을 완전히 보아야 확실히 알 수 있게 된다. 그러나 산불에 의하여 완전히 죽지는 않았다 하더라도 그 생장력이 대단히 쇠약해졌을 경우에는 남겨둘 가치가 없게 된다.

성숙림이 산불의 피해를 받으면 피해임목 체내의 수분이 감소되어 유해곤충, 특히 소나무좀의 번식에 알맞게 되어 그 소굴이 되므로 그 부근의 소나무 임분에 대하여 나무좀의 피해를 크게 받게 하며, 2차적인 산림피해를 가져오게 한다. 그러므로 산불의 피해를 받은 성숙목은 병해충의 방제 면에서는 하루속히 벌채하여 제거하는 것이 병해충 피해를 막는 일이 된다. 그림 12-1, 그림 12-2는 2019년 4월 강원도 고성군에서 발생한 산불로 1년 5개월이 지난 2020년 9월 조사한 소나무 성숙림의 피해 모습이다. 소나무의 수피는 거의 대부분 벗겨져 있었고, 경사지의 소나무는 일부 쓰러지는 도복현상이 발생하기 시작하였다.

그림 12-1 산불로 인한 성숙림 피해(강원도 고성)

그림 12-2 산불 피해목의 도복현상(강원도 고성)

2) 유령림 및 장령림에 대한 피해

수목의 형성층 치사온도는 55～65℃로서 유령목과 수피가 엷은 임목은 산불에 대해서 가장 약하여 경도의 지표화에 의해서도 고사하는 일이 많다. 특히, 이른 봄 세포분열이 왕성한 때에는 형성층의 조직이 고열에 대하여 더욱 약하므로 봄철에 일어나는 산불에 의하여 더욱 피해를 많이 받게 된다. 유령목이 피해를 받게 되면 갱신치수가 전멸하게 되므로 식재지에서는 다시 조림을 해야 하며, 천연갱신지에서는 그대로 방치해 두면 천연갱신이 불가능하므로 산불이 났던 갱신지면을 정지해 주어 천연갱신을 가능하게 하여 주든지, 또는 인공식재에 의하여 목적한 수종에 의한 성림이 가능하게 해 주어야 한다.

장령림이 피해를 받게 되면 그간에 투입된 자본과 노력이 헛것이 될 뿐만 아니라 경영계획에 큰 차질을 가져와서 많은 수정을 요구하게 된다.

3) 토양에 대한 피해

산불이 일어나면 낙엽층이 소실되고, 부식층까지 타게 되어 토양의 이화학적 성질을 악화시킨다. 부식질은 토양의 이화학적 성질, 특히 토양을 다공질로 만들어 투수성을 증가시켜 주며, 화학적 양료를 공급해 주어 토양을 개량하는 일이 그 중요한 역할인데, 산불에 의하여 이것이 소실되면 지표의 보호물을 잃게 되어 지표유하수가 늘고 낙엽이 탄 후 생성된 재로 인하여 불투수성 막을 형성하기 때문에 투수성이 감소되어 토양의 이화학적 성질이 악화되는 동시에 지하의 저수능이 감퇴되어 호우 시에는 일시적인 지표유하수의 증가로 말미암아 홍수의 원인이 된다.

산불이 비록 부식질을 소각시킬 정도로 심하지 않을 경우일지라도 산불에 의하여 수관이 완전히 개방될 때에는 직사광이 임지에 들어오게 되어 부식질을 빨리 분해시키는 동시에 낙엽이 없어져서 부식질이 계속 보급되지 않으므로 토양 내의 부식질은 점점 없어져서 토양의 이화학적 성질이 나빠진다.

산불에 의해 타고 남은 재에는 질소분은 이미 날아가 버리고 인산석회 및 칼리 등 광물질 성분을 함유하고 있으나, 빗물에 의하여 유실되므로 자주 산불의 피해를 받을 때에는 토양이 곧 척박해진다.

그림 12-3 산불로 인한 토양피해

4) 산림의 생산능력감퇴

일반적으로, 용재가치가 높은 수종은 산불에 약하므로 산불이 일어나면 이러한 가치 있는 나무가 먼저 타 죽고 가치가 낮은 수종들이 남아 있게 되어 임분의 질이 퇴화하게 된다. 산불이 자주 일어나면 교목 대신 산불에 강하나 경제적 가치가 훨씬 떨어지는 관목이 번성하게 된다. 이와 같이, 산불이 나면 경제적 가치가 떨어지는 수종으로 임분이 변화되어 그 생산능력이 떨어지게 된다.

5) 산림의 다목적 기능감퇴

산림은 목재를 생산하는 기능 이외에 수원함양·국토보전·풍치보존·휴양처제공·공해방지·야생동물번식 등 다목적인 기능을 가지고 있다. 따라서 산불에 의하여 산림이 파괴될 때에는 이러한 기능들이 감퇴 또는 소멸된다.

6) 산불에 의한 인명 및 재산피해

산불로 인한 피해는 산림피해뿐만 아니라 인명, 재산피해가 있으며, 재산피해 중 부동산의 경우는 주택, 부속사, 축사피해가 있고, 동산의 경우는 집기류, 농기계, 가축사료, 유실수와 농작물의 피해가 있다.

3 산불에 의한 피해복구 근거

산불재난의 특징을 보면, 그 피해의 규모가 대형화하고, 여러 가지 형태의 재산상 피해는 물론 인명피해를 가져오고 있어, 재난성 산불에 있어서는 2000년 동해안 산불부터 "재난 및 안전관리 기본법, 자연재해대책법, 재해구호법"에 근거하여 보상 및 복구가 이루어지고 있다. 그동안 『특별재난지역』으로 선포된 사례는 2000년 동해안 산불, 2005년 양양 산불, 2019년 고성·속초 산불, 2022년 울진·삼척 산불, 2023년 대전·옥천 산불, 2023년 강릉 산불 등 총 6건이 해당된다.

표 12-1은 한·미·일 복구체계를 비교한 것으로 미국은 "STAFFORD법", 일본은 "공공토목시설 재해복구사업비 국고부담법령"에 근거하여 지원하고 있다. 우리나라는 복구예산을 산불피해 합동조사보고서를 토대로 복구비를 지원하지만, 미국은 PL93-288에 따라 재해복구비의 75%까지 지원 및 추가원조를 하고, 일본은 국고부담법, 격재법 등에 의해 복구예산을 보조하고 있다.

표 12-1 한·미·일 복구체계

구분		한국		미국		일본	
법령	기본법	○	재난 및 안전관리 기본법, 자연재해대책법, 재해구호법	○	STAFFORD법	○	공공토목시설재해복구 사업비국고부담법
	관련법령	○	- 중앙재해대책본부 중앙합동조사단 운영 규정 - 재해구호 및 재해복구비용 부담기준 등에 관한 규정 - 자연재해조사 및 복구계획수립 지침	○	- 연방법 - 주법	○	- 동법 시행령, 시행규칙, 사무취급요강 - 방침, 합의 - 격재법 - 재해대책기본법
재해긴급공사		○	-	○	- 재난 피해 잔해 - 비상보호 조치 등	○	광역에 걸친 대규모 재해, 또는 특별한 재해인 경우 실시
복구계획		○	재해구호 및 재해복구비용 부담기준 등에 관한 규정	○	- 복구 소요비 규모에 따른 복구계획 - 복구의 긴급성에 따른 복구계획 - 복구 후 기능향상에 따른 복구계획 - 대체복구	○	복구계획 수립권자는 지방공공단체의 담당자에게 있으나, 일부는 위탁실시

표 12-1 (계속)

구분	한국		미국		일본	
응급복구	○	응급복구는 원칙적으로 방재책임자부담으로 시행	○	FEMA, 26개 연방기관, 주정부, 지방정부 당국 등이 응급복구 추긴	○	원칙적으로 관리자의 부담으로 시행
복구예산	○	피해합동조사보고서를 토대로 복구비 지원	○	PL93-288에 따라 재해복구비의 75%까지 지원, 추가원조	○	국고부담법, 격재법 등에 의해 복구예산 보조
복구사업	○	부처 및 시도, 시군, 구의 사업시행은 복구계획수립 확정 후 사업시행	○	복구계획이 FEMA의 승인을 받아 복구비지원이 완료되면 자율적으로 추친	○	재해조사 등에 의해 결정된 재해복구사업은 정부공사의 형태로 발주
사전협의	×	-	○	- 재난에 대한 정보와 예상되는 피해수지 - 조사활동을 할 지역을 미리 확정 등	○	- 사정전에 협의조정 - 사정의 신속한 처리 및 되돌아가기 등이 생기지 않도록 행함
국고부담 신청	×	-	○	지방정부의 주정부에 대한 지원은 재해복구비가 지방정부의 재원역량을 넘었을 때만 신청	○	지방공공단체의 장은, 재해복구사업계획서 및 재해복구사업지를 결정 받음

4 산불피해조사

1) 산불피해조사 과정

산불은 그 피해가 소규모 임야에서 인명피해와 재산피해까지 발생하여 특별재난지역의 선포가 이루어지는 경우까지 다양한 양상을 보여주고 있다. 특히, 강원도에서 발생한 1996년 고성·양양 산불, 2000년 동해안 산불 그리고 2005년 양양 산불에 이르기까지 대형산불의 발생과 그로 인한 피해 조사와 복구계획 수립을 통해, 정부와 지자체 차원에서의 산불피해 조사방법과 복구지침을 만들어 왔다.

산불의 피해조사는 그 피해가 임야에만 한정된 소규모 산불피해의 경우 산불 담당 부서에서 피해를 조사한다.

산불의 피해가 농지, 과수원 등의 재산상의 피해가 야기하였을 때, 그 피해 조사는 농업 담당부서에서 실시하며, 임야 피해액에 농지 및 과수원의 실 피해액을 합산하여 피해액으로 산출한다.

산불의 피해가 재산상의 피해뿐만 아니라, 인명의 손실과 가옥의 전소 등을 야기하였을 경우, 각 지자체의 재난 담당부서에서 각 피해 소관 부서에서 산출한 피해를 집계 및 관리한다.

임야는 매년 산림청에서 고시하는 경제수 조림단비 금액을 이용하며, 농지 또는 과수원 피해에 대하여는 농림축산식품부 등 기관에서 고시 또는 산출하는 그에 해당하는 금액을 이용 피해를 산출하고, 기타 인명, 가옥 등의 피해액에 대하여는 소방관서에서 그에 대한 피해 금액 등 모든 피해액을 종합적으로 합산한 금액을 피해액으로 산출하여, 지자체의 재난 담당부서에서 집계한다.

피해의 정도가 커지면 이를 종합하여 해당 지자체의 건의에 따라 중앙정부에서 이에 대한 심의를 통해 대통령이 특별재난지역으로 선포한다.

다음 그림 12-4는 산불피해조사 과정에 대한 일련의 피해조사 과정을 나타낸 것이다.

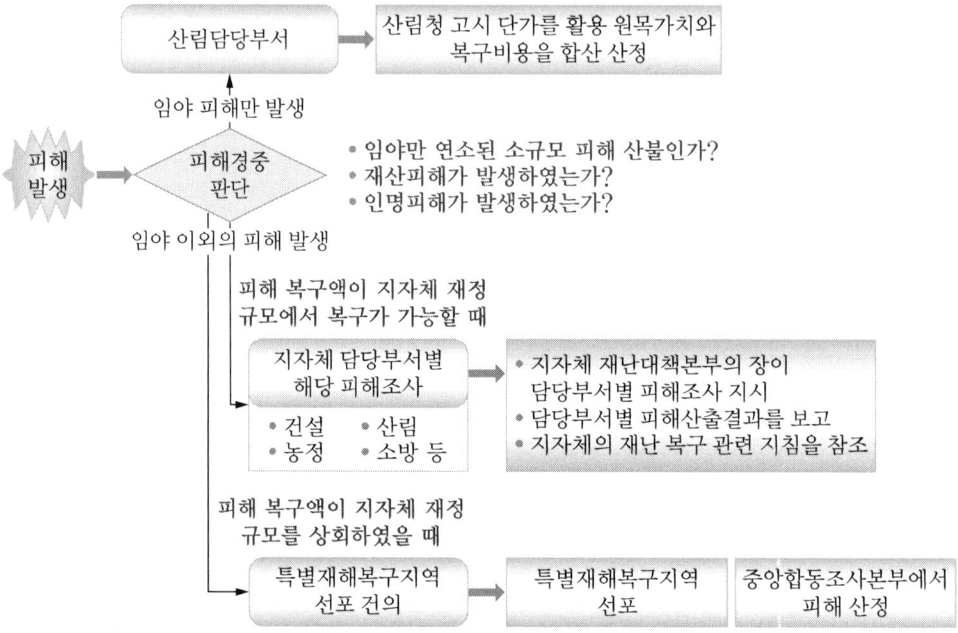

그림 12-4 산불피해조사 과정 흐름도

(1) 직접 피해분야

① 인명 및 이재민 피해

사망 및 부상자 빛 이재민 피해로 구분조사

② 재산 피해

- **주택 피해분야**

피해구분은 전소, 반소, 경미한 피해로 구분하되, '전소(全燒)'는 기둥, 벽체, 지붕 등 건축법상 주요 구조부가 파손되어 재건축하지 않고는 그 사용이 불가능한 건축물인 경우, '반소(半燒)'는 기둥, 벽체, 지붕 등 건축법상 대수선에 해당되는 수리를 요하는 건축물인 경우, '경미한 피해'는 상기 이외의 피해를 입은 건축물인 경우로 구분 조사

그림 12-5 주택 피해

- **농업 피해분야**
  - 조사대상작물 : 채소류는 마늘, 채소 육묘(고추, 오이), 과수류는 사과, 배 등, 버섯류는 느타리, 양송이, 팽이 등, 기타 화훼, 인삼 등으로 구분하여 조사
  - 농업시설물분야 : 비닐하우스, 버섯재배사, 농산물 집하장, 상온저장고, 저온저장소, 예냉시설, 잠실, 농산물 가공시설, 농산물 건조장, 생약 제조시설, 선과시설, 보일러, 온풍 난방기, 수송 차량(일반, 냉장차), 지게차, 스프링클러, 무인방제기, 양액시설 등의 장비류, 농산물 간이집하장, 농산물 저온저장고등의 창고류, 냉동탑차, 선별기, 포장기, 팔레트, 결속기 등의 피해도 구분하여 조사

그림 12-6 농업분야 피해

- **축산 피해분야**
  - 축사 부문 : 피해 농가수는 한우사, 유우사, 번식돈사, 비육돈사, 산란계사, 유계사, 기타 축사로 구분하여 조사
  - 가축 부문 : 조사대상 가축은 한우, 젖소, 돼지, 닭, 기타로 구분하고, 가축별로는 성축, 육성축, 자축으로 구분 조사 및 축종별 피해가격은 산불 당시 실거래 가격을 기준
  - 축산기자재 부문 : 축산전용 자동화시설, 사료 등으로 구분 조사, 피해액 산출은 (기자재의 구입단가×감가상각비)의 계산식을 이용하고, 기타 사료비는 구입가격 기준으로 피해액을 산출 및 여러 종류일 경우에는 평균가격으로 산출

그림 12-7 축산분야 피해

- **산림 피해분야**
  - 피해면적, 재적 및 피해액조사는 소관별·임상별로 실시. 재적 및 피해액은

별도의 산정방법에 의하여 조사하고, 조사결과는 축척 1/25,000 지형도에 표시

- 산림복구 소요액 : 벌도비, 조림비, 사방복구비로 구분하여 조사하고, 산림복구액은 ha당 단비에 의한 소요액 산출방법에 따라 산정

그림 12-8 산림 피해

- **공공시설 피해분야**

군사시설 및 공공시설, 도로, 기타시설(송전선, 통신시설, 전력소, 상수도 등)로 구분

그림 12-9 통신시설 피해

▪ **사찰 등 문화재 피해분야**
사찰, 문화재 피해로 구분조사

그림 12-10 사찰·문화재 피해

(2) 간접 피해분야

① 산불의 생태환경적 피해

산불은 임목피해뿐만 아니라 산림토양, 식생, 수자원, 야생동물, 곤충, 미생물 등 자연생태계와 수자원함양 등 공익적 기능 등을 파괴시킨다. 또한, 산불은 엘니뇨와 라니냐와 같은 기후변화에도 영향을 주어 장기간 건조현상을 일으키며, 인도네시아 산불과 같이 초대형산불이 발생한 경우에는 연무 등 유해가스가 다량 발생하여 호흡기질 환자발생 및 교통장애까지 유발시킨다.

② 산불로 인한 공익기능 피해

▪ **산림의 공익기능**
산림의 공익기능이란 산림 내에서 생산되는 환경적, 문화적 기능 등을 통틀어서 말하는 것으로서 이러한 기능은 공공재로서의 성격이 강하기 때문에 시장에서 거래가 되지는 않지만 국민들에게 없어서는 안 될 무한의 다양한 혜택을 무상으로 제공해 주는 공공재이다. 주요 기능들로는 수자원함양 및 수질정화, 이산화탄소 흡수 및 산소공급, 자연생태계 보호와 생물다양성의 보전, 보건휴양 및 생활환경 개선, 토사의 유출·붕괴방지 등으로서 산림이 발휘하는 유형·무형의 기능 등이 있다.

- 수원함양기능 : 홍수를 막아주고 가뭄 시에도 끊임없이 물을 공급해주는 기능

- 국토보전기능 : 토사유출과 산사태 등의 지표 토양침식을 막아주는 기능
- 산림정수기능 : 깨끗한 물을 제공하는 정수기의 역할을 하는 기능
- 대기정화기능 : 광합성 작용을 통하여 이산화탄소나 대기오염물질을 흡수하고 맑은 공기를 만들어내는 기능
- 산림휴양기능 : 쾌적한 휴식공간을 제공하는 기능
- 야생동물 보호기능 : 새와 짐승들의 살기 좋은 보금자리를 제공하는 기능
- 기타 : 소음과 바람을 막아주거나 기상을 완화하며 다양한 생물 종을 보전하는 기능 등

③ 연무에 의한 건강위험성 피해

산불발생으로 인해 인명피해가 발생할 경우 대부분의 인명피해는 연기 질식에 의한 것으로 농촌 고령지의 연기 질식에 의한 사망 및 부상 사례가 매년 발생되고 있다.

외국의 경우, 1997년 7월 인도네시아 칼리만탄 산불(Kalimantan Forest Fire)로 발생된 연무가 인접 7개국으로 이동되어 도시형 대기오염과 겹쳐져 주민에게 호흡곤란 등을 일으켜 7,000만 명의 환자와 2,000만 명의 입원환자가 발생하였고, 이중 17명의 사망자가 발생하였으며 연무로 인한 시계감소로 항공기가 추락하여 234명의 사망자를 또 발생시켰다.

극동러시아에서도 산불로 발생되는 연무로 인해 연기 질식 및 호흡기 질환자가 발생한다.

그림 12-11 산불로 인한 연무 피해

④ 산불로 인한 지역경제(장사)의 피해

2005년 4월 강원도 양양 산불로 인하여 보물 제179호인 낙산사 동종 등 천년 고찰 낙산사가 소실되는 피해가 발생하였고, 이 주변에서 화재 피해 후 방문객(관광객) 감소와 지역경제(장사)의 변화가 예상되어 피해지 주변 상가 및 음식점을 중심으로 설문을 받아 본 결과 85명의 응답자 중 매우 줄었다가 61%, 줄었다가 39%를 나타냈다.

또한, 산불로 인한 낙산사 피해 후 지역경제(장사)의 변화에 대해 설문을 받아 본 결과 응답자 56명 중 매우 위축되었다가 59%, 위축됐다가 36%, 변화 없다가 5%를 나타내어 산불 후에 주요관광지 주변에는 많은 경제적 피해를 체감하고 있는 것으로 나타났다.

2) 산불 특별재난지역 선포기준 설정

(1) 특별재난지역의 선포사례

2000년 4월 7일 강원도 고성군 토성면 학야리에서 처음 발생하여 4월 15일까지 총 9일간 총 23,794 ha의 산림피해를 입은 동해안 산불은 4월 17일 재난관리법 제51조 및 동시행령 제48조 규정에 의하여 『특별재난지역』으로 선포되었다(대통령 공고 제166호).

양양 산불은 2005. 4. 4(월) 23시 53분에 강원도 양양군 양양읍 화일리 도로변(군도 1호선)에서 원인 미상으로 발생하여 산불이 급속도로 확산되고 주택과 상가 등이 연소되어 피해가 커지자 4월 7일 15시 30분 중앙 재난안전대책 본부장이 재난 및 안전관리 기본법 제61조 및 시행령 제68조 제3호의 규정을 적용하여 양양지역을 『특별재난지역』으로 선포하였다.

현재의 특별재난지역 선포기준은 표 12-2와 같이 2014년 신설된 법으로 재난 및 안전관리 기본법 제60조 및 시행령 제69조에 근거한다. 즉 최근 3년간 시·군·구의 평균 재정력지수에 따라 피해액의 2.5배(읍·면·동은 1/4)를 초과하는 피해가 발생했을 때 선포하게 된다. 2019년 고성·속초 산불 때 산불재난으로서는 3번째로 특별재난지역으로 선포되었다.

표 12-2 특별재난지역 선포기준

시·군·구 재정력지수	국고지원기준	특별재난지역 선포기준	
		시·군·구	읍·면·동
최근 3년간의 평균 재정력지수가 0.1 미만인 시·군·구	18억원	45억원 이상	4.5억원 이상
최근 3년간의 평균 재정력지수가 0.1 이상 0.2 미만인 시·군·구	24억원	60억원 이상	6억원 이상
최근 3년간의 평균 재정력지수가 0.2 이상 0.4 미만인 시·군·구	30억원	75억원 이상	7.5억원 이상
최근 3년간의 평균 재정력지수가 0.4 이상 0.6 미만인 시·군·구	36억원	90억원 이상	9억원 이상
최근 3년간의 평균 재정력지수가 0.6 이상인 시·군·구	42억원	105억원 이상	10.5억원 이상

출처: 재난 및 안전관리 기본법 및 시행령

그림 12-12는 특별재난지역으로 선포되기까지의 일련의 과정을 나타낸 것으로 산불로 인한 피해가 발생하면, 지자체는 1차적으로 자체 조사를 실시하며, 이의 결과를 시도 및 중앙 재난안전대책 본부에 보고하고 그 피해의 복구비용이 국고지원대상 기준에 대해 앞서 기술한 대로 초과한 피해가 발생하였을 경우 중앙정부에 특별재난지역의 선포를 건의하고, 중앙정부는 국무총리가 주제하는 중앙안전관리위원회를 개최하여, 이를 심의, 대통령에게 선포를 건의하여 선포가 확정되면, 중앙정부 차원의 피해조사와 복구계획 수립을 실시하여, 중앙재해재난안전대책본부회의에서 최종 심의를 거쳐 복구예산의 수립, 집행을 실시하게 된다.

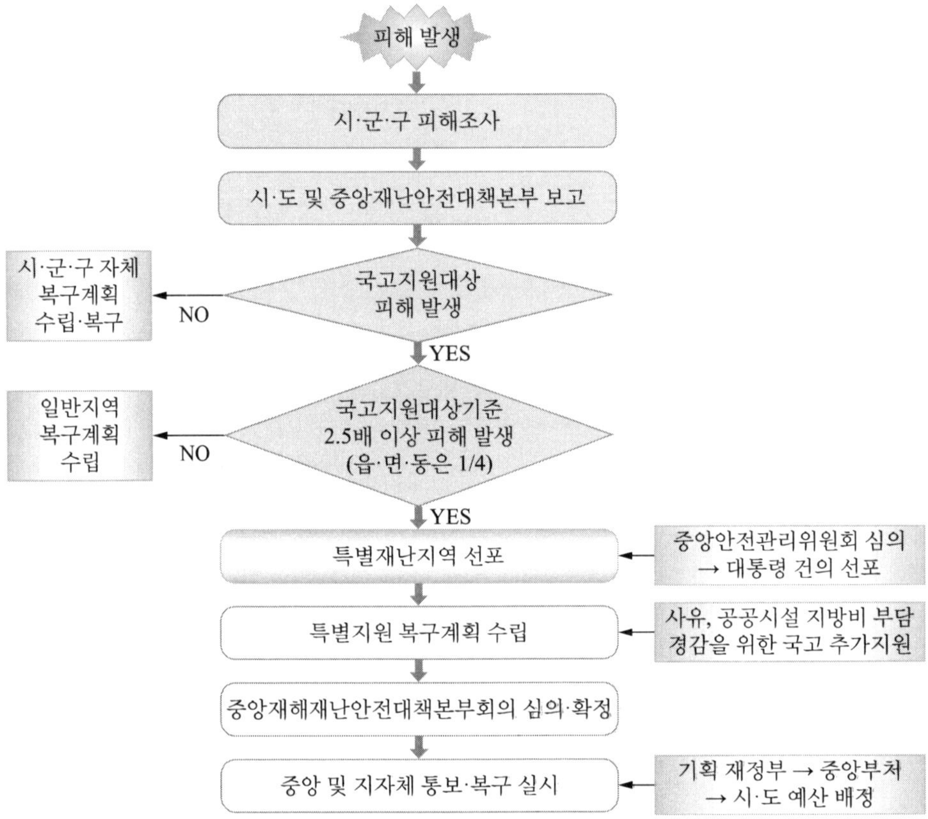

그림 12-12 특별재난지역 선포 과정

Chapter 13

산불피해 복원생태

학습목표

이 장을 통하여 여러분은 산불피해 복원생태에 대한 다양한 분야의 지식을 이해하여야만 한다.

- 산불피해지 복구과정에 대해 알아본다.
- 산불피해지 복구계획 수립과정에 대해 알아본다.
- 산불피해지 복구의 실행방법에 대해 알아본다.
- 산불피해 복구지역의 사후관리에 대해 알아본디.

1 개요

산불피해지 복원이란 산불피해를 받은 산림 즉, 자연생태계를 경제·생태·경관·환경적으로 가치가 높은 숲으로 조속히 복원하여 지역 주민의 생활 안정과 국민의 삶의 질을 향상시키는 기술과 행위를 말한다. 산불피해지 복원기술은 1996년 고성 산불(산림 3,762 ha 소실)과 2000년 동해안 산불(산림 23,794 ha 소실)을 계기로 크게 변화하였다. 동해안지역에서 발생한 두 번의 대형산불로 산불피해지의 복원은 피해목의 벌채와 경제림 조성을 위한 묘목의 인공식재를 중요시하는 경제적 복원에서 친환경적이고 생태적인 복원으로 발전하게 되었다. 또한 복구를 위한 의사결정과정에서 사회적 수요와 생태적 적합성을 동시에 반영하는 '산불피해지 복원 의사결정 흐름도'를 제작하여 적용하게 되었다.

2 산불피해지 복원생태

1) 산불피해지 복구과정

산불피해지의 복구과정은 응급 복구와 항구 복구로 구분된다. 복구과정은 그림 13-1과 같다. 산불이 발생하여 진화작업이 마무리 되면 산불 피해면적과 피해정도를 구분하고 응급 복구 대상지를 파악하며 항구 복구 대상지에 대한 복원계획을 수립한다.

항구 복구 대상지는 산불 피해면적 및 피해정도에 따라 재난성 피해지와 일반 피해지로 구분하여 피해상황을 조사한다. 재난성 피해지는 특별재난지역으로 선포된 지역을 일컬으며 피해면적 3,000 ha가 넘고 가옥의 훼손 등 지역의 피해가 심한 지역으로서 산림청이 주관하여 시민·학계 등과 합동조사를 실시한다. 일반 피해지는 시·도(시·군) 또는 지방산림청(국유림관리소)에서 자체조사를 실시한다. 재난성 피해지의 경우에는 시민과 학계, NGO 등이 참여하여 산림 생태계 전반에 대한 피해조사를 실시한다. 피해상황 조사결과를 토대로 연차별 복구계획을 수립하고 항구 복구를 실행하며 복구사업이 끝난 사업지는 모니터링을 통하여 복구 성공지는 지속적인 사후관리를 실시하고, 복구 불량지는 보완 조치한다.

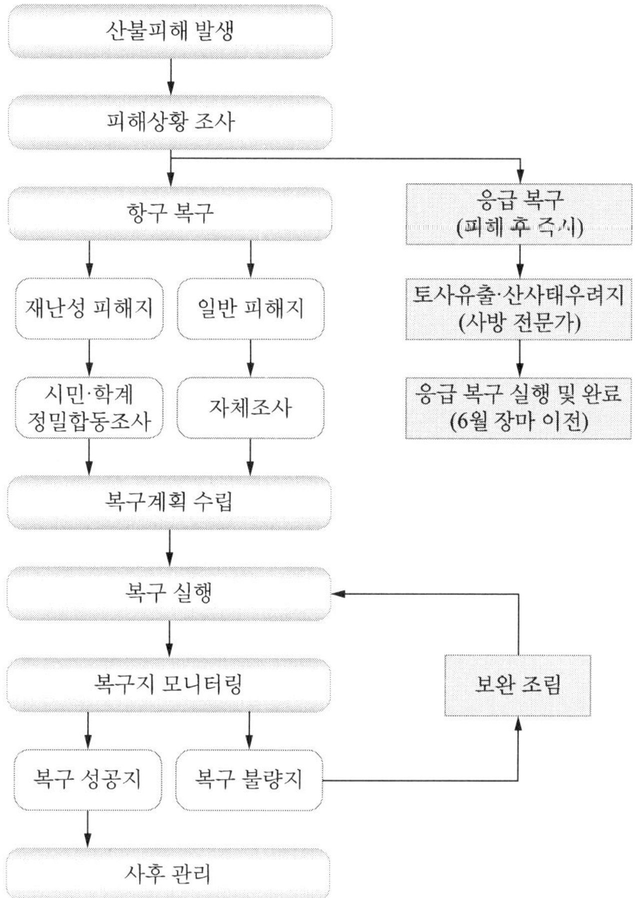

그림 13-1 산불피해지 복구 흐름도

출처: 산불피해조사론(2015)

(1) 응급 복구 및 사방 복구

응급 복구란 산불 피해 후 집중 호우 시 산사태, 토사 유출 등으로 인한 2차 피해가 나지 않도록 산불이 발생한 당년의 장마철 이전에 사방 복구사업을 완료하는 것으로서 마을 주변, 대규모 토사 유출이 우려되는 주요 계곡과 산사태 우려지가 대상이 된다. 산불 피해지역의 지자체 및 지방산림청에서 조사하는 것이 원칙이나 필요에 따라 외부 사방 전문가와 공동 조사를 실시한다. 조사는 산불진화 후 즉시 실시하며 조사항목은 경사도, 모암, 수문학적 조건, 식생 피복도 등 산지 사방 사업대상지 선정 시 필요한 항목이다. 조사방법은 산사태 예지 프로그램과 지형도 분석 등 실내 작업 및 현지 조사를 병행한다.

(2) 식생복원

항구 복구란 산불로 인해 소실한 산림을 계획적인 복구를 통하여 빠르게 회복시키는 것으로서 응급 복구지를 포함한 산불 피해지로 계획적인 복구사업이 필요한 지역을 대상으로 한다.

재난성 피해지는 산림청이 주관하여 실시하며 피해 규모 등 피해지 특성에 따라 조사의 합리성과 전문성 제고를 위해 민·관·학·연의 공동 조사단을 구성한다. 일반 피해지는 시·도(시·군) 또는 지방산림청(국유림관리소) 주관으로 조사를 실시하며 필요에 따라 민·관·학의 공동조사를 실시할 수 있다. 공동조사단이 산불 피해지 복구계획 수립에 필요한 분야를 자체적으로 결정하며, 조사방법은 항공사진·위성사진 분석 등 실내작업과 현장조사를 병행하여 실시하며 구체적인 방법은 조사단에서 결정한다.

① 복구계획 수립에 필요한 분야

- 산불 피해 평가 : 피해 면적, 피해 강도, 피해액
- 식생 : 잔존 식생, 이차식생의 종류, 피복도, 맹아 발생 및 갱신
- 육상 생태계 : 곤충, 포유류, 조류, 양서류, 파충류, 희귀 동·식물
- 수서 생태계 : 어류, 수서생물 등
- 토양 : 입지환경, 임지 생산성, 임지보전, 미생물(송이 등)
- 사회·경제적 특성 : 사회적 평가, 경제적 평가 등

② 복구계획 수립 시 지켜야 할 원칙

- 산림의 6대 기능(목재 생산, 수원 함양, 산지 재해 방지, 자연 환경 보전, 생활환경 보전, 소득 증대)과 연계하여 복구 및 관리 계획을 수립하여야 한다.
- 입지 및 식생조건에 따라 자연복원과 인공 복구를 조화롭게 병행하여 추진하여야 한다. 인공 복구 시 가능한 피해지 주변의 향토수종을 고려하여 조림하며, 복구조림용 묘목도 피해지의 기후조건과 입지조건이 유사한 지역에서 산출된 묘목으로 복구토록 한다.
- 산주의 의견을 수렴하여 주민의 소득을 최대한 증대시키는 방향으로 복구하여야 한다.
- 복구를 위한 사방사업이나 조림은 막대한 비용이 투입되고 도중에 계획을 변경하기 어려우므로 초기부터 면밀한 계획을 수립하여야 한다.

③ 복구계획 수립 시 고려사항

산불피해지 복구계획은 6대 산림기능과 연계하여 수립하여야 한다.

- 목재생산림은 장기 경제수 조림방법으로 복구한다.
- 수원함양림은 심근성, 천근성 활엽수종의 혼효로 복구한다.
- 산지재해방지림은 사방사업으로 복구한다.
- 자연환경보전림은 자연복원으로 복구한다.
- 생활환경보전림, 산림휴양림은 자연복원, 경관조림, 사방사업, 생태시업 등 복합적으로 복구한다.
- 기타 산주, 주민소득 등을 증대시킬 수 있도록 고려한다.

④ 피해목 처리방법

피해목 처리방법은 존치, 모두 벌채, 군상 벌채, 대상 벌채 등이 있고, 벌채한 피해목은 복원방법에 따라 존치하거나 반출한다.

- 자연복원 대상지는 피해목을 존치한다.
- 경제수 조림지는 군상 혹은 대상 벌채를 실시한다. 대상벌채는 벌채폭을 20 m로 하고 잔존폭을 10 m로 하며 등고선식으로 가급적 실행함을 원칙으로 하되 지역 여건에 따라 세로 방향 실행도 가능하다. 군상벌채는 지역 여건에 맞게 경관을 고려하여 실시한다.
- 송이 생산지, 경관림 조성지, 응급사방복구 대상지, 내화수림대 조성지는 모두 벌채를 실시한다. 모두 벌채구역 면적은 5 ha 이내로 제한하며, 토양 훼손을 최소화시키도록 한다. 벌채고는 60 cm 내외로 실시하고, 나무줄기, 지조물 등은 등고선식으로 정리하되, 벌근부에 나무줄기를 먼저 걸쳐 편책공처럼 쌓아 재·표토 유실을 방지한다. 산물 정리는 무더기 길이 10 m, 폭 1 m 정도로 하며 무더기 간격은 5 m 내외로 한다. 산물 정리 시 토양 교란을 막기 위하여 중장비 사용을 자제한다.

2) 복구계획 수립 과정

산불피해지의 복구계획을 수립하기 위해서는 피해상황 조사, 피해지 생태계 조사, 복구계획 작성으로 이어진다.

(1) 피해상황 조사

피해상황 조사는 산불피해지 경계 설정과 피해정도 조사로 이루어진다.

① 산불피해지 경계 설정

산불피해지의 경계 설정은 임목의 피해정도와 관계없이 산불이 지나간 곳을 모두 포함시킨다. 산불피해지를 피해지·미피해지로 구분하기 위해 항공사진(1 : 15,000 축척), 인공위성사진을 참고로 하며 GPS, 드론 등을 활용한 현장조사를 실시한다. 피해도면은 1 : 25,000 축척의 지형도에 표시한다.

② 산불피해정도 조사

산불피해정도(Fire severity)는 산불피해등급을 심, 중, 경 3단계로 구분한다.

- **심** : 수관 부위까지 까맣게 탄 임목 또는 수관이 노랗게 변색된 입목으로 구성된 임지
- **중** : 생립목 및 피해목이 50% 정도 혼효된 임지
- **경** : 수간 및 수관 부위가 경미하게 피해를 입은 임목으로서 조사 시 잎이 만개된 임목으로 구성된 임지

그림 13-2 산불피해 심, 중, 경 지역

(2) 피해지 생태계 조사

① 식생 조사

식생에 미치는 산불피해는 일반적으로 산불 당시의 불의 강도와 지형 및 생육지의 물리화학적 조건, 산불 전 식생의 수령, 밀도, 종 조성 등을 조사하며, 식생 조사결과는 현존식생도로 나타내며, 현존식생도는 1/25,000 지형도를 기본으로 작성한다.

② 맹아 · 치수 조사

맹아 · 치수 조사는 산불피해지역에 대하여 산림지리적 특성과 피해 전 임분 구조 및 피해 후 갱신상의 변화를 조사하고, 산불피해지 내 재생군집의 주요 수종으로 출현하고 있는 참나무류의 맹아 생장 특성 및 산화 재생림의 임분 동태를 파악하여 산불피해지에 대한 가장 합리적인 시업적 대응을 위한 복구방법을 결정하는데 필요한 기초자료를 제공하는 것을 목표로 실시한다.

③ 도양 조사

토양 조사는 산불피해 임지의 건전한 회복방안을 제시하기 위하여 기존 자료 분석 및 현지조사를 실시하여 시업 대상지역과 자연 회복 대상지역으로 대별하고 이들에 대한 시업방법을 입지환경인자를 중심으로 분석 · 평가한다. 조사항목은 모암, 경사도, 임지생산능력, 산지이용현황 등이다.

④ 야생동 · 식물상 조사

산불에 의한 야생동물의 피해는 직접적인 영향과 간접적인 영향으로 나눌 수 있으며, 산불에 의하여 야생동물이 받는 직접적인 영향은 화염과 질식에 의한 피해이다. 간접적 피해는 비록 양적화하기는 어렵지만 주로 서식지의 상실과 관련된다. 산불이 발생하면 야생동물은 일단 산불이 발생하지 않은 주변지역으로 이동하는 것으로 알려져 있으며 임상이 모두 전소된 지역의 조류, 포유류상은 혼합피해지역 및 미피해지역에 비하여 종다양도가 낮게 나타난다.

⑤ 기타 항목 조사

송이, 밤 등 지역별 특산자원을 복원하기 위한 조사를 수행한다. 송이 생산 환경 정밀조사는 분야의 특성상 송이 채취자의 현장 동행 없이는 조사가 불가능하므로 시, 군에서 작성한 '송이 피해 접수 대장'에 의거하여 실시하며 현장 조사 항목은 송이 균사의 존재 유무, 산불 피해 정도, 복구 방식에 대한 소유자 또는 채취자의 의견 등이다.

(3) 복구계획 의사결정

복구계획 수립을 위해서는 복구에 적용할 '복구의사결정 흐름도' 등을 작성하여야 한다.

산불피해지 복구를 위한 조사단은 조사 결과와 산주와 지자체의 의견을 수렴하고 피복도, 임지생산력 및 교목의 분포상태 등을 고려하여 '복구의사결정 흐름도'를 작성한다. '복구의사결정 흐름도'에는 사회정책요소와 식생복원요소가 포함된다. 사회정책요소로는 응급 복구, 사방 복구, 특산물(송이, 밤 등) 생산지 복원, 경관복원, 법적

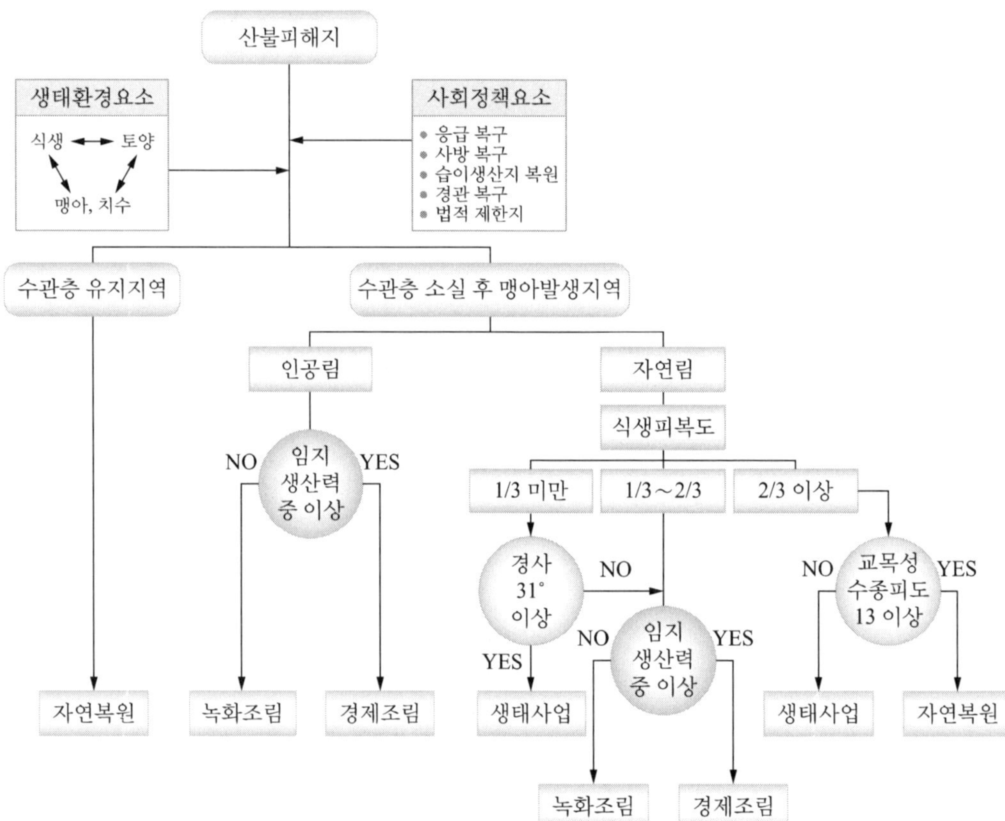

그림 13-3 복구의사결정 흐름도

출처: 동해안 산불지역 정밀조사보고서 II (2000)

제한지 등이 있으며 식생복원 요소로는 산불피해정도, 자연복원력, 임지생산력, 경사 등이 포함된다. 그림 13-3은 2000년 동해안 산불피해지에 적용한 복구의사결정 흐름도를 나타낸 것이다.

(1) 식생복원지 사례

복구계획 의사결정 흐름도에 따라 자연 복원지, 참나무 맹아림 복원지와 경제수 조림 복원지, 송이복원 조림 등의 사례는 그림 13-4～그림 13-9와 같다.

그림 13-4 자연 복원지

그림 13-5 참나무 맹아림 복원지

그림 13-6 경제수 조림

그림 13-7 송이복원 조림

그림 13-8 경관조림(이팝나무)
출처: 산불피해조사론(2015)

그림 13-9 경관조림(느티나무)
출처: 산불피해조사론(2015)

(5) 조림지 사후관리 기준

① 조림 후 풀베기 등 사후관리를 철저히 하고 지속적으로 관리한다.
② 산불피해지 복구조림의 경우 조림 후 덩굴류가 번무하는 경향이 많아 덩굴류 제거를 주의하여 실시한다.

③ 사방지의 조기녹화를 위하여 척박지는 3년간 비료주기 사업을 실시한다.
④ 수자원 함양을 위해서 활엽수 적지는 활엽수로 복구조림 한다.

3) 산불피해지 복구의 실행방법

(1) 응급 복구

응급 복구란 산불진화 후 2차로 발생할 수 있는 피해를 줄이기 위한 사방 복구를 의미한다. 응급 복구는 봄철 산불의 경우 6월말 장마 개시 전까지 완료함을 원칙으로 한다. 표 13-1, 그림 13-10은 응급 복구 적용 공종 및 장소와 응급 복구 사례를 나타낸 것이다.

표 13-1 **응급 복구 적용 공종 및 장소**

응급 복구방법	적용 장소
돌쌓기	산비탈이나 산각부에 퇴적이 많은 45° 이상의 급경사지로 접근이 용이한 곳
녹색마대	토질이 척박하여 떼의 활착이 어렵고, 접근이 어려운 지역
떼붙이기	경사 45° 이하의 비교적 토양이 좋은 사면
종자뿜어붙이기	돌쌓기, 녹색마대 쌓기 후 식생을 빨리 정착시킬 필요가 있는 곳

그림 13-10 **응급 복구(돌쌓기)**

(2) 항구 복구

항구 복구는 산림의 6대 기능과 연계하여 복구하며, 필요 시 6대 기능에 포함되지 않는 송이 복구조림 및 유실수 조림 등 지역적 특징과 주민의사를 반영하여 복구한다. 응급 복구지역도 포함하여 계획하며 복구방향은 산불피해지를 경제적, 생태적, 경관적, 환경적 측면에서 가치가 높은 산림으로 복구하는 것이다. 항구 복구는 식생 복원, 사방복구, 내화수림대 조성 등이 있다.

① 식생 복원

식생 복원방법은 자연 복원과 인공 복구로 구분한다.

- **자연 복원방법을 적용한 복원**

  자연 복원방법을 적용한 복원은 맹아 또는 천연치수로 갱신하는 방법으로서 보호할 가치가 있는 산림자원을 건강하게 보전하는 것을 목표로 한다. 자연 복원지의 피해목은 존치하며, 관리방법은 소나무의 경우 피해 당년에는 살아 있어도 산불 후 3년까지는 고사가 진행되므로 계속적인 관찰을 통하여 잔존목을 관리하며, 토양이 안정된 후 필요 시 맹아목 본수 조절 등 맹아 관리작업을 실시하고, 복구가 완료된 후에도 도복된 고사목이 집중호우 시 유목으로 피해를 줄 수 있으므로 필요시 집수유역에 유목, 유석 등의 피해방지를 위한 링네트(Ring net) 등의 구조물을 설치·관리할 필요가 있다.

그림 13-11 링네트

출처: 산불피해조사론(2015)

그림 13-12 링네트(근경)
출처: 산불피해조사론(2015)

- **인공 복구방법을 적용한 복원**

인공 복구방법을 적용한 복원은 목재생산림 조성에 의한 복원, 수원함양림 조성에 의한 복원, 산지재해 방지림 조성에 의한 복원, 산림휴양림·생활환경 보전림 조성에 의한 복원, 기타 복원(송이 복원 조림, 유실수 조림), 생태시업에 의한 복원, 경관 조림에 의한 복원이 있다.

② 사방 복구

사방 복구는 사방 조림에 의한 복원과 사방 시설물의 설치로 구성된다.

- **사방 조림**

사방 조림은 산사태, 토사유출 등의 각종 재해를 방지하는 방법으로서 산지재해 방지림 조성과 비슷하다. 경제성보다는 녹화 피복을 우선으로 시업하는 행위이다. 사방 조림 대상지는 산사태 발생 위험지 및 자연피복이 어려운 지역이며 피해목은 모두 벌채하여 반출한다. 식재수종은 소나무, 물오리나무, 굴참나무, 싸리류이다.

▪ **사방 시설물**

콘크리트 사방댐, 링네트 등 사방 시설물은 산불피해지에서 내려오는 토석이나 유목에 의한 피해를 막을 수 있는 계곡부에 설치한다. 피해목은 작업을 방해하는 피해목 중심으로 벌채, 반출한다. 사방 시설물 주변의 피해지는 기능 구분에 따라 자연 복원시키거나 조림한다.

③ 내화수림대 조성

내화수림대 조성 대상지는 다음과 같다.

- 벌채 산물 처리가 가능한 지역에 위치한 주요 시설물(발전소·군부대·주요사찰·문화재·유적지 등 보존하여야 할 각종 시설물)·도로·철도·임도·집단마을 주위의 숲
- 산불이 발생할 경우 비산화에 의한 확산이 우려되는 대면적 침엽수 단순림 지역
- 산불 재발생 우려가 있는 대형산불피해 복구 대상지
- 능선 주위의 숲(시·도, 시·군 경계지역의 숲은 상호 협의하여 포함 가능)으로서 벌채산물의 수집·반출 또는 현장파쇄가 가능하고 운재로 개설 등에 의한 경관 훼손 우려가 없는 경우에 한정한다.

그림 13-13 내화수림대 조성

출처: 산불피해조사론(2015)

그림 13-14 능선부 내화수림대

출처: 산불피해조사론(2015)

4) 사후 관리

(1) 산불피해 복구지 모니터링

① 모니터링의 목적

산불피해지 복구사업이 종결된 후 사업지 점검을 통하여 활착 및 생육이 양호한 곳은 일반 산림시업기준에 따라 관리하고 생육이 불량한 곳은 보완 조림을 통해 복구사업의 완성도를 높여야 한다.

② 모니터링의 시기

산불피해지 복구작업이 완료된 후 3～5년 사이에 사업지 점검을 1회 실시한다. 피해지 복구가 5년 계획으로 이루어질 경우 중간에 1회 실시하고 복구가 완료된 후 최종점검을 실시한다.

③ 모니터링팀 구성

재난성 피해지의 경우에는 산림청 주관으로 지자체, 학계, NGO가 참여하는 공동조사단을 구성하며 일반 피해지의 경우에는 시·도(시·군) 및 지방청(국유림관리소)에서 실시하며 필요시 학계, NGO가 참여하는 공동조사단을 구성한다.

④ 모니터링 방법

경우에 따라 복구지를 전수조사, 샘플조사, 개략조사할 수 있으며 방법은 모니터링팀에서 결정한다.

⑤ 모니터링 결과 피드백

자연 복원지 중 복원 성공지로 평가된 경우에는 맹아림 관리(본수 및 수형 조절)를 실시하며 복원 실패지로 평가된 경우에는 생태시업 혹은 수종 갱신을 실시한다.

그림 13-15 맹아

출처: 산불피해조사론(2015)

그림 13-16 본수 조절할 맹아

출처: 산불피해조사론(2015)

(2) 사후 관리 작업

① 풀베기

소묘 조림 후 3~5년간 연 1~2회 풀베기를 실시하는 것을 원칙으로 하되 현장 여건에 따라 신축적으로 조정한다. 조림지 풀베기는 예초기 등 기계사용 시 묘목 절단이 우려되므로 낫을 사용하여 작업하는 것이 좋다. 풀베기 작업은 지역 실정과 지형 여건에 따라 모두베기, 줄베기, 둘러베기를 혼용한다.

② 덩굴 제거

덩굴 제거 작업은 가급적 물리적 방법으로 실행한다. 화학적 방법은 약제 처리 방법을 적용하되 불가피할 경우에 한하여 실행한다.

③ 비료 주기

비료 주기 작업은 묘목 활착이 완료된 5~6월경에 시비한다. 시비량과 시비방법은 수종과 묘목을 감안하여 결정한다.

참고문헌

구창덕 · 김종갑 · 김종국 · 김종진 · 박관수 · 박승찬 · 신상철 · 이상용 · 이시영 · 이우신 · 전문장 · 한상섭, 2008, 신고산림보호학, 향문사
국립산림과학원, 2011, 산불지도 작성 알고리즘 개발 및 제작기법 연구
국립산림과학원, 2012, 산불지도 작성 알고리즘 개발 및 제작기법 연구
국립산림과학원, 2014, 산불지도 작성 알고리즘 개발 및 제작기법 역구
산림청, 2014, 산불방지 학생교육 실태조사 및 학생 등 표준교재 작성
산림청, 2015, 산림 내 주요시설물 지역 산불피해 저감기술 개발
구미서관, 2019, 도시방재학개론
국립산림과학원, 2005, 지속가능한 산림자원관리 표준 매뉴얼
국립산림과학원, 2012, 사찰 건축물 보존을 위한 임업적 산림재해 관리방안
국립산림과학원, 2014, 산불위험지 조사지침서
김경안 · 류충, 1997, 재난대응론, 도서출판 반
김종국 · 고상혁 · 구창덕 · 김기우 · 김종갑 · 김종진 · 박관수 · 박영철 · 박일권 · 변봉규 · 채희문 · 한상섭, 2019, 산림보호학, 향문사
동해안산불피해지 공동조사단, 2000, 동해안 산불지역 정밀조사보고서Ⅱ
류상일 · 송용선 · 정기성 · 양기근 · 김정훈 · 송윤석 · 이주호 · 조민상 · 김황진 · 권설아, 2018, 소방학개론, 윤성사
류장혁 · 이광원, 1996, 산불의 실태와 대책, 한국농촌경제연구원
배택훈 · 이시영, 2017, 항공산불방재론, 화수목
배택훈 · 이시영, 2019, 재난항공방재론, 화수목
산림청 산림항공관리소, 2002, 산불공중진화
산림청, 2010, 산불통계 분석을 통한 산불정책 변천 및 대응방안
산림인력개발원, 2006, 산불교육훈련 표준교재
산림교육원, 2014, 제2기 산불전문가양성과정 교재
안진환 역, 2010, 고포인트, 한국경제신문
안재현 · 김태웅 · 이상원 공역, 2016, 재해분석론, 북코리아
이경준, 수목생리학, 서울대학교 출판부
이동욱 · 하진욱 · 김동하 · 신홍렬 · 송석환 · 김진규 · 문현철, 2003, 방재과학개론, 시그마프레스
이병두, 2005, GIS와 RS를 이용한 2000년 삼척산불 행동 특성 분석 및 산불확산예측모델 개발, 서울대학교 박사학위 논문

이승훈, 2017, 화재과학, 동화기술
이시영, 1995, 산불발생 위험도 및 연소확대요인 분석에 관한 연구. 동국대학교 대학원 박사학위 논문
이시영 등, 2006, 산불에 대비한 문화재 보호방안(사찰을 중심으로), 방재연구 3, pp.95-104.
이시영 · 이해평 · 박홍석, 2007, 산불화재공학, 동화기술
이시영, 2014, 특수화재학개론, 화수목
이시영, 2015, 산불현장지휘론, 화수목
이시영 · 임주훈, 2015, 산불피해조사론, 화수목
이정일, 2007, 화재조사론, 신정훈사
임업연구원, 1999, 고성산불지역 생태조사 결과보고서
이동욱 · 김지수 · 김영석 · 윤성효 · 김진규 · 박덕근 · 김교원 · 길영우 · 윤순옥 · 우경식 · 하진욱 · 신동복 · 김원사 · 박성우, 2007, 자연재해와 방재, 시그마프레스
전국대학 소방학과 교수회, 2012, 새로운 소방학개론, 동화기술
차시환 · 현성호, 2004, 소화약제화학, 신광문화사
한국산지보전협회, 2005, 산불원인 현장 감식조사 지침
한국산불방지기술협회, 2016, 산불방지 진화인력 표준교육교재작성 연구용역
현성호 · 김영수 · 김인범 · 김형준 · 이창우 · 전성균, 2014, 방화방폭공학, 신광문화사
홍성길, 1987, 기상과 화재, 교학연구사
황동환 · 강윤진, 2018, 소화약제 화학, 동화기술
Cohen JD, 2004, Relating flame radiation to home ignition using modeling and experimental crown fires, Canadian Journal of Forest Research 34: 1616-1626.
Cohen JD, and Bret W. Butler, 1998, Modeling Potential Structure ignitions from flame radiation exposure with implications for wildland/urban interface fire management, 13th fire and forest meterorology conference.: pp.81-85.
Cohen JD, 2000, Preventing disaster: home ignitability in the wildland-urban interface, Journal of Forestry 98: 15-21.
James C. Smalley, 2005, Protecting Life and Property from Wildfire, NFPA
Joseph D. Lowe, 2001, Wildland Firefighting Practices, Delmar
J. E. Deeming, J. W. Lancaster, M. A. Fosberg, R. W. Furman and M. J. Schroeder, 1972, "National Fire-Danger Rating System", USDA Forest Service Research Paper, RM-84, p.165
J. E. Deeming, R. E. Burgan and J. D. Cohen, 1977, "The National Fire-Danger Rating System 1978", USDA Forest Service Gen Tech Rep INT-39, p.63
Mark J. Schroeder · Charles C. Buck, 1970, Fire Weather
Michael Thoele, 1995, Fire Line: Summer Battles of the West
Richard C. Rothermel, 1972, A mathematical model for predicting fire spread in wildland fuels, USDA forest service research paper
Stephen J. Pyne, 1984, Wildland Fire, A Wiley-Interscience Publication
Timo V. Heikkila · Roy Gronqvist · Mike Jurvelius, 1993, Handbook on Forest Fire Control A Guide For Trainers, Finnida

Texas Department of Agriculture Prescribed Burn School Manual, 2002, Chapter 6. Fire Behavior, Fues and Topography. 28pp.

USDA, Forest Service, Manual for Forest Fire Fighters

William H. · Cottrell Jr, 2004, The Book of Fire, Mountain Press Publishing Company

Wenger, K.F. 1984. Forestry Handbook Second Edition. A. Wiley-Interscience Publication. Section 5. Fire Management. p.189-251.

https://cwfis.cfs.nrcan.gc.ca/maps/fw

https://www.firelab.org/project/farsite

消防廳 消防研究所, 1988, 林野火災の飛火延燒に關する 研究, 79p.

森林保險研究會, 1983, 森林災害の見方, 23p.

찾아보기

저자 : **이 시 영 (李 時 泳)**

- 동국대학교 대학원 농학박사(산불방재전공)
- 前 국립산림과학원 임업연구관(산불연구실장)
- 녹조근정훈장 수상(2010.12)
- 대통령 표창장 수상(2019.12)
- 前 강원대 방재산업전문인력양성 사업단장
- 前 행정안전부 지방자치단체 합동평가 위원
- 前 산림청 정책평가위원
- 前 국민안전처 예방안전 특별위원회 위원
- 前 한국방재학회 특별위원회 산불방재분과 위원장
- 前 한국산불방지기술협회 이사
- 前 행정안전부 지방자치단체 지표개발 위원
- 前 강원대학교 방재전문대학원 사회재난관리전공 정교수
- 現 행정안전부 위기관리 매뉴얼 협의회 위원
- 現 강원대학교 방재전문대학원 명예교수

주요저서 및 논문

- 「산불화재공학 공역」(2007, 동화기술)
- 「신고 산림보호학 공저」(2008, 향문사)
- 「화재감식평가 공저」(2013, 동화기술)
- 「화재감식론 공저」(2014, 동화기술)
- 「특수화재론」(2014, 화수목)
- 「산불피해조사론 공저」(2015, 화수목)
- 「산불현장지휘론」(2015, 화수목)
- 「도시방재학개론 공저」(2019, 구미서관)
- 산불 등 화재 관련 국내 및 SCI논문 112편 게재

산불방재학 정가 22,000원

발 행 2024년 9월 10일 2판 1쇄
저 자 이시영
발행인 정우용
발행처 도서출판 동화기술
경기도 파주시 광인사길 201(문발동, 파주출판도시)
Tel (031)955-4211~6 donghwapub@nate.com
Fax (031)955-4217 www.donghwapub.co.kr
(등록) 1977년 12월 19일/9-16호

Printed in Korea
ISBN 978-89-425-9629-4